JIXIE LINGBUJIAN CEHUI
SHIYONG JIAOCHENG

机械零部件测绘实用教程

何培英　段红杰　等编著

化学工业出版社
·北京·

图书在版编目（CIP）数据

机械零部件测绘实用教程/何培英等编著．—北京：
化学工业出版社，2019.3（2025.2 重印）
ISBN 978-7-122-33822-8

Ⅰ.①机…　Ⅱ.①何…　Ⅲ.①机械元件-测绘-教材
Ⅳ.①TH13

中国版本图书馆 CIP 数据核字（2019）第 020244 号

责任编辑：贾　娜　　　　文字编辑：陈　喆
责任校对：王鹏飞　　　　装帧设计：王晓宇

出版发行：化学工业出版社（北京市东城区青年湖南街 13 号　邮政编码 100011）
印　　装：北京盛通数码印刷有限公司
787mm×1092mm　1/16　印张 10¼　字数 262 千字　2025 年 2 月北京第 1 版第 14 次印刷

购书咨询：010-64518888　　　　售后服务：010-64518899
网　　址：http://www.cip.com.cn
凡购买本书，如有缺损质量问题，本社销售中心负责调换。

定　　价：49.00 元　

前言
PREFACE

随着科学技术的快速发展，先进设备越来越多且更新越来越快，在吸收国内外先进技术改造设备或修配机器时，若缺少图样或技术资料，常根据已有的零部件测绘出零部件的图样，以此进行设备的改造和维修。特别是随着逆向设计方法的应用越来越广，对于机械行业的从业人员和高等工科院校的学生而言，掌握产品的测绘方法和技巧已成为必备技能。在高校，机械零部件测绘作为一门重要的实践教学环节，可以提高学生的绘图能力、空间想象能力和动手能力，巩固制图课程所学知识，为后续相关课程打下基础；同时也是学生走向社会、综合运用所学知识独立解决工程实际问题的重要起点。我们在总结和吸取多年来实际测绘经验的基础上，结合测绘工作的实际需求，编著了这本《机械零部件测绘实用教程》。

本书具有以下特点。

1. 内容全面，适用范围广

书中涵盖了测绘工作会涉及的大部分内容，并按测绘流程精心设置各章节。选取了几个典型零部件，详细讲解其测绘方法与步骤。齿轮类零件的测绘方法单独列为一章，满足读者对齿轮类常用零件的测绘需求。

2. 图文并茂，便于学习

全书配以大量的插图，向读者形象直观地展现测绘过程中所涉及的工具、操作方法和测绘技巧。

3. 理论联系实际，实用性强

书中所述测绘实例全部来自工程实际，具有可操作性。

4. 融入了现代测绘方法

第 7 章在介绍现代测量方法基础上，用实例详细介绍了逆向设计的方法和步骤。

5. 选用最新标准

本书全部采用我国最新颁布的《技术制图》与《机械制图》国家标准，以及与制图有关的其他标准，对于书中涉及的机械制图、技术制图、拆卸工具、测量量具等诸多国家标准给出了国标号，便于读者通过网络查阅相应内容。

6. 可读性强

应用计算机 3D 建模技术，将机械图样采用二、三维同时表达的方法，使得机械零部件图样变得易读易懂。

本书由郑州轻工业大学何培英、段红杰、白代萍、肖志玲编著。其中，何培英编写第 1 章的第 1、2 节和第 6 章，段红杰编写第 1 章的第 3 节、第 3 章、第 4 章，肖志玲编写第 2 章、第 5 章，白代萍编写第 7 章，全书由何培英、段红杰统稿。

由于编者水平及经验所限，书中不足之处在所难免，欢迎广大读者批评指正。

编　者

目录
CONTENTS

第3章 零件内外质量要求的确定

第4章 常见零件的测绘方法

第5章　齿轮及蜗轮蜗杆的测绘

第6章　机械部件测绘实例

第 1 章 机械零部件测绘基础

1.1 概述

机械零部件测绘就是对已有的机器或部件进行拆卸，通过测量、分析、选择恰当的表达方案，绘制出全部非标准零件的草图及装配草图，再根据装配草图、实际装配关系，对测得的数据进行处理，然后确定零件的材料和相关技术要求，最后根据草图绘制出正规零件图和装配图。还可以利用计算机技术对测绘的零部件进行建模和运动仿真。因此测绘是一个认识和再现零部件结构的过程。

1.1.1 零部件测绘的应用

根据测绘目的不同，零部件测绘主要应用于以下几个方面。

（1）设计新产品

测绘的目的是设计新产品。对有参考价值的产品进行测绘，作为新产品设计的参考或依据。通过测绘了解到机器的工作原理、结构特点、零部件的加工工艺、安装与维护等，从而起到取人之长，补己之短，不断提高设计水平的作用。

（2）仿制机器

测绘的目的是仿制机器。对于先进的产品或设备，因其性能良好而具有推广应用价值。通常是通过测绘机器的所有零部件，获得生产这种产品或设备所需要的有关技术资料，以便组织生产。这种为了仿制而进行的测绘，工作量较大，测绘内容也较全面。仿制机器速度快，经济成本低，又能为自行设计提供宝贵经验，因而受到各国的普遍重视。

（3）修配与改造已有设备

测绘的目的是修配与改造已有设备。机器因零部件损坏不能正常工作，又无图纸和技术资料可查时，需对有关零部件进行测绘，以满足修配工作需要。有时为了发挥已有设备的潜力，常常利用已有设备的主体零件或部分零件，经过测绘，配制一些新零件或一些新机构，改善机器设备的性能，提高机器设备效率。这种测绘的工作量视有关方面要求而定，如无特殊要求，一般只需测绘有关的内容，这种测绘的工作量相对较小。

（4）技术资料存档与技术交流

引进的国外机器，其技术资料一般都残缺不全或缺少关键性的图纸；而改造革新的机器，有些是在无资料、无图纸的情况下进行试制的，为了技术存档和技术交流，必须对这些机器进行测绘，以获取完整的技术资料和图纸。

1.1.2 零部件测绘步骤

测绘零部件一般按以下几个步骤完成。

（1）准备工作

全面细致地了解测绘对象的用途、性能、工作原理、结构特点以及装配关系等，了解测绘目的和任务，在组织、资料、场地、工具等方面做好充分准备。

（2）拆卸零部件并记录拆卸过程

对测绘机器或部件进行拆卸，弄清被测绘部件的工作原理和结构形状，并对零件进行记录、分组和编号。同时对拆卸过程、各零件之间的相对位置、装配与连接关系以及传动路线等进行记录，以便装配时达到恢复原机的原则。一般可采用两种方式来记录拆卸过程，一是录制整个拆卸过程并存档，以备随时查阅；二是绘制装配连接位置草图。

（3）绘制装配示意图

装配示意图是在机器或部件拆卸过程中所画的记录图样，也是绘制装配图和重新进行装配的依据。装配示意图的画法没有统一的规定，可以按国家标准规定的符号绘制，也可以用简单的线条画出零件的大致轮廓。目前，较为常见的有“单线＋符号”和“轮廓＋符号”两种画法。“单线＋符号”画法是将结构件用线条来表示，对装配体中的标准件和常用件用符号来表示的一种装配示意图画法。用这种画法绘制装配示意图时，两零件间的接触面应按非接触面的画法来绘制。用“轮廓＋符号”画法画装配示意图是画出部件中一些较大零件的轮廓，其他较小的零件用单线或符号来表示。

（4）绘制零件草图

根据所拆卸的部件，对标准件外的每一个零件根据其内、外结构特点，选择合适的表达方案画出一组视图，确定所需尺寸并画出尺寸界线和尺寸线。草图的作图尺寸一般目测。

（5）测量零部件

按草图所注的尺寸要求，对拆卸后的零件进行测量，得到零件的尺寸和相关参数，并标注在草图上，确定零件材料。要特别注意零部件的基准及相关零件之间的配合尺寸或关联尺寸间的协调一致，对零件尺寸进行圆整，使尺寸标准化、规格化、系列化。

（6）绘制装配草图

根据装配示意图和零件草图绘制装配草图，这是测绘的主要任务。装配草图不仅要表达出装配体的工作原理、装配关系以及主要零件的结构形状，还要检查零件草图上的尺寸是否协调、干涉、合理。在绘制装配草图的过程中，若发现零件草图上的形状或尺寸有错，应及时更正。

（7）绘制零部件工作图

根据草图及尺寸、检验报告等有关方面的资料整理出成套机器图样，包括零件工作图、部件装配图、总装配图等，并对图样进行全面审查，重点在标准化和技术要求，确保图样质量。

1.1.3 零部件测绘的准备工作

（1）零部件测绘的组织准备

零部件测绘的组织准备工作要根据测绘对象的复杂程度、工作量大小而定。复杂的测绘对象，通常用几人，甚至十几人、几十人，需花费很长时间才能完成，简单的测绘对象，只需几个人在很短时间内即可完成。

就中等复杂程度的测绘对象来说，需要有一定的组织机构。首先应有测绘负责人，详细了解测绘任务，估计测绘工作量。然后组织测绘工作小组，平衡各组的测绘工作量，掌握测绘工作的进程，解决测绘中的各种问题等。

各测绘小组在全面了解测绘对象的基础上，重点了解本组所测绘的零部件在设备中的作用，以及与其他零部件之间的联系，包括配合尺寸、基准面之间的尺寸、尺寸链关系等。在此基础上，对其所承担的测绘对象进行深入了解分析，做出测绘分工。

（2）零部件测绘的资料准备

根据所承担的测绘任务，准备必要的资料，如有关国家标准、部颁标准、企业标准、图册和手册、产品说明书及有关的参考书籍等。

① 收集测绘对象的原始资料

a. 产品说明书（或使用说明书）。内容有产品的名称、型号、性能、规格、使用说明等。一般附有插图、简图，有的还附有备件一览表。

b. 产品样本。一般有产品的外形照片及结构简图、型号、规格、性能参数等。

c. 产品合格证书。标有该产品的主要技术指标。

d. 产品性能标签。一些工业发达国家为了促进顾客了解产品性能，以产品性能标签的形式对产品进行宣传报道。产品性能标签相当于产品的身份证，在“标签”上有详细描述产品外貌、名称、型号及各项性能指标和使用情况的内容。它比广告要准确可靠，还有一定权威性。

e. 产品年鉴。按年份排列汇集的、介绍某一种或某一类产品的情况及统计资料的参考书。它具有较严密的连续性、技术发展性。

f. 产品广告。介绍产品规格性能的宣传资料。有外观照片或立体图等，对测绘有一定参考价值。

g. 维修图册。一般有结构拆卸图，零部件的装配、拆卸关系一目了然。

h. 维修配件目录（或称易损件表）。是为提高设备完好率、统一管理和计划供应配件而编制的，主要介绍机器设备有关配件性能数据、型号和规格，附有配件型号、规格、生产厂家、材质、重量、价格、示意图等。

还有其他有关测绘对象的文献资料等。

② 有关拆卸、测量、制图等方面的有关资料、图册和标准的准备

a. 零部件的拆卸与装配方法等有关的资料。

b. 零件尺寸的测量和公差确定方法的资料。

c. 制图及校核方面的资料。

d. 各种有关的标准资料，包括国标、行业标准、企业标准等。

e. 齿轮、螺纹、花键、弹簧等典型零件的测绘经验资料。

f. 标准件的有关资料。

g. 与测绘对象相近的同类产品的有关资料。

h. 机械零件设计手册、机械制图手册、机修手册等工具书籍。

随着计算机和网络的发展，还可以通过网络收集与测绘对象有关的各种信息。

③ 零部件测绘的场地准备　测绘场地应为一个封闭的环境，有利于管理和安全。除绘图设备外，还应有测绘平台，不能将零部件直接放在绘图板上，以免污损图样，发生事故，损坏零部件。擦拭好工作台，与测绘无关的东西不要放在工作场地内。为零部件准备存放用具，如储放柜、存放架、多规格的塑料箱、盘及金属箱等；机油、汽油、黄油、防锈剂等的存放用具。

④ 零部件测绘的工具准备　进行零部件测绘时的工具准备包括以下几方面内容。

a. 拆卸工具。如扳手、螺丝刀（螺钉旋具）、钳子等。

b. 测量量具。如游标卡尺、金属直尺、千分尺及表面粗糙度测量仪等量具、量仪。

c. 绘图用具。如草图绘制用的草图纸（一般为方格纸）、画工程图的图纸等绘图工具。

d. 其他工具。如起吊设备、加热设备、清洗和防腐蚀的用油、数码照相机、摄像机等。

1.2 零部件的拆卸

零部件的拆卸是测量和绘制其工作图样的前提，只有通过对零部件的拆卸，才能彻底弄清被测绘零部件的工作原理和结构形状，为绘制零部件的图样打下基础。

1.2.1 零部件的拆卸步骤

一台机器是由许多零部件装配起来的，拆卸机器是按照与装配相反的次序进行的。因此在拆卸之前，必须仔细分析测绘对象的连接特点、装配关系，从而准备必需的拆卸工具，决定拆卸步骤，如果拆卸不当，往往会损坏零部件，使设备精度降低，有时甚至无法修复。

（1）零部件的拆卸要求

拆卸零部件是为了准确方便地了解零部件的结构形状，有关尺寸的测量及几何公差、表面粗糙度、表面硬度等的测定，以确定相应的技术要求。拆卸时的基本要求如下。

① 遵循“恢复原机”的原则。在开始拆卸时就应该考虑到再装配时要与原机相同，即保证原机的完整性、准确度和密封性等。

② 对于机器上的不可拆卸连接、过盈配合的衬套、销钉，壳体上的螺柱、螺套和丝套，以及一些经过调整、拆开后不易调整复位的零件（如刻度盘、游标尺等），一般不进行拆卸。

③ 复杂设备中零件的种类和数量很多，有的零件还要等待进一步测量和化验。为了保证复原装配，必须保证全部零部件和不可拆组件完整无损、没有锈蚀。

④ 遇到不可拆组件或复杂零件的内部结构无法测量时，尽量不拆卸、晚拆卸、少拆卸，采用 X 光透视或其他办法来解决。

（2）零部件的拆卸步骤

① 做好拆卸前的准备工作

a. 选择场地并进行清理。

b. 详细研究机器构造特征。阅读被测绘机器的说明书、有关参考资料，了解机器的结构、性能和工作原理。无上述条件时，可查阅类似机器的有关技术文件，进行参考。

c. 预先拆下或保护好电气设备，放掉机器中的油，以免受潮。

② 了解机器的连接方式　机器的连接方式，一般可分为下列四种形式。

a. 永久性连接。这类连接有焊接、铆接、过盈量较大的配合。此类连接属于不可拆卸的连接。

b. 半永久性连接。半永久性连接有过盈量较小的配合、具有过盈的过渡配合。该类连接属于不经常拆卸的连接，只有在中修或大修时才允许拆卸。

c. 活动连接。活动连接是指相配合的零件之间具有间隙，其中包括间隙配合和具有间隙的过渡配合。如滑动轴承的孔与其相配合的轴颈、液压缸与活塞的配合等。

d. 可拆卸连接。零件之间虽然无相对运动，但是可以拆卸。如螺纹连接、键与销的连接等。

③ 确定拆卸的顺序　在比较深入了解机器结构特征、连接方式的基础上，确定拆卸的顺序是比较容易的，一般是由附件到主机，外部到内部，由上到下进行拆卸，不能盲目乱拆乱卸。通常是从最后装配的那个零件开始。

a. 先将机器中的大部件解体，然后将各大部件拆卸成部（组）件。

b. 将各部（组）件再拆卸成测绘所需要的小（组）件或零件。

(3) 拆卸时要做好的几点工作

① 选择合适的拆卸工具和设备。确定好零部件的拆卸顺序后，要合理地选择和使用相应的拆卸工具，避免乱敲乱打，以防零件损伤或变形。

② 对零件编号和做标记。拆卸时应对每个零件命名并做标记，按拆卸顺序分组摆好并进行编号，如图1-1所示。编号时可用标签纸或双面胶纸，用双面胶纸时将双面胶纸的一面贴于零件上，另一面贴上白纸，在白纸上写出组号和零件号。也可用录像设备将拆卸的过程拍摄下来备用。

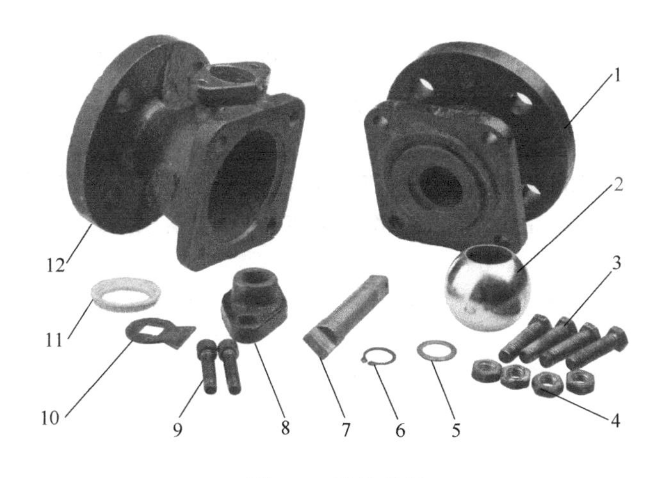

图1-1 零件编号

③ 正确存放零部件。拆下的部件和零件（如轴、齿轮、螺钉、螺母、键、垫片、定位销等）必须有次序、有规则地按原来装配顺序放置在木架、木箱或零件盘内。一般遵循如下原则：同一总成或同一部件的零件应尽量集中存放；根据零件大小和精密度分开存放；怕脏、怕碰的零部件应单独存放；怕油的橡胶件不应与带锈的零件一起存放；易丢失的零件要放在专门的容器里，螺栓螺柱应装上螺母存放。切不可将零件杂乱地堆放，使相似的零件混在一起，甚至遗失，以致重新装配时装错或装反，造成不必要的返工甚至无法装配。

④ 做好记录。拆卸记录必须详细具体，对每一拆卸步骤应逐条记录并整理出装配注意事项，尤其要注意装配的相对位置，必要时在记录本上绘制装配连接位置草图帮助记忆，力求记清每个零件的拆卸顺序和位置，以备重新组装，如图1-2所示。对复杂组件，最好在拆卸前做照相记录。对在装配中有一定的啮合位置、调整位置的零部件，应先测量、鉴定，做出记号，并详细记录。

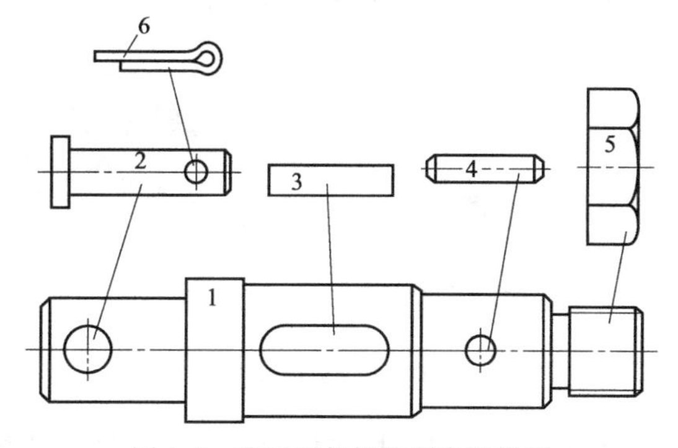

图1-2 草记零件拆卸顺序和位置

⑤ 其他现场鉴定。机器设备所用的工作液、气体、润滑油、胶、焊料等辅助材料，应做出鉴定，并详细记录。

⑥ 绘制或完善各种示意图。绘制装配示意图、液压示意图和电气示意图等。

⑦ 当机器结构形状比较复杂时，要用照相机拍下整机外形，包括附件、管道、电缆等

的安装连接情况，各零部件形状结构等。还可以使用摄像机将整个拆卸过程记录下来。

1.2.2 常用拆卸工具及使用

拆卸零部件时常用的拆卸工具主要有扳手类、螺钉旋具类、手钳类、顶拔器、铜冲、铜棒、手锤等，而各类工具又分为很多种，下面简要介绍常用的一些拆卸工具。

图 1-3 活扳手

（1）扳手类

扳手的种类较多，常用的有活扳手、梅花扳手、呆扳手、内六角扳手、套筒扳手等。

① 活扳手（GB/T 4440—2008） 活扳手的形式如图 1-3 所示。

用途：调节开口度后，可用来紧固或拆卸一定尺寸范围内的六角头或方头螺栓、螺母。

规格：总长度（mm）×最大开口度（mm），如 100×13，150×18，200×24，250×30，300×36，375×46，450×55，600×65 等。

标记：活扳手的标记由产品名称、规格和标准编号组成。例如 150mm 的活扳手可标记为：活扳手 150mm GB/T 4440。

活扳手在使用时要转动螺杆来调整活舌，从而将开口卡住螺母、螺栓等，其大小以刚好卡住为好，因此其工作效率较低。

② 呆扳手和梅花扳手（GB/T 4389—2013）

a. 呆扳手 呆扳手分为单头呆扳手和双头呆扳手两种形式，如图 1-4 所示。

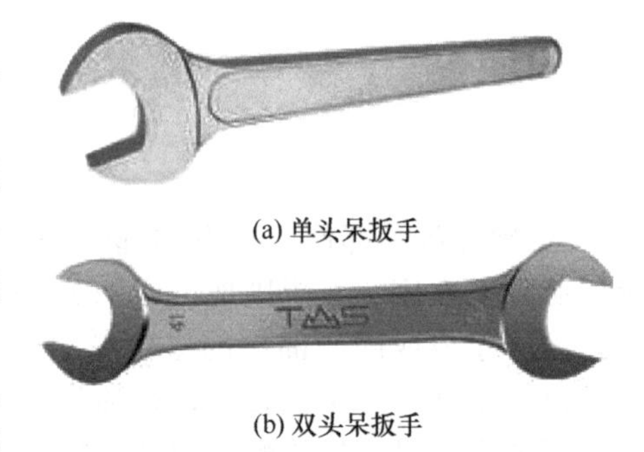

(a) 单头呆扳手

(b) 双头呆扳手

图 1-4 呆扳手

用途：单头呆扳手专用于紧固或拆卸一种规格的六角头或方头螺栓、螺母。每把双头呆扳手都适用于紧固或拆卸两种规格的六角头或方头螺栓、螺母。

规格：单头呆扳手的规格为开口宽度（mm），如 8，10，12，14，17，19 等。双头呆扳手的规格为两头开口宽度（mm），如 8×10，12×14，17×19 等，每次转动角度大于 60°。

图 1-5 双头梅花扳手

b. 梅花扳手 梅花扳手分为双头梅花扳手和单头梅花扳手两种形式，并按颈部形状分为矮颈型和高颈型，以及直颈型和弯颈型，双头梅花扳手的形式如图 1-5 所示。梅花扳手每次最小能换位转动 15°，是使用较多的一种扳手。

用途：如图 1-6 所示。单头梅花扳手专用于紧固或拆卸一种规格的六角头螺栓、螺母。每把双头梅花扳手都适用于紧固或拆卸两种规格的六角头螺栓、螺母。

规格：单头梅花扳手适用的六角头对边宽度（mm），如 8，10，12，14，17，19 等。双头梅花扳手两头适用的六角头对边宽度（mm），如 8×10，10×11，17×19 等，每次转动角度大于 15°。

呆扳手和梅花扳手在使用时因开口宽度为固定值，不需要调整，因此与活扳手相比其工作效率较高。

③ 内六角扳手（GB 5356—2008） 内六角扳手分为普通级和增强级，其中增强级用 R 表示。内六角扳手形式如图 1-7 所示。

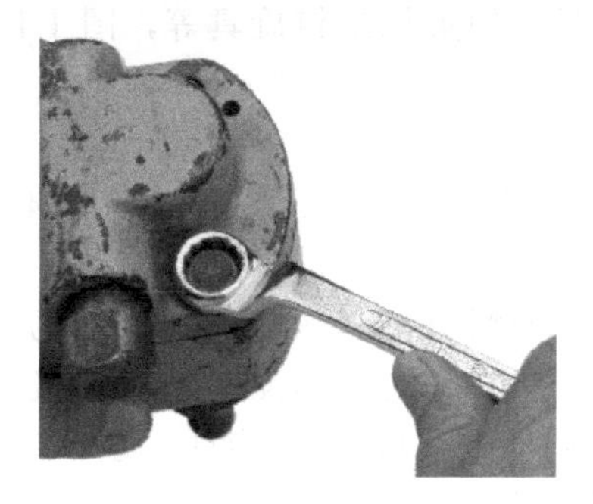

图 1-6 梅花扳手的使用

图 1-7 内六角扳手

用途：专门用于装拆标准内六角螺钉，如图 1-8 所示。

规格：适用的六角孔对边宽度（mm），如 2.5，4，5，6，8，10 等。

标记：由产品名称、规格、等级和标准号组成。例如规格为 12mm 增强级内六角扳手应标记为：内六角扳手 12R GB/T 5356。

图 1-8 内六角扳手的使用

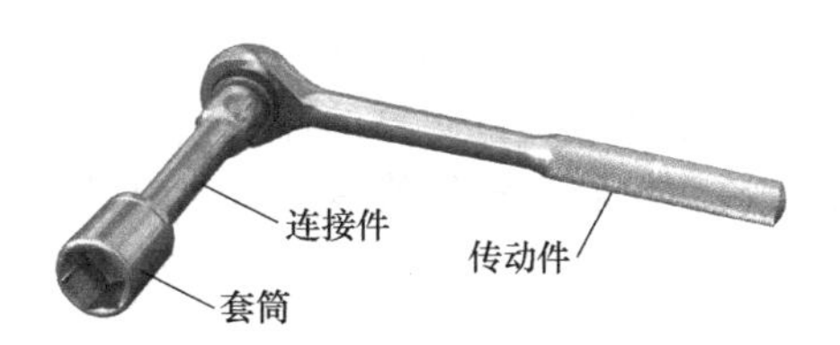

图 1-9 套筒扳手

④ 套筒扳手（GB/T 3390.1—2013） 套筒扳手由各种套筒、连接件及传动附件等组成，如图 1-9 所示。根据套筒、连接件及传动附件的件数不同组成不同的套盒，如图 1-10 所示。

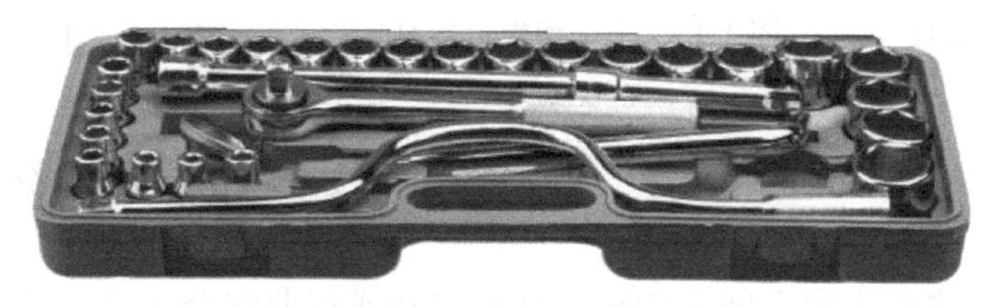

图 1-10 套筒扳手套盒

用途：用于紧固或拆卸六角螺栓、螺母。特别适用于空间狭小、位置深凹的工作场合，如图 1-11 所示。

规格：适用的六角头对边宽度（mm），如 10，11，12 等。每套件数有 9，13，17，24，28，32 等。

套筒扳手在使用时根据要转动的螺栓或螺母大小不同，安装不同大小的套筒进行工作。

（2）螺钉旋具类

螺钉旋具俗称螺丝刀或起子，常见的螺钉旋具按工作

图 1-11 套筒扳手的使用

端形状不同分为一字槽、十字槽以及内六角花形螺钉旋具等。

① 一字槽螺钉旋具（QB/T 2564.4—2012） 一字槽螺钉旋具按旋杆与旋柄的装配方式，分为普通式（用P表示）和穿心式（用C表示）两种，常见类型有木柄螺钉旋具、木柄穿心螺钉旋具、塑料柄螺钉旋具、方形旋杆螺钉旋具、短形柄螺钉旋具等，图1-12所示为一字槽螺钉旋具。

用途：用于紧固或拆卸各种标准的一字槽螺钉。

规格：旋杆长度（mm）×工作端口厚（mm）×工作端口宽（mm），如50×0.4×2.5，100×0.6×4等。

② 十字槽螺钉旋具（QB/T 2564.5—2012） 十字槽螺钉旋具按旋杆与旋柄的装配方式，分为普通式（用P表示）和穿心式（用C表示）两种，按旋杆的强度分为A级和B级两个等级。常见类型有木柄螺钉旋具、木柄穿心螺钉旋具、塑料柄螺钉旋具、方形旋杆螺钉旋具、短形柄螺钉旋具等，图1-13所示为十字槽螺钉旋具。

用途：用于紧固或拆卸各种标准十字槽螺钉。

规格：旋杆槽号，如0，2，3，4等。

螺钉旋具除了上述常用的几种之外，还有夹柄螺钉旋具（用于旋拧一字槽螺钉，必要时允许敲击尾部）、多用螺钉旋具（用于旋拧一字槽、十字槽螺钉及木螺钉，可在软质木料上钻孔，并兼作测电笔用）、双弯头螺钉旋具（用于装拆一字槽、十字槽螺钉，适用于螺钉工作空间有障碍的场合）等。

③ 内六角花形螺钉旋具（GB/T 5358—1998） 内六角花形螺钉旋具专用于旋拧内六角螺钉，其形式如图1-14所示。

内六角花形螺钉旋具的标记由产品名称、代号、旋杆、长度、有无磁性和标准号组成。例如：内六角花形螺钉旋具 T10×75 H GB/T 5358（注：带磁性的用字母H标记）。

图1-12 一字槽螺钉旋具

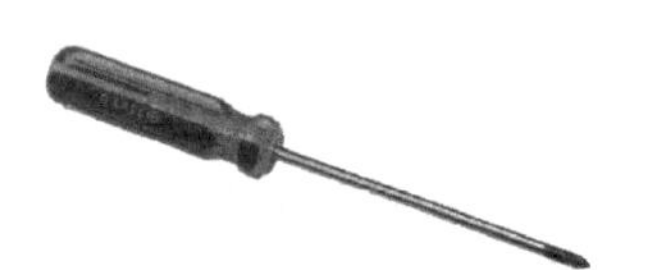

图1-13 十字槽螺钉旋具

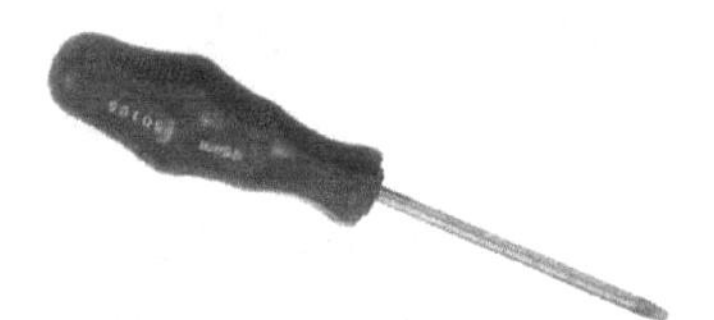

图1-14 内六角花形螺钉旋具

（3）手钳类

① 尖嘴钳（QB/T 2440.1—2007） 尖嘴钳的形式如图1-15所示，分柄部带塑料套与不带塑料套两种。

用途：适合于在狭小工作空间夹持小零件和切断或扭曲细金属丝，带刃尖嘴钳还可以切断金属丝。主要用于仪表、电讯器材、电器等的安装及其他维修工作。

规格：钳全长（mm），有125，140，160，180，200等。

产品的标记由产品名称、规格和标准号组成。例如，125mm的尖嘴钳标记为：尖嘴钳 125mm QB/T 2440.1—2007。

② 扁嘴钳（QB/T 2440.2—2007） 扁嘴钳按钳嘴形式分长嘴和短嘴两种，柄部分带塑料套与不带塑料套两种，如图1-16所示。

用途：用于弯曲金属薄片和细金属丝，拔装销子、弹簧等小零件。

规格：钳全长（mm），有125，140，160，180等。

产品的标记由产品名称、规格和标准号组成。例如，140mm的扁嘴钳标记为：扁嘴钳

140mm QB/T 2440.2。

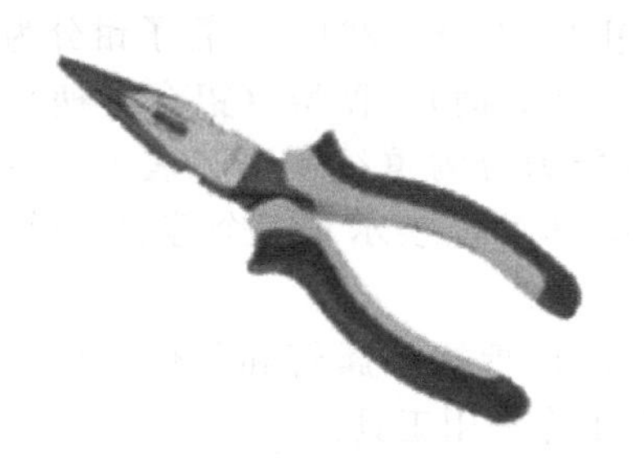

图 1-15 尖嘴钳

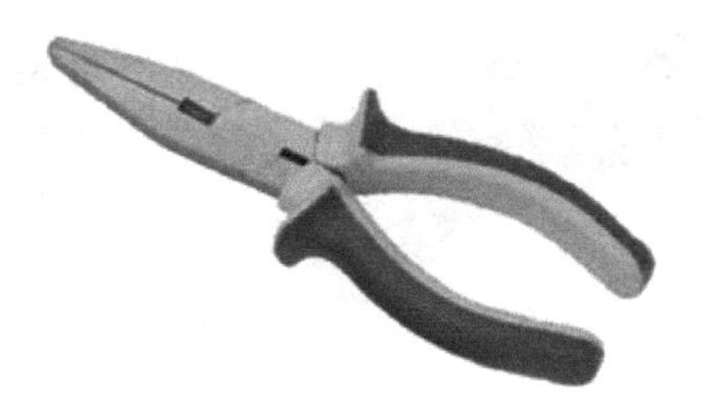

图 1-16 扁嘴钳

③ 钢丝钳（QB/T 2442.1—2007） 钢丝钳又称夹扭剪切两用钳，形式如图 1-17 所示，分柄部带塑料套与不带塑料套两种。

用途：用于夹持或弯折金属薄片、细圆柱形件，切断细金属丝，带绝缘柄的供有电的场合使用（工作电压 500V）。

规格：钳全长（mm），有 160，180，200。

产品的标记由产品名称、规格和标准号组成。例如，160mm 的钢丝钳标记为：钢丝钳 160mm QB/T 2442.1。

④ 弯嘴钳 分柄部带塑料套与不带塑料套两种，如图 1-18 所示。

用途：用于在狭窄或凹陷下的工作空间中夹持零件。

规格：全长（mm），125，140，160，180，200。

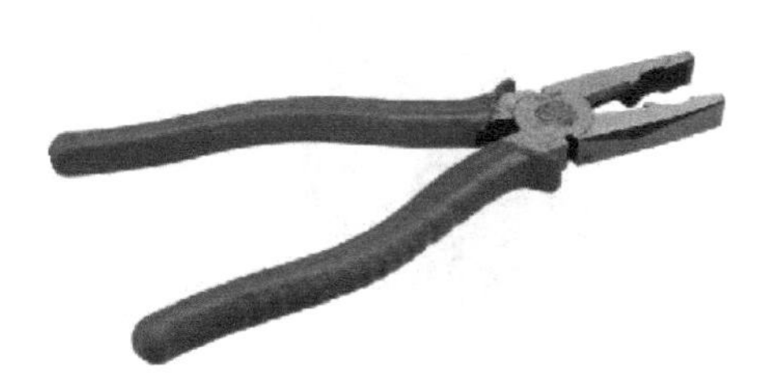

图 1-17 钢丝钳

图 1-18 弯嘴钳

⑤ 卡簧钳（或挡圈钳）（JB/T 3411.47—1999） 卡簧钳分轴用挡圈钳和孔用挡圈钳。为适应安装在各种位置中挡圈的拆卸，这两种挡圈钳又分为直嘴式和弯嘴式两种结构，如图 1-19 所示。

用途：专门用于装拆弹性挡圈，如图 1-20 所示。

图 1-19 卡簧钳

图 1-20 卡簧钳的使用

规格：全长（mm），有125，175，225。

图1-21 管子钳

⑥ 管子钳（QB/T 2058—2016） 管子钳分为Ⅰ型、Ⅱ型（铸柄）、Ⅲ型（锻柄）、Ⅳ型（铝合金柄）、Ⅴ型五个型号。按承载能力分为重级（用Z表示）、普通级（用P表示）和轻级（用Q表示）三个等级，形式如图1-21所示。

用途：用于紧固或拆卸金属管和其他圆柱形零件，为管路安装和修理工作常用工具。

规格：全长（mm），有150（最大夹持管径20），200（最大夹持管径25），250（最大夹持管径30）。

（4）顶拔器

① 三爪顶拔器（JB/T 3411.51—1999） 三爪顶拔器的形式如图1-22所示。

用途：用于轴系零件的拆卸，如轮、盘或轴承等类零件，如图1-23所示。

规格：三爪顶拔器直径D（mm），有160，300。

图1-22 三爪顶拔器

图1-23 三爪顶拔器的使用

② 两爪顶拔器（JB/T 3411.50—1999） 两爪顶拔器的形式如图1-24所示。

用途：在拆卸、装配、维修工作中，用以拆卸轴上的轴承、轮盘等零件，如图1-25所示。还可以用来拆卸非圆形零件。

规格：爪臂长（mm），有160，250，380。

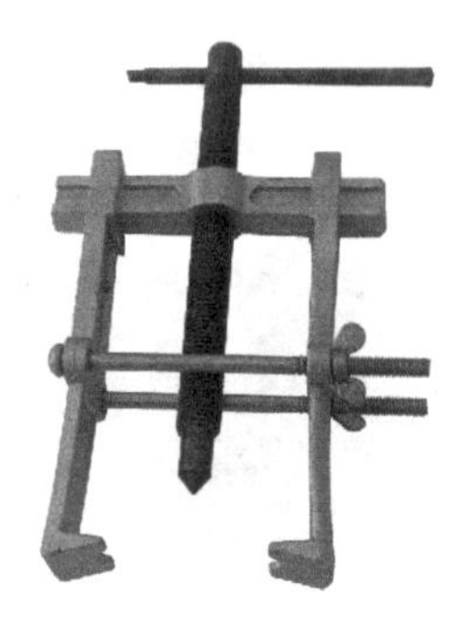

图1-24 两爪顶拔器

图1-25 两爪顶拔器的使用

(5) 其他拆卸工具

除了上述介绍的拆卸工具之外，常用的还有铜冲、铜棒，如图 1-26 所示；以及木锤、橡胶锤、铁锤等，如图 1-27 所示。

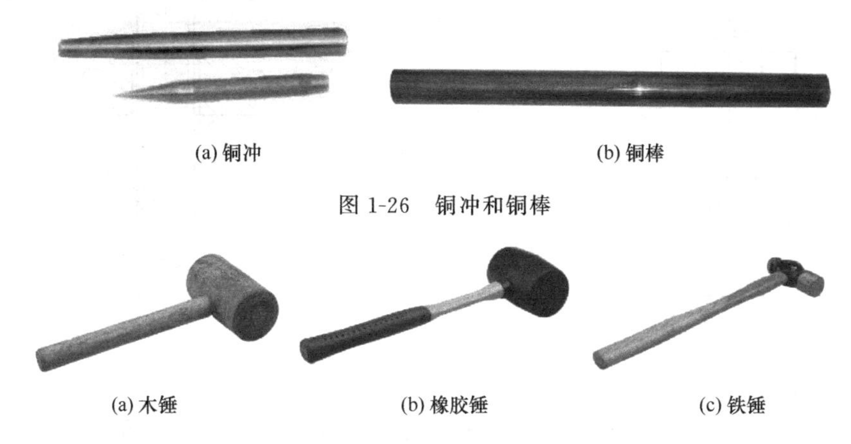

(a) 铜冲　　(b) 铜棒

图 1-26　铜冲和铜棒

(a) 木锤　　(b) 橡胶锤　　(c) 铁锤

图 1-27　木锤、橡胶锤和铁锤

1.2.3　常见零部件的拆卸方法

(1) 螺纹连接件的拆卸

拆卸螺纹连接件时，首先应选用合适的扳手，一般开口扳手比活扳手好用，梅花扳手和套筒扳手比开口扳手好用。实际操作时，几种扳手可相互配合使用。开始拆卸时，应注意连接件的左右旋转方向，均匀施力，弄不清旋转方向时，要进行试拆，否则，会出现越拧越紧的现象。待螺纹松动后，其旋向已明确，再逐步旋出，不要用力过猛，以免造成零件损坏。

① 双头螺柱的拆卸　通常用并紧的双螺母来拆卸，这种方法操作简单，应用较广。方法是选两个和双头螺柱相同规格的螺母，把两个螺母拧在双头螺柱螺纹的中部，并将两个螺母相对拧紧，此时两螺母锁死在螺柱的螺纹中，用扳手旋转其中的一个螺母即可将双头螺柱拧出，如图 1-28 所示。

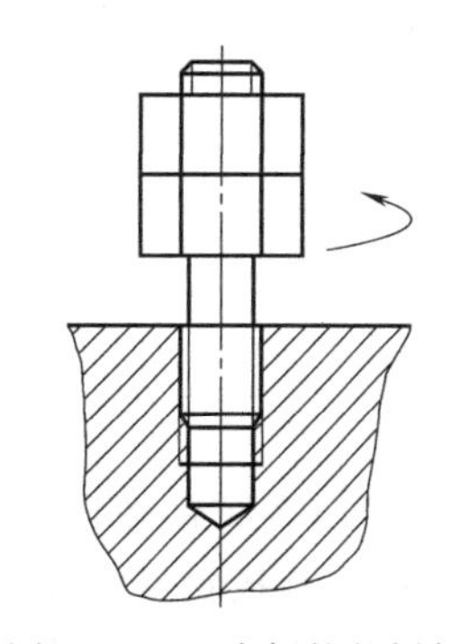

图 1-28　双头螺柱的拆卸

② 锈蚀螺母、螺钉等的拆卸　零部件长期没有拆卸，螺母锈结在螺杆上或螺钉等锈结在机件上，拆卸时根据锈结程度采用相应的方法，绝不能硬拧。这时，可先用手锤敲击螺母或螺钉，使其受振动而松动，然后，用扳手拧紧和拧退，反复地松紧，这样以振动加扭力的方式，将其卸掉。若锈结时间较长，可用煤油浸泡 20～30min 或更长时间后，辅以适当的敲击振动，使锈层松散，就比较容易拧转和拆卸。锈结严重的部位，可用火焰对其加热，经过热膨胀和冷收缩的作用，使其松动。

锈结的螺母不能采用以上办法拆卸时，就采用破坏性方法。在螺母的一侧钻孔（不要钻伤螺杆），然后采用锯或錾将如图 1-29 所示的 A 处材料切去，锈结的螺母即可容易地拆卸。

③ 折断螺钉的拆卸　拆卸中，有时拆卸或拧紧过度会将螺钉折断，如图 1-30 所示，为了取出扭断的螺钉，可在断螺钉上钻孔，然后攻出相反螺旋方向的螺纹，拧进一个螺钉，将断螺钉取出；或者在断螺钉上焊一个螺母，将其拧出。

④ 多螺栓紧固件的拆卸　由于多螺栓紧固的大多是盘盖类零件，材料较软，厚度不大，

易变形，因此在拆卸这类零件螺栓时，螺栓或螺母必须按一定顺序进行，以使被紧固件的内应力实现均匀变化，防止严重变形，失去精度。方法是：按对角交叉的顺序每次拧出1～2圈，分几次旋出，切不可将每个螺栓一次旋出。

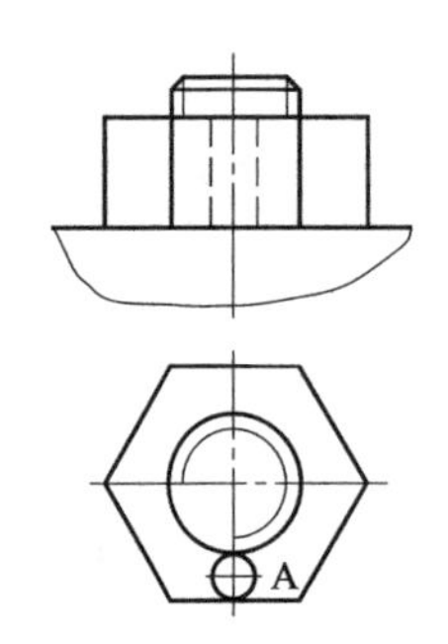

图 1-29 钻孔法拆卸锈结螺母

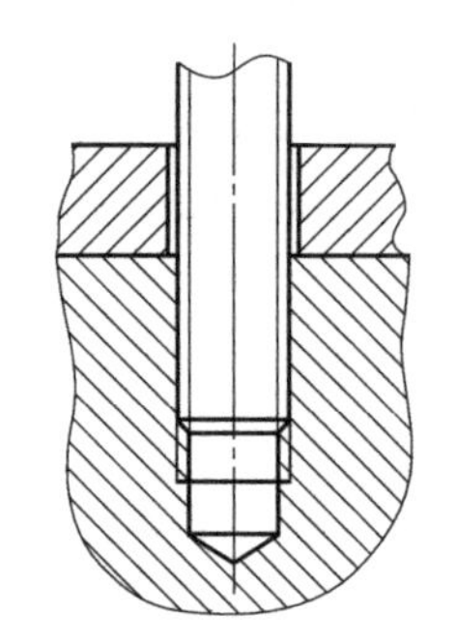

图 1-30 折断螺钉的拆卸

（2）销的拆卸

① 通孔中普通销的拆卸　如果销安装在通孔中，拆卸时在机件下面放上带孔的垫块，或将机件放在V形支承或铁槽之类支承上面，使用手锤和略小于销直径的铜棒敲击销的一端（圆锥销为小端），即可将销拆出，如图1-31所示。如果销和零件配合的过盈量较大，手工不易拆出时，可借助于压力机。对于定位销，在拆去被定位的零件后，销往往会留在主要零件上，这时可用销钳或尖嘴钳将其拔出。

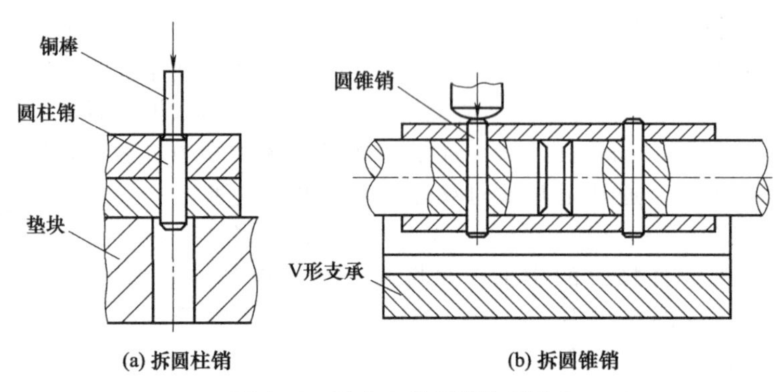

(a) 拆圆柱销　(b) 拆圆锥销

图 1-31 通孔中普通销的拆卸

② 内螺纹销和盲孔中销的拆卸　内螺纹销形式如图1-32所示，拆卸带内螺纹的销时，可使用特制拔销器将销拔出，如图1-33所示，当拔销器3部分的螺纹旋入销的内螺纹时，用2部分冲击1部分即可将销取出。

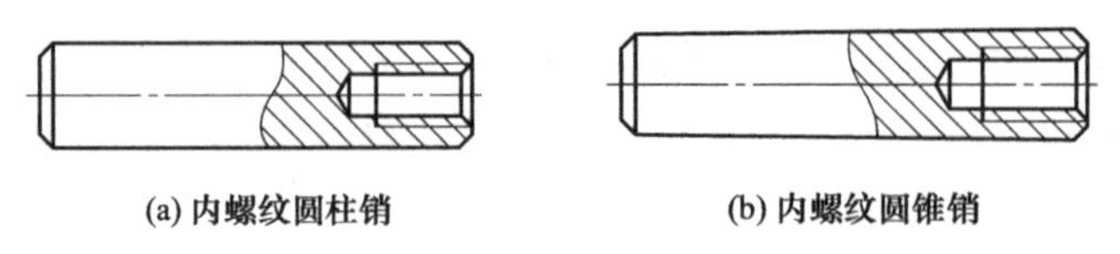

(a) 内螺纹圆柱销　(b) 内螺纹圆锥销

图 1-32 内螺纹销形式

如无专用工具可先在销的内螺纹孔中装上六角头螺栓或带有凸缘的螺杆，再用木锤、铜冲冲打而将销子拆下，如图1-34所示。

对于盲孔中无螺纹的销，可在销头部钻孔攻出内螺纹，采用如图1-34所示的方法进行拆卸。

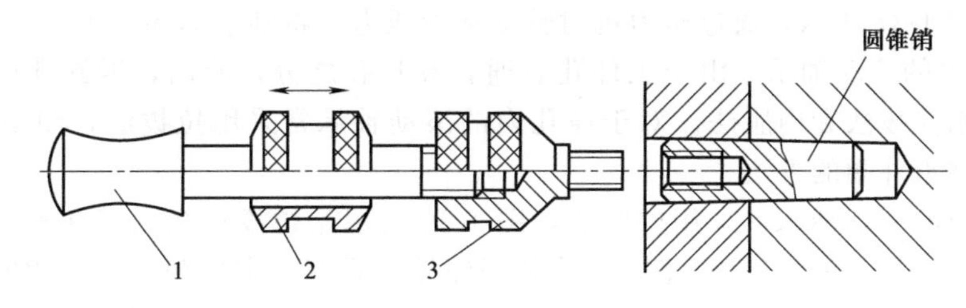

图 1-33 拆卸内螺纹销

③ 螺尾圆锥销及外螺纹圆柱销的拆卸　外螺纹圆柱销及螺尾圆锥销的形式如图 1-35 所示。拆卸螺尾圆锥销时，拧上一个与螺尾相同的螺母，如图 1-36 所示，拧紧螺母将销卸出。

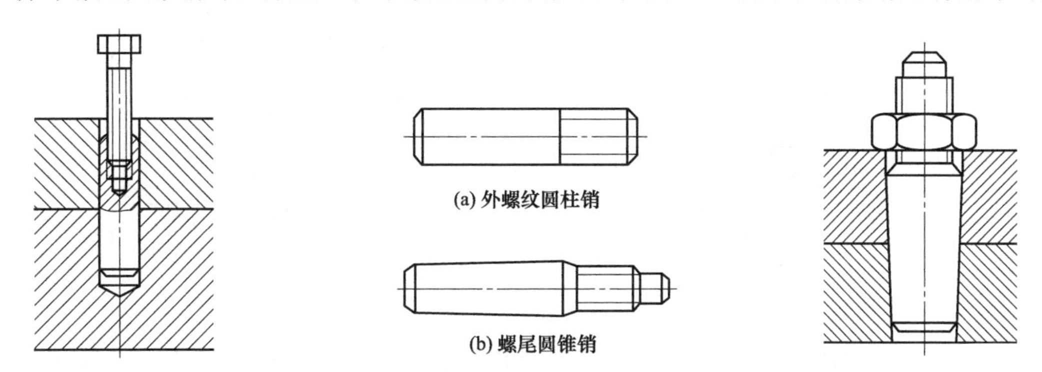

图 1-34 拆内螺纹销或盲孔中销　图 1-35 外螺纹圆柱销及螺尾圆锥销的形式　图 1-36 拆螺尾圆锥销

（3）盘盖类零件的拆卸

如果盘盖类零件由定位销定位，则按上述销的拆卸方法先拆下定位销，接着拆下所有连接螺母或螺钉。当盘盖因长期不拆卸而粘连在机体上拆不下来时，可用木锤沿盘盖四周反复敲击，使盘盖与机体分离，再进行拆卸。位于盘盖与机体之间的垫圈，如无损伤，则可继续使用，如因拆卸盘盖而损伤，则需更换新垫圈。

（4）轴系及轴上零件的拆卸

轴系的拆卸要视轴承与轴、轴承与机体孔的配合情况而定。拆卸前要分析清楚轴和轴承的安装顺序，按安装的相反顺序进行拆卸，可用压力机压出或用手锤和铜棒配合敲击轴端拆出，切忌用力过猛。如果轴承与机体配合较松，则轴系连同轴承一同拆掉；反之，则轴系先与轴承分离。

① 滚动轴承的拆卸　拆卸轴上或机体孔内的轴承时，必须掌握正确的拆卸方法，并采取一系列的保护措施，保持轴承完好的原有状态。过盈量不大时可用手锤配合套筒轻轻敲击轴承内外圈，慢慢拆出，过盈量较大时可采用下述方法进行拆卸。

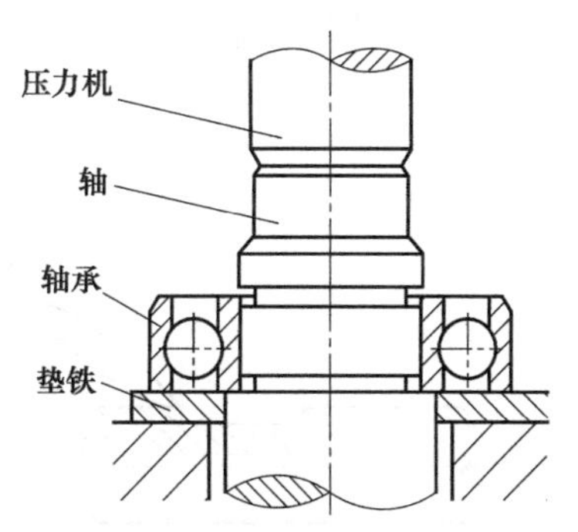

图 1-37 拆卸较大直径轴承

a. 拆卸轴上的滚动轴承　从轴上拆卸滚动轴承常使用顶拔器，参照图 1-23、图 1-25。通过手柄转动螺杆，使螺杆下部顶紧轴端，慢慢地扳转手柄杆，旋入顶杆，即可将滚动轴承从轴上拉出来。为减小顶杆端部和轴头端部的摩擦，可在顶杆端部与轴头端部中心孔之间放一合适的钢球进行拆卸。这样，使螺杆对轴的顶紧力更集中，更能使轴承顺利离开轴。

从轴上拆卸较大直径的滚动轴承时，可将轴系放在专用装置上，如图 1-37 所示，通过压力机对轴端施加压力，将轴承拆卸下来。

b. 拆卸孔内的滚动轴承　由于工件孔有通孔和盲孔之分，所以，拆卸孔内轴承的方法也有区别，常用拉拔法和内胀法。对于通孔内的滚动轴承常采用拉拔法，图 1-38 所示为采用拉拔法拆卸轴承外圈的方法。

对于盲孔内的滚动轴承常采用内胀法，图 1-39 所示是拉拔盲孔内滚动轴承的情况，图 1-39 中胀紧套筒上有 3～4 条开口槽，经热处理淬硬后具有一定的弹性。使用时，胀紧套筒和衬套安装在芯轴上，一起放进轴承孔内（超出轴承内侧端面），旋转螺母 2，使胀紧套筒胀紧轴承，然后将等高块垫在工件上，放好横板，当旋转螺母 1 时轴承即能拆卸下来。

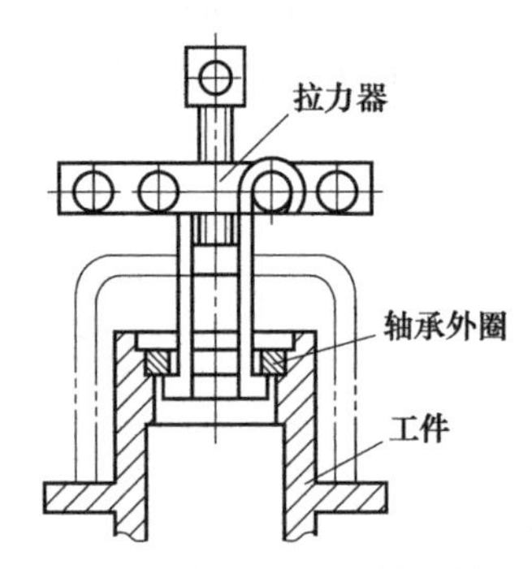

图 1-38　拉拔法拆卸轴承外圈

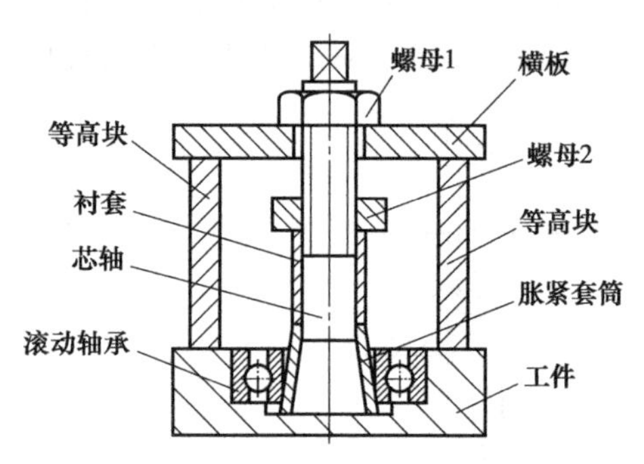

图 1-39　拆卸盲孔内轴承

滚动轴承属于精度较高的零件，不允许采用锤击，使用拉拔器进行拆卸时，拉拔器的各拉钩应相互平行，钩子和零件贴合要平整，必要时，可在螺杆和轴端间、零件和拉钩间垫入垫块，以免拉力集中而损坏零件。

② 其他轴系零件的拆卸　轴系零件除了滚动轴承之外，还有轴套、各种轮、盘、密封圈、联轴器等，其拆卸方法与滚动轴承相似，当这些零件与轴配合较松时，一般用手锤和铜棒即可拆卸，较紧时借助于顶拔器或压力机。轴上或机体内的挡圈需借助于专用挡圈钳方可拆卸。

为了避免拆卸不当而降低装配精度，在拆卸时，轴承、垫圈及轴在圆周方向上的相对位置上应做上记号，拆卸下来的轴承及垫圈各成一组分别摆放，装配时需按原记号方向装入。

（5）键的拆卸

平键、半圆键可直接用手钳卸出，或使用锤子和錾子从键的两端或侧面进行敲击而将键卸下，如图 1-40 所示。

钩头楔键的拆卸用铜条冲子对着键较薄的一头向外冲击，即可卸下楔键。配合较紧或不宜用冲子拆卸的楔键，可用拔键钩，如图 1-41 所示。或用起键器进行拆卸，如图 1-42 所示，用起键器套在楔键头部，用螺钉将楔键头部固定压紧，旋转螺母即可将钩头楔键从槽内拉出。

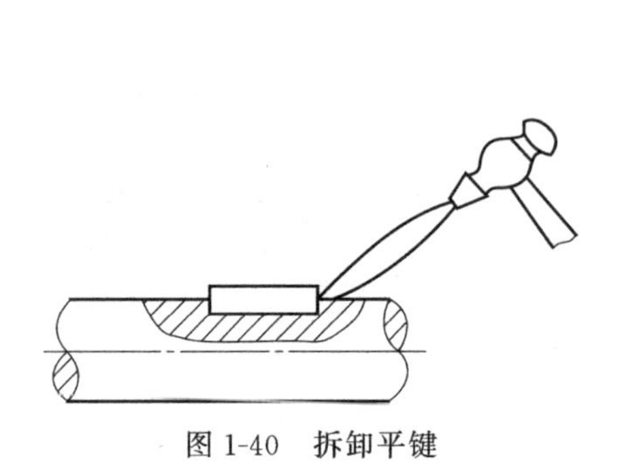
图 1-40　拆卸平键

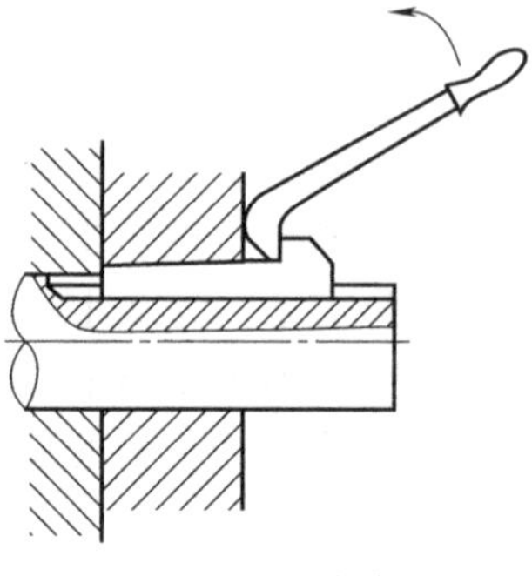

图 1-41　拔键钩拆卸楔键

（6）过渡、过盈配合零件的拆卸、加温

过渡、过盈配合零件的拆卸需根据其过盈量的大小而采取不同的方法。当过盈量较小时，可用顶拔器拉出或用木锤、铜冲冲打而将零件拆下；当过盈量较大时，可采用压力机拆卸、加温或冷却拆卸。拆卸过盈配合零件时应注意以下两点：

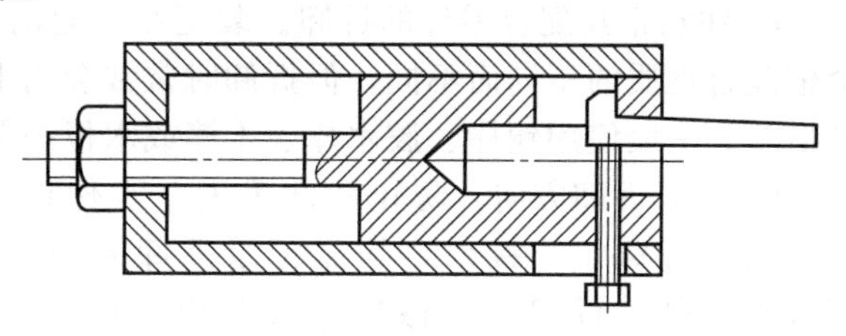
图 1-42 起键器拆卸楔键

① 被拆零件受力要均匀，所受力的合力应位于其轴心线上。

② 被拆零件受力部位应恰当，如用顶拔器拉拔时，拉爪应钩在零件的不重要部位。一般不得用锤直接敲击零件，必要时可用硬木或铜棒作冲头，沿整个工件周边敲打，切不可在一个部位用力猛敲。当零件敲不动时应停止敲击，待查明原因后再采取适当的办法。

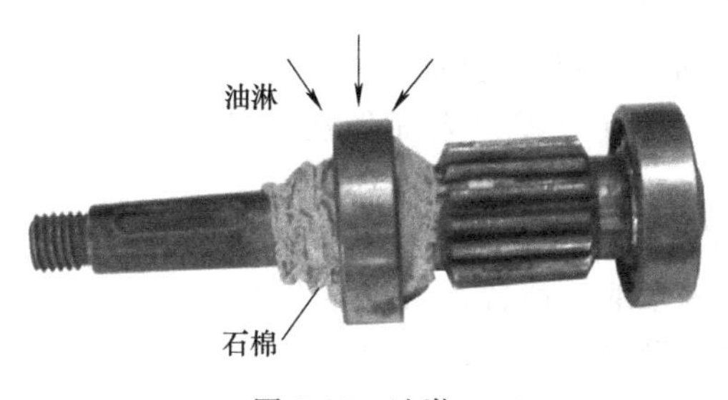

图 1-43 油淋

加温拆卸时，可选择油淋、油浸和感应加热法。采用油淋、油浸的方法是：先把相配合的两零件中轴的配合部位用石棉包裹起来，以起到隔热作用，如图 1-43 所示。用 80～100℃的热油浇淋或将有孔零件放在热油中浸泡，使有孔零件受热膨胀，即可将两零件分离。而感应加热法是一种较先进的加温拆卸方法，它采用加温器对零件进行加热。由于感应加热迅速、均匀、清洁无污染，加热质量高，并能保证零件不受损伤，这种拆卸方法，正逐步取代烘烤、油淋、油浸等方法。感应加热时，加热温度不要过高，以能稍加力零件就分离为宜，加热电流应加在有孔零件上。取出工件一定要注意，必须在主机断电后方可取出感应线圈内的加热部件，以防烫伤。

加温拆卸时，可用冰局部冷却零件，从而便于拆卸。

1.2.4 拆卸中的注意事项及零部件的清洗

（1）拆卸中的注意事项

① 注意安全

a. 首先有电源的先切断电源，防止触电事故。

b. 拆卸较重零部件时，要用起重设备。注意起吊、运行安全。放下时要用木块垫平稳以防倾倒。

c. 拆卸过程中进行敲打、拆卸及运输、搬动等，要慎重行事，避免事故发生。

② 采用正确的拆卸步骤

a. 拆卸前必须熟悉被测零部件的构造及工作原理，遵守合理的拆卸顺序。按照由表及里，由外向内的顺序进行拆卸，即按装配的逆过程进行拆卸，切不可一开始就把机器或部件全部拆开。对不熟悉的机器或部件，拆卸前应仔细观察分析它的内部结构特点，力求看懂记牢，或采用拍照法、录像法；对零部件上没有搞清楚的部分可小心地边拆边做记号或查阅有关参考资料后再拆。

b. 拆卸方法要正确。在拆卸过程中，除仔细考虑拆卸的顺序外，还要确定合适的拆卸方法。若考虑不周，方法不对，往往容易造成零件损坏或变形，严重时可能造成零件无法修复，使整个零件报废。拆卸困难的部件，应仔细揣摩它的装配方法，然后试拆。切不可硬撬硬扭，以致损坏原来好的机件。

c. 注意相互配合零件的拆卸。装配在一起的零件间一般都有一定配合，尽管配合的松紧依配合性质的不同而不同，但拆卸时常常会用手锤冲击。锤击时，必须对受击部位采取保护措施，一般使用铜棒、胶木棒、木棒或木板等保护受击的零件。

③ 记录拆卸方向，防止零件丢失　零件拆卸后，无论是打出还是压出衬套、轴承、销钉或拆卸螺纹连接件，均需记录拆卸方向。为防止零件丢失，应按拆卸顺序分组摆好并对零件进行编号和做标记或照相。紧固件如螺栓、螺钉、螺母及垫圈等，其数量较多，规格相近，很容易混乱与丢失，最好将它们串在一起或装回原处，也可以把相同的小零件全部拴在一起，或放置在盒内集中保管。要特别注意防止滚珠、键、销等小零件的丢失。

④ 选用恰当的拆卸工具　拆卸时应选用恰当的拆卸工具或设备，所用工具一定要与被拆零件相适应，必要时应采用专用工具，不得使用不合适的工具勉强凑合、乱敲乱打；不能用量具、钳子、扳手等代替手锤使用，以免将工具损坏。

⑤ 注意保护贵重零件和零件的高精度重要表面　进行拆卸时，应当尽量保护制造困难和价格较贵、精度较高的贵重零件。不能用高精度重要零件表面做放置的支撑面，以免损伤。

⑥ 注意特殊零件的拆卸　对某些特殊的零部件，在拆卸时要特别注意。

对含石墨量较大的石墨轴承，要特别注意合理拿取和放置，防止撞击和变形。

拆下的润滑装置或冷却装置，在清洗后要将其管口封好，以免侵入杂物。

有螺纹的零件，特别是一些受热部分的螺纹零件，应多涂润滑油，待油渗透后再进行拆卸。

拆下的电缆、绝缘垫等，要防止它们与润滑油等接触，以免沾污。

在干燥状态下拆卸易卡住的配合件，应先涂润滑油，等数分钟后，再拆卸；如仍不易拆下，则应再涂油。对过盈配合件亦应涂润滑油，过一段时间再进行拆卸。

⑦ 报废件的管理　对一些精密设备上的一经拆卸就报废的零件，应单独存放，不能混淆。

（2）零部件的清洗

拆卸后的零部件在测量前应进行清洗，清洗的方法和质量直接影响测量的数据。零件的清洗包括清除油污、水垢、积炭、锈层、涂装层等。

① 清除油污　除去零件上的油污一般可用清洗液，如有机溶剂、碱性溶液等，常用的有煤油或柴油清洗，除铝合金和精密零件外，还可用热的碱性溶液浸煮。清洗方法有擦洗、喷洗、浸洗、超声波清洗等。日常中常采用擦洗方法去除零件表面油污，即将零件放入装有煤油或柴油的容器中进行清洗。为提高清洗质量，可将油液分盛两缸，第一缸洗第一遍，第二缸做第二次清洗；当第二缸油液用脏后，改作第一缸用。清洗时，逐一将待洗金属零件先用油液浸泡 15min，然后用合适的刷子刷洗。对有螺纹的零件，应注意不要互相碰撞，以免损伤螺纹。小螺钉应放在细钢丝网中清洗，以防丢失。

② 除锈　零件表面的锈蚀可用机械、化学、电化学等方法去除。机械法除锈是利用摩擦、切削等作用清除零件表面锈层的。化学除锈法利用一些酸性溶液溶解金属表面的氧化物以达到除锈目的。

清洗时按组进行，零件清洗后，应无积炭、结胶、锈斑、油垢和泥迹，油、水道畅通无阻，各个零件清洗干净后仔细检查确实无异物后，用干净的纱布擦干或放在干净的纸上自然风干。

1.3 零件草图的绘制

草图在测绘过程中有着重要的作用，它是绘制装配图和零件工作图的原始资料和主要依据。

1.3.1 草图的绘制要求

草图也叫徒手图，是不借助于绘图工具，以目测来估计图形与实物的比例，按一定的画法要求徒手（或部分使用绘图仪器）绘制的图样。

（1）画草图的要求

画草图的要求可用“好”“快”二字概括，好字为首，好中求快。

要达到上述要求，一般做法为：

① 采用徒手与仪器相结合的方式画图。为了保证草图的质量和提高绘图速度，测绘时常采用徒手与仪器相结合的方式绘制草图，对于中等或较大的圆及圆弧以及较长的线段等多用仪器绘制，而较小尺寸的圆及圆弧、短线段等多徒手绘制。测绘者还可根据自己绘图技巧的高低和习惯，灵活运用仪器及徒手两种方法。

② 目测尺寸要尽量符合实际尺寸，各部分比例要匀称。要求完成的草图基本上保持物体各部分的比例关系。

③ 绘图速度要快，以使线条均匀，各种线型应粗细分明。

④ 标注尺寸应正确，字体要工整。

⑤ 零件测绘草图是绘制零件工作图的主要依据，所以草图画得愈准确、愈详细，将来完成零件工作图的时间就愈快，测绘工作进展也愈顺利。

（2）草图绘制的一般步骤

① 在着手画零件草图之前，应对零件进行详细分析，分析的内容如下。

a. 了解零件的名称和用途。

b. 判定零件是由什么材料制成的。

c. 对零件进行结构分析。从设计角度分析零件各部分的结构、各表面的作用，进而弄清零件由哪些基本形体构成，零件装在何处，作用如何，与相邻零件是怎样连接的，与其他零件的位置和尺寸关系如何。这些工作对破旧、磨损和带有某些缺陷的零件的测绘尤为重要。只有在分析的基础上，才能完整、清晰、简便地表达它们的结构形状，并且完整、合理、清晰地标注出它们的尺寸。

d. 对零件进行工艺分析。工艺分析是对所测绘零件的材料进行初步鉴定并确定加工制造方法。因为加工制造的方法不同，其结构形状亦将有所不同，也必然影响到图样的表达。例如：铸造的零件应该具有铸造圆角、起模斜度、壁厚均匀等铸造工艺特征；而车削的零件在轴肩处则具有加工圆角、砂轮越程槽、退刀槽及倒角等其他工艺要求。

② 拟订零件的表达方案，参照典型零件（轴套类零件、轮盘类零件、叉架类零件、箱体类零件等）的视图实例选择视图，确定适当的表达方法。

③ 目测各方向比例关系，初步确定各视图的位置，画出主要中心线、轴线等作图基准线。

④ 按由主体到局部的顺序，逐步完成各视图的底稿。

⑤ 按形体分析法、工艺分析法标出被测零件所有尺寸的尺寸界线和尺寸线。

标注尺寸时应注意基准的选择（即测量基准），要先画好尺寸界线、尺寸线和箭头，并集中进行测量，填写尺寸数字，严格避免边测量边画尺寸线，或测量后画尺寸线的做法。

⑥ 确定技术要求，填写标题栏，徒手描深，完成草图绘制。

1. 3. 2 草图绘制的基础

徒手绘图时，最好在方格纸上进行，尽量使图形中的直线与分格线重合，这样不但容易画好图线，并且便于控制图形的大小和图形间的相互关系。在画各种图线时，宜采取手腕悬空，小指轻触纸面的姿势。为了顺手，还可随时将图纸转动适当的角度。图形中最常用的直线和圆的画法如下。

(1) 直线的画法

画直线时，眼睛要注意线段的终点，以保证直线画得平直，方向准确。对于具有 30°、45°、60°等特殊角度的线，可根据其近似正切值 3/5、1、5/3 作为直角三角形的斜边来画出，如图 1-44 所示。

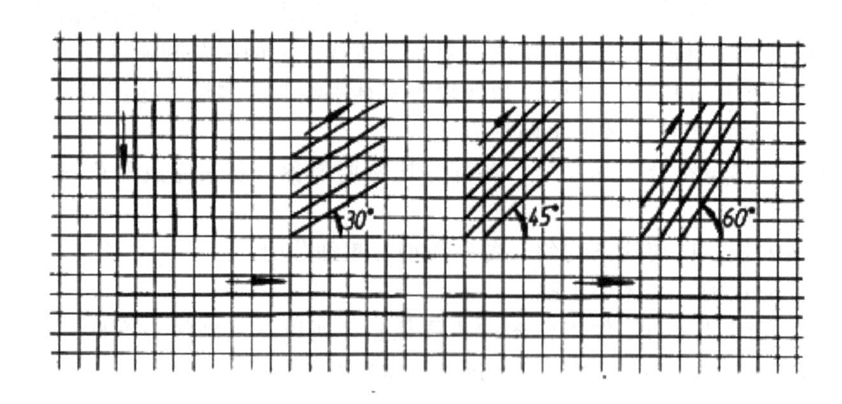

图 1-44 直线的画法

(2) 圆及圆角的画法

画小圆时，可按半径先在中心线上截取四点，然后分四段逐步连接成圆，如图 1-45 (a) 所示。当圆的直径较大时，除中心线上四点外，还可通过圆心画两条与水平线成 45°的射线，再取四点，分八段画出，如图 1-45 (b) 所示。

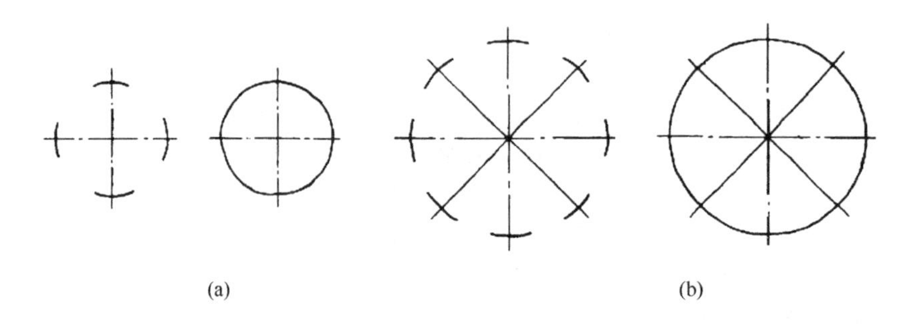

图 1-45 圆的画法

图 1-46 所示是画圆角的方法，先目测在分角线上选取圆心位置，使它与角的两边的距离等于圆角的半径大小。过圆心向两边引垂直线定出圆弧的起点和终点，并在分角线上也定出一圆周点，然后徒手作圆弧把这三点连接起来。

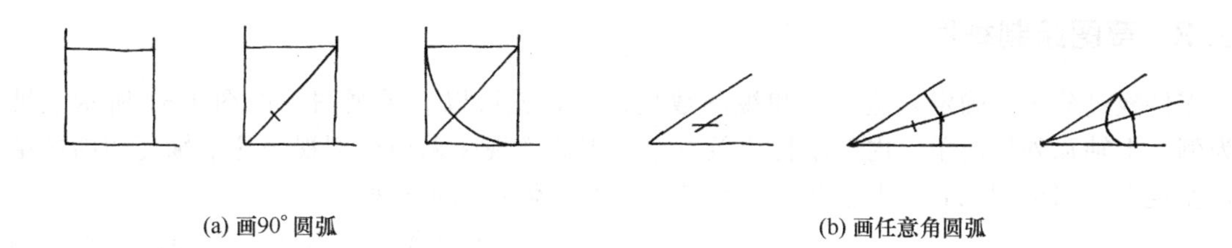

图 1-46　画圆角的方法

(3) 椭圆的画法

已知长短轴作椭圆，如图 1-47 所示。先画出椭圆的长短轴，过长短轴端点作长短轴的平行线，得一矩形，然后徒手作椭圆与此矩形相切。

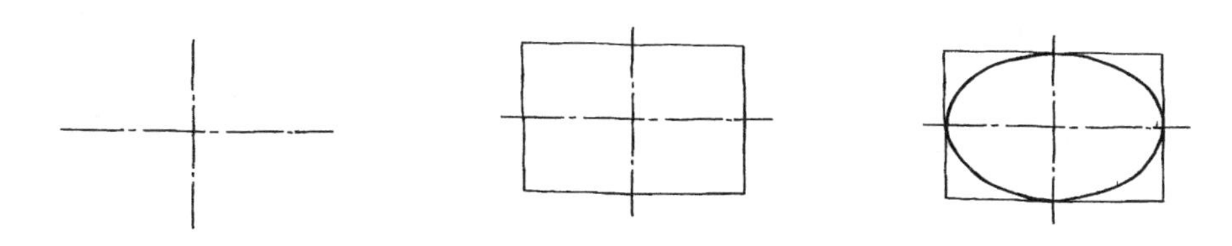

图 1-47　已知长短轴作椭圆的画法

圆的正等轴测图——椭圆的画法，如图 1-48 所示。作两相交直线（直线与水平线的倾角均为 30°），以圆半径为长度，以两直线交点为圆心在直线上取四点，过四点分别作两直线的平行线，即得椭圆的外切平行四边形，然后分别用徒手方法作两钝角及两锐角的内切弧，即得所需椭圆。

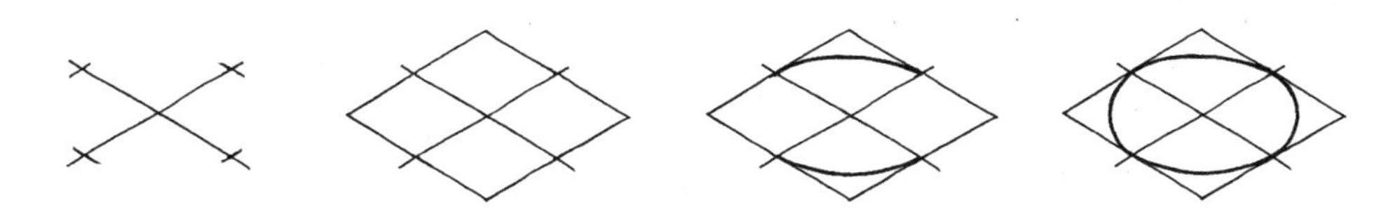

图 1-48　利用外切平行四边形画椭圆

(4) 复杂平面轮廓的画法

比较复杂的平面轮廓，常采用勾描轮廓和拓印的方法绘制。如平面能接触纸面，可直接用铅笔沿轮廓画线，如图 1-49 所示。当平面上受其他结构限制不能接触纸面时，只能采用拓印法。在被拓印表面涂上颜料，然后将纸贴上（遇有结构阻挡，可将纸挖去一块），即可印出曲线轮廓，如图 1-50 所示，最后再将印迹描到图纸上。

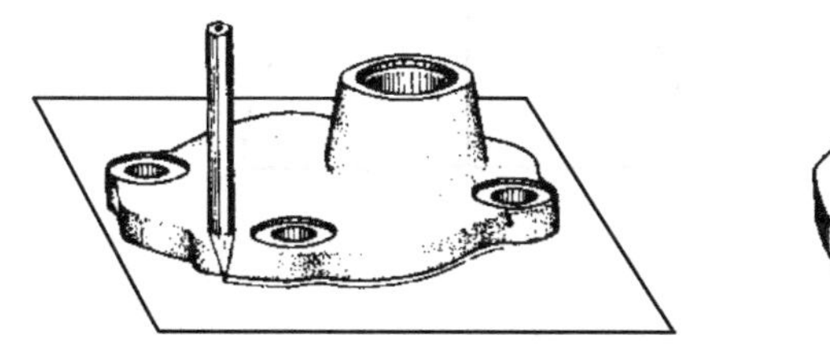

图 1-49　勾描法

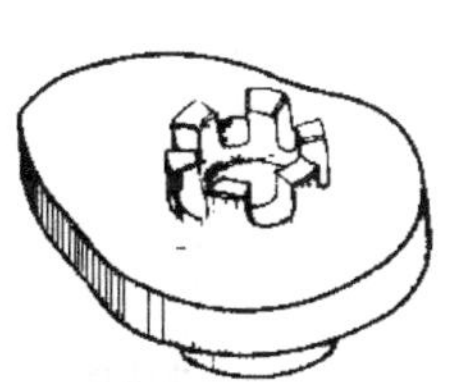

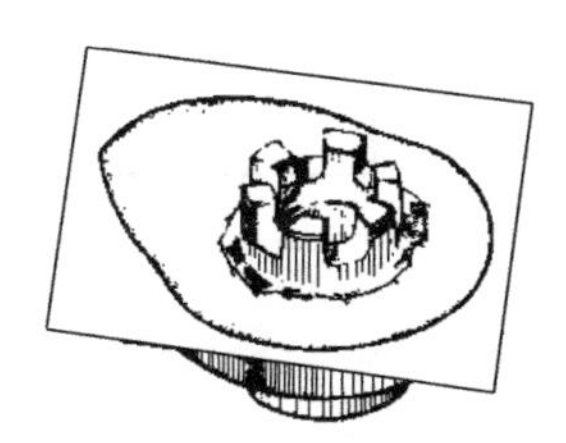

图 1-50　拓印法

1.3.3 草图绘制举例

零件经过分析，确定表达方案和视图数量以后，就可以着手画图，以图 1-51 所示上轴瓦为例，上轴瓦外形简单、内部结构比较复杂。因此主视图采用全剖视表达上轴瓦的内部结构，左视图采用全剖视表达上轴瓦的形状特征，其具体绘图步骤如下。

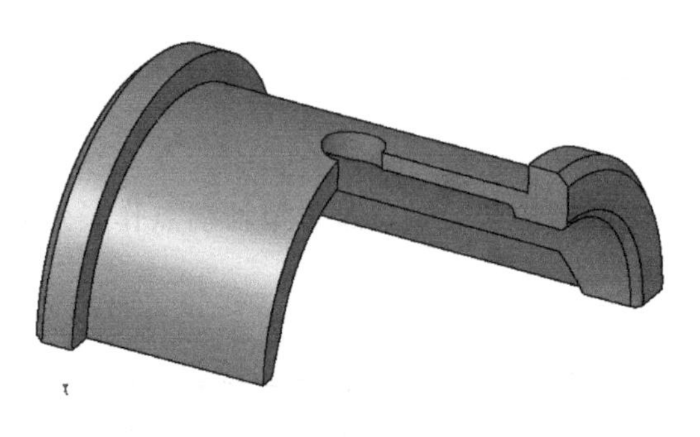

图 1-51 上轴瓦立体图

① 在图纸上定出各个视图的位置。画出各视图的基准线、中心线，如图 1-52（a）所示。安排各个视图的位置时，要考虑到各视图间应留有标注尺寸的地方，同时留出右下角标题栏的位置。

② 从主视图入手，根据目测比例，按投影关系，画出零件的基本轮廓，如图 1-52（b)所示。

③ 画出零件的详细结构，完成底稿，如图 1-52（c）所示。

④ 尺寸标注。

底稿画好之后，测量零件全部尺寸，边测量边标注。标注时要按以下步骤进行。

a. 确定零件的尺寸基准，画出尺寸界线、尺寸线和箭头，如图 1-52（d）所示。

b. 标注各部分尺寸，根据零件的设计要求和作用，注写合理的尺寸公差，如图 1-52（e）所示。

c. 按照零件各表面的作用和加工情况，标注各表面结构要求，画出图框，填写标题栏，加深，如图 1-52（f）所示。

d. 检查、整理，完成草图。

(a) 画出各视图的基准线、中心线

(b) 画出零件的基本轮廓

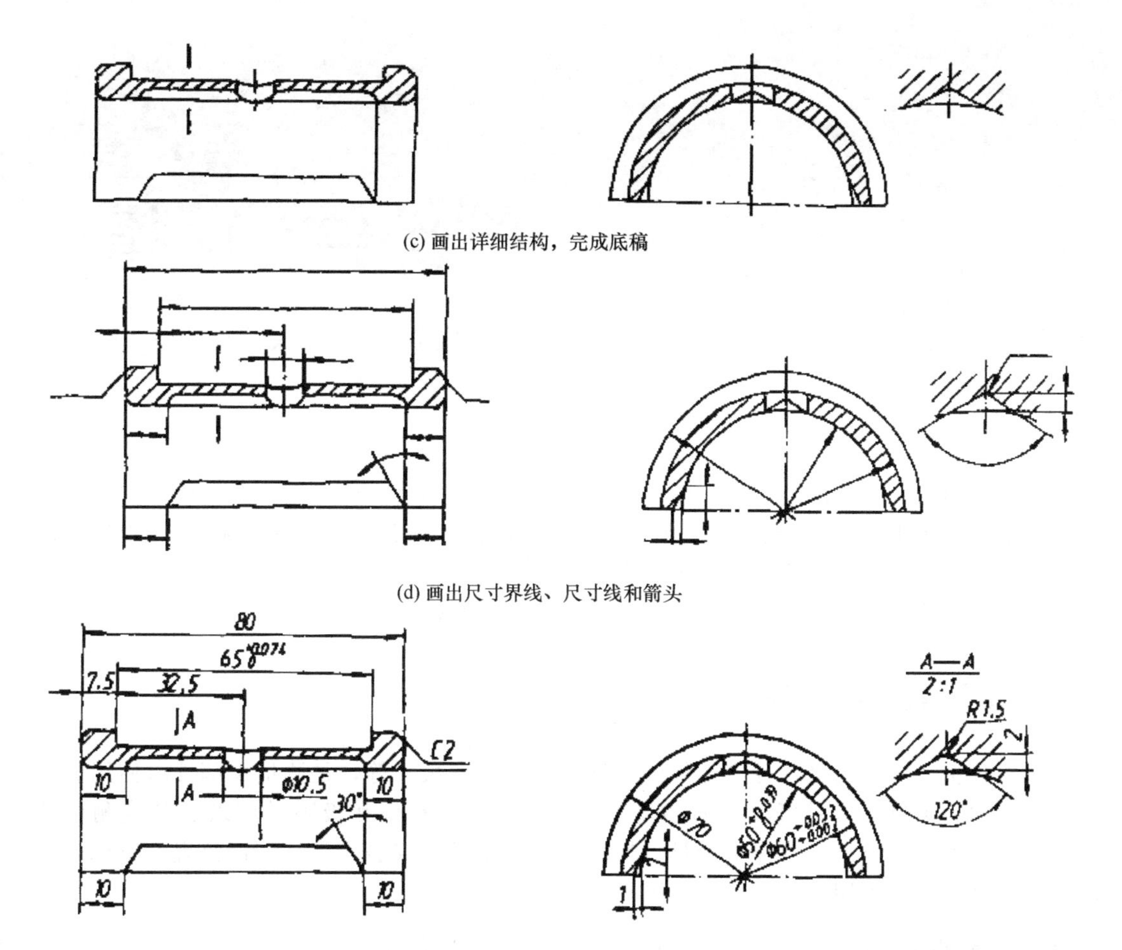

(c) 画出详细结构，完成底稿

(d) 画出尺寸界线、尺寸线和箭头

(e) 测量并填写尺寸，注写合理的尺寸公差

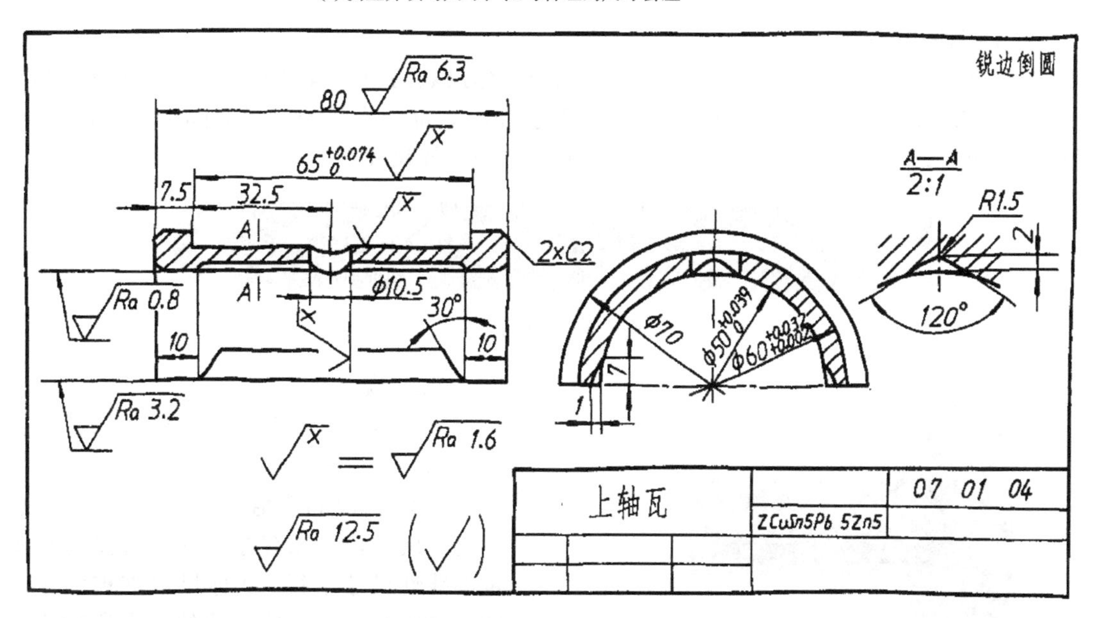

(f) 注出粗糙度符号，画出图框，填写标题栏，加深

图 1-52 上轴瓦草图的绘制步骤

第2章 零部件的测量

零件尺寸测量是机器测绘中的一项重要内容，完成草图后，应根据草图上所需标注的尺寸集中测量。采用正确的测量方法以及熟练、准确地使用测量工具，可以减少尺寸测量误差，提高测绘效率。测量方法和测量工具有关，因此本章主要介绍在实际测绘工作中常用测量工具及使用方法、测量尺寸的技巧、测量工具的维护与保养等。

2.1 通用量具及其使用方法

测量工具主要用来测量各种零部件的线性尺寸、角度尺寸等，是测量零部件时使用的专用工具，简称为量具。量具可分为通用量具、标准量具、量仪和极限量规以及其他测量器具。通用量具如金属直尺、游标类量具、螺旋式千分量具、仪表式量具、正弦规、游标万能角度尺等，这类量具可用来测量一定范围内的任何值。

2.1.1 金属直尺（GB/T 9056—2004）

（1）用途和形式

金属直尺是具有一组或多组有序的标尺标记和标尺数码的金属制板状的测量器具，其形式如图 2-1 所示。金属直尺上的标尺间隔一般为 1mm，部分直尺的标尺间隔为 0.5mm。金属直尺的测量误差比较大，主要用来测量一般精度的线性尺寸。

图 2-1 金属直尺

（2）规格

按测量上限（mm）分：150，300，500，600，1000，1500，2000。

（3）直尺的使用

使用时，直尺有标尺的一边要与被测量的线性尺寸平行，0 标尺对准被测量线性尺寸的起点，线性尺寸的终点所对应的标尺标记即为线性尺寸的读数值，如图 2-2 所示。

图 2-2 直尺的使用

（4）读数

读出线性尺寸所对应的准确数值，保留一位估计值。

2.1.2 卡钳

（1）用途和形式

卡钳是间接量具，必须与钢尺或其他带有刻度的量具结合使用，才能读出尺寸。卡钳分为外卡钳和内卡钳两种，外卡钳用来测量工件的外径和两平行面间的距离，如图 2-3（a）所示。内卡钳用来测量工件的内径和凹槽，如图 2-4（a）所示。

（2）规格

全长（mm）：100，125，200，250，300，350，400，450，500，600。

（3）卡钳的使用

① 卡钳测量　用卡钳测量尺寸，主要靠手指的灵敏感觉来取得准确的尺寸，测量时先将卡钳拉开到与零件相近似的开度，然后轻调卡脚的开度。用外卡钳测量回转体的外径时，将调好尺寸的外卡钳放在被测零件上试量，两钳脚测量面的连线要垂直于圆柱的轴线，不加外力，手指对工件表面感觉有轻微的摩擦，这时两卡脚间的宽度就是零件的外径，如图 2-3（a）所示。

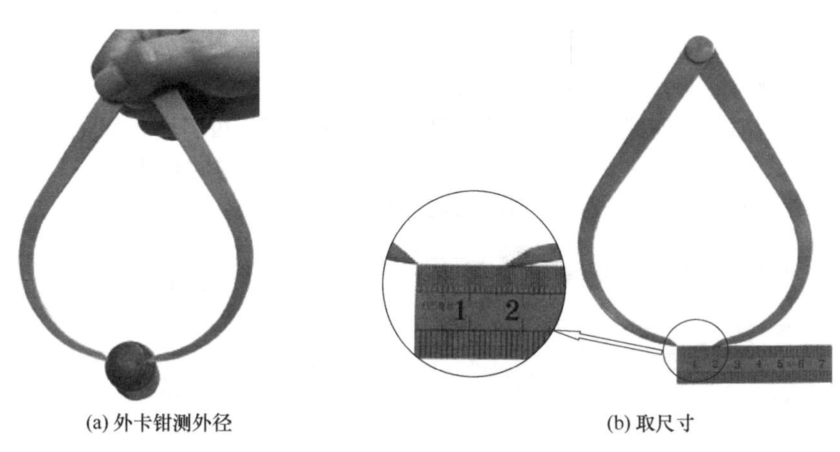

(a) 外卡钳测外径　　(b) 取尺寸

图 2-3　外卡钳测量

用内卡钳测量内径时，将卡钳插入孔或槽的靠边缘部分，使两钳脚测量面的连线垂直相交于内孔轴线，一个钳脚靠在孔壁上，另一个钳脚由孔口略偏里面一些逐渐向外试量，并沿孔壁的圆周方向摆动，经过反复调整，直到卡脚贴合松紧适度为止，这时摆动的距离最小，手指有轻微摩擦的感觉，内卡钳的开口尺寸就是内孔直径，如图 2-4（a）所示。

② 卡钳取尺寸　卡钳测量后保持两卡脚开度不变，在金属直尺或其他带有刻度的量具上读取数值，如图 2-3（b）、图 2-4（b）所示。

用卡钳测量工件，虽然不很精确，但简单易行，若技术熟练，也可得到相当精确的量度。

2.1.3 游标类量具

2.1.3.1 游标卡尺（GB/T 21389—2008）

（1）用途和结构

游标卡尺用于测量零件的外径、内径、长度、宽度、厚度及孔距，带深度尺的游标卡尺

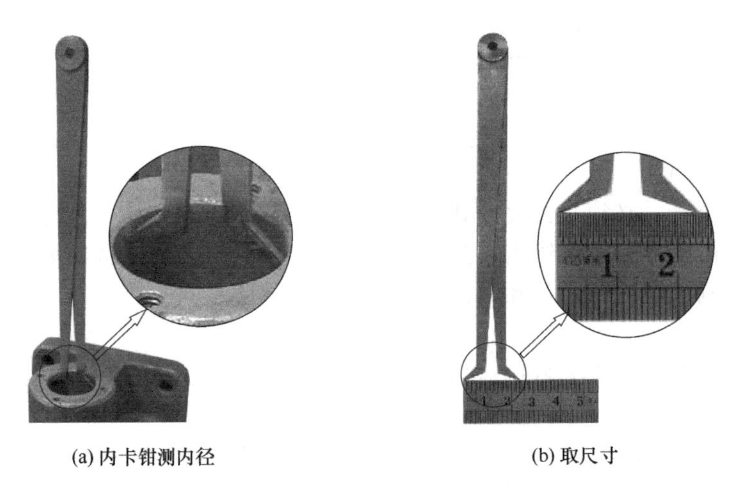

(a) 内卡钳测内径　　　　(b) 取尺寸

图 2-4　内卡钳测量

还可测量深度和高度尺寸。利用游标可以读出毫米小数值，测量精度比金属直尺高，是一种使用广泛的量具。

游标卡尺的种类很多，但其主要结构大同小异，如图 2-5 所示，游标卡尺一般有上下两对卡脚，每对中有一个为固定卡脚，另一个为活动卡脚，上卡脚为内测量爪，用来测量物体的内部尺寸，下卡脚为外测量爪，用来测量物体的外部尺寸。主尺和固定卡脚是一整体，游标尺也叫副尺，和活动卡脚连成一体，可沿主尺移动，锁紧螺钉可将游标尺固定在主尺的任一位置上。主尺尺面上刻有公制刻度，每格为 1mm。带深度尺的游标卡尺，其深度尺固定在游标尺背面，可随游标尺在主尺背面导向凹槽内移动。

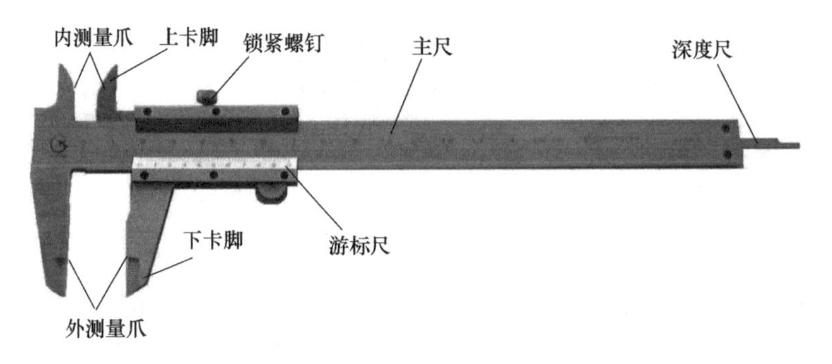

图 2-5　游标卡尺的构造

(2) 规格

主尺刻度全长即为游标卡尺的规格（最大测量范围），有 0～125mm、0～150mm、0～200mm、0～300mm、0～500mm、0～1000mm 等，按精度分为 0.10mm、0.05mm 和 0.02mm 三种。

(3) 游标卡尺的使用

游标卡尺的使用如图 2-6 所示。

① 测量外尺寸时，两下卡脚应张开到略大于被测尺寸，而后自由进入工件，以固定卡脚贴靠在工件的一个表面上，然后移动游标尺用轻微的压力把活动卡脚推向工件的另一表面，两卡脚之间的开度即为被测尺寸，如图 2-6 (a) 所示。

② 测量内尺寸时，两上卡脚应张开到略小于被测尺寸，再慢慢移动游标尺，张开两卡

脚并轻轻地接触零件的内表面，便可读出工件尺寸，如图 2-6（b）所示。

③ 在测量深度时，把主尺端面紧靠在被测工件的端面上，再向零件孔（或槽）内移动游标尺，使深度尺和孔（或槽）底部轻轻地接触，然后拧紧螺钉，锁定游标，取出卡尺读取数值，如图 2-6（c）所示。

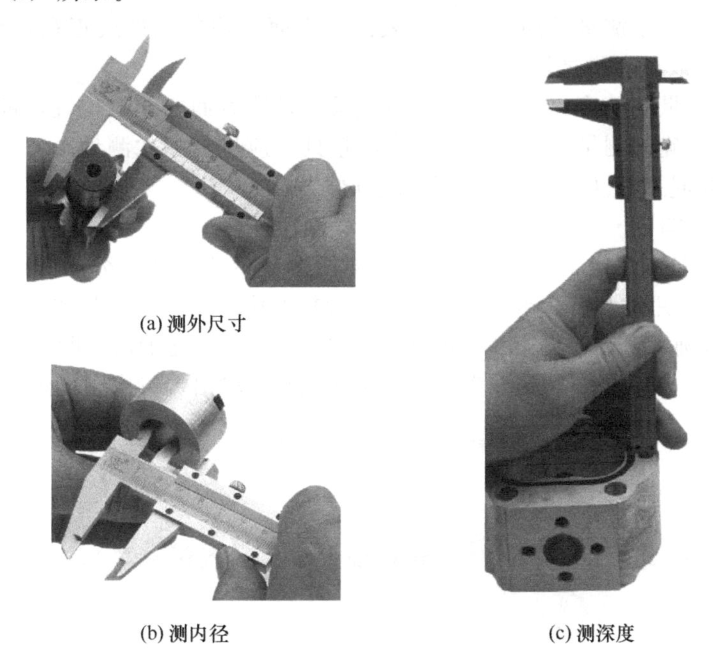

(a) 测外尺寸

(b) 测内径

(c) 测深度

图 2-6　游标卡尺的使用

（4）游标卡尺的读数方法

游标卡尺的读数精度有 0.02mm、0.05mm、0.10mm 三个等级，现以精度为 0.02mm 的游标卡尺为例加以说明。精度为 0.02mm 的刻线原理如图 2-7（a）所示，主尺上每小格 1mm，每大格 10mm，副尺上每小格 0.98mm，共 50 格，主、副尺每格之差＝1－0.98＝0.02（mm）。

读数值时，先在主尺上读出副尺零线左面所对应的尺寸整数值部分，再找出副尺上与主尺刻度对准的那一根刻线，读出副尺的刻线数值，乘以精度值，所得乘积即为尺寸小数值部分，整数与小数之和就是被测零件的尺寸。如图 2-7（b）所示，其读数为：74＋18×0.02＝74.36（mm）。

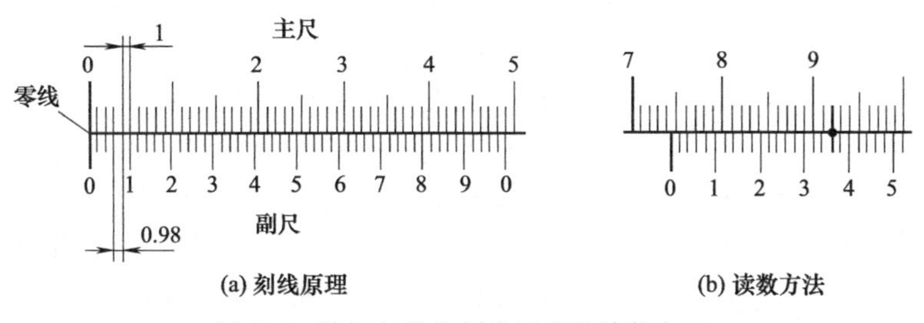

(a) 刻线原理

(b) 读数方法

图 2-7　游标卡尺的刻线原理和读数方法

（5）使用游标卡尺注意事项

① 使用前先用棉纱把卡尺和工件上被测量部位都擦干净，并进行量爪准确度的检查。即将两脚闭合，检查主副尺零线是否对齐，若不对齐，则要进行置零调整，或者在测量后根

据原始误差修正读数。

② 测量时，应使卡脚逐渐与工件表面靠近，最后达到轻微的接触。量爪和工件的接触力量要适当，不能过松或过紧，并应适当摆动量具，使量具和工件接触好。卡脚不得用力紧压工件，以免卡脚变形或磨损，影响测量的准确度。

③ 游标卡尺仅用于测量已加工的光滑表面，表面粗糙的工件或正在运动的工件都不宜用游标卡尺测量，以免卡脚过快磨损。

④ 为了保证测量的精度，测量时要注意量具与被测表面的相对位置，量爪不得歪斜。

⑤ 为了得出准确的测量结果，在同一个测量处，应进行多次测量。

2.1.3.2 电子数显卡尺（GB/T 21389—2008）

（1）用途和结构

电子数显卡尺是利用电子数字显示原理，对两测量爪相对移动分隔的距离进行读数的一种长度测量工具。其用途与游标卡尺相同，但测量精度比一般游标卡尺更高，分辨率为 0.01，具有读数清晰、准确、直观、迅速、使用方便的优点。电子数显卡尺一般由深度尺、内外测量爪、电池盖、尺框、紧固螺钉、显示器、功能按钮和数据输出端口构成，如图 2-8 所示。

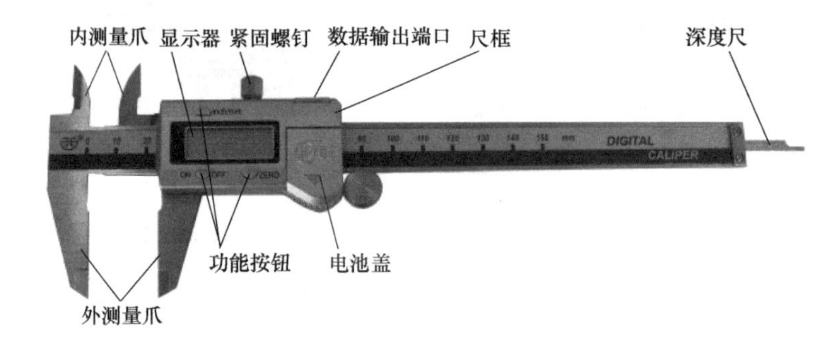

图 2-8 电子数显卡尺的构造

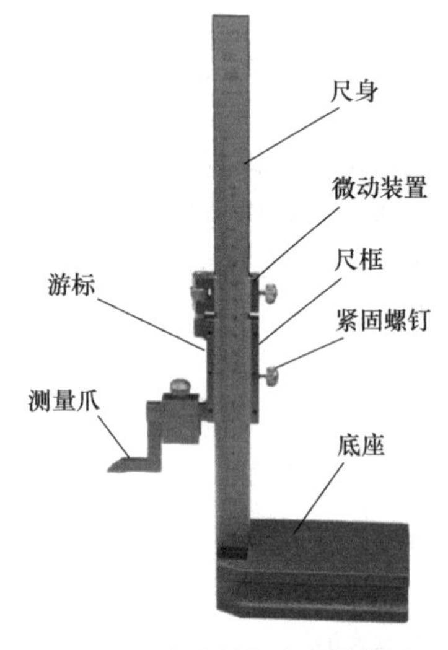

图 2-9 高度游标卡尺的构造

（2）规格

有Ⅰ、Ⅱ、Ⅲ、Ⅳ四种形式，其中Ⅰ型有 0～150mm、0～200mm 两种规格，Ⅱ、Ⅲ型有 0～200mm、0～300mm 两种规格，Ⅳ型有 0～500mm 一种规格。

（3）电子数显卡尺的使用

电子数显卡尺的使用、使用注意事项与游标卡尺相同，只是所测参数由显示器显示出来。

2.1.3.3 高度游标卡尺（GB/T 21390—2008）

（1）用途和结构

高度游标卡尺主要用于测量放在平台上的工件各部位的高度，还可进行较精密的划线工作。高度游标卡尺一般由尺身、微动装置、尺框、游标、紧固螺钉、测量爪和底座构成，如图 2-9 所示。测量爪有两个测量面，下面是平面，上面是弧形，用来测曲面高度，还可以用来划线。

（2）规格

卡尺的测量范围即为标准规格，有 0～200mm、0～300mm、0～500mm、0～1000mm 四种，按精度分为 0.02mm 和 0.05mm 两种。测量高度大于 200mm 的高度游标卡尺，应具有微动装置。

（3）高度游标卡尺的使用

图 2-10 所示为使用高度游标卡尺进行孔中心高度确定和划线，图 2-11 所示为使用高度游标卡尺测量工件各部位的高度。高度游标卡尺的读数方法与游标卡尺相似。

图 2-10 孔中心高度确定和划线

图 2-11 测量工件各部位的高度

2.1.3.4 深度游标卡尺（GB/T 21388—2008）

（1）用途和结构

深度游标卡尺主要用于测量孔和槽的深度、台阶高度等。深度游标卡尺一般由主尺、游标尺、紧固螺钉构成，如图 2-12 所示。

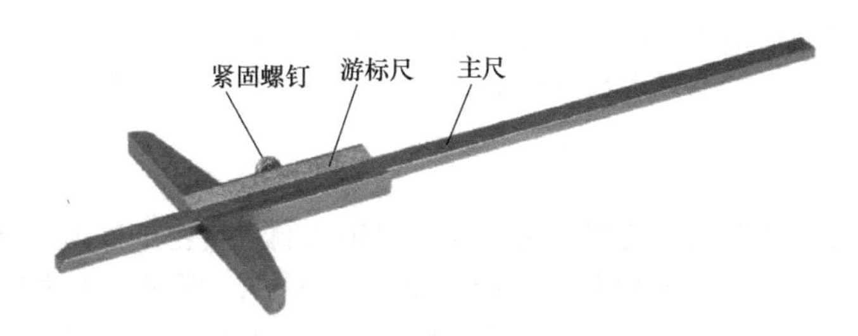

图 2-12 深度游标卡尺的构造

（2）规格

深度游标卡尺的测量范围为标准规格，有 0～200mm、0～300mm、0～500mm 三种，按精度分为 0.02mm 和 0.05mm 两种。

（3）深度游标卡尺的使用

深度游标卡尺的使用如图 2-13 所示，读数方法与游标卡尺相似。

图 2-13 深度游标卡尺的使用

2.1.3.5 齿厚游标卡尺（GB/T 6316—2008）

齿厚游标卡尺是一种专门用于测量圆柱齿轮齿厚的量具。

（1）用途和结构

齿厚游标卡尺很像两把游标卡尺组合而成，如图 2-14所示，水平主尺上有游标尺框，高度主尺上有游标尺框，分别与微调装置相连，高度定位尺用于定位，量爪用于测量齿厚。

（2）规格

测量模数 m 范围（mm）：1～16，1～25，5～32，

10～50；分度值（mm）：0.02。

（3）齿厚游标卡尺的使用

测量时，在垂直主尺上调整出齿顶高，并用游标框上的螺钉锁紧，把高度定位尺紧贴被测齿轮的齿顶，保持齿厚游标卡尺与被测齿轮轴线垂直，移动水平游标尺框到量爪接近轮齿侧面时，拧紧微调装置上的紧定螺钉，旋转微调装置，使两个量爪轻轻接触轮齿侧面，从水平游标卡尺上读出齿厚数值，如图 2-15 所示。

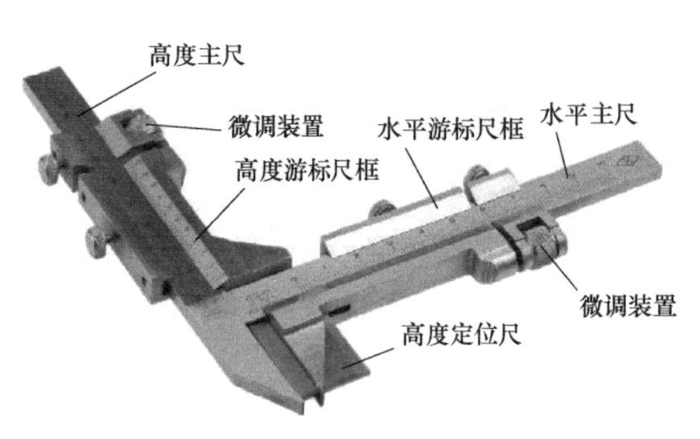

图 2-14　齿厚游标卡尺的构造

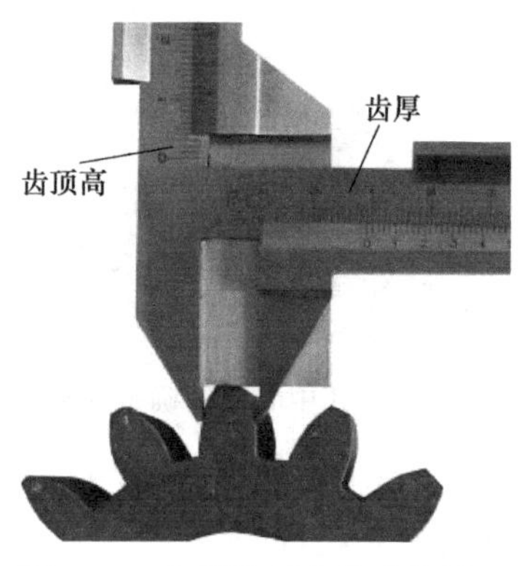

图 2-15　齿厚游标卡尺的使用

（4）读数

齿厚游标卡尺的测量精度不高，因为测量时以齿顶圆定位，所以齿顶圆误查和径向跳动误差会影响测量结果，齿厚游标卡尺的读数方法同一般游标卡尺，其精度为 0.02mm。

2.1.3.6　游标万能角度尺（GB/T 6315—2008）

（1）用途和结构

游标万能角度尺又称万能量角器，是一种专门用来测量精密工件内、外角度的量具。其结构形式有Ⅰ型和Ⅱ型两种。Ⅰ型游标万能角度尺如图 2-16 所示，由主尺、游标尺、扇形板、基尺、直尺、直角尺、卡块、制动头等组成。主尺、基尺、游标尺和直角尺紧固在扇形板上，直尺紧固在直角尺上，直尺和直角尺可以相对滑动。Ⅱ型游标万能角度尺如图 2-17 所示，由主尺、游标尺、放大镜、基尺、直尺、卡块、制动头等组成。主尺和基尺为一整体，松开制动头，直尺可相对于主尺转动。

（2）规格

Ⅰ型测量范围一般为 0°～320°，精度为 2′和 5′两种；Ⅱ型测量范围一般为 0°～360°，精度为 5′。

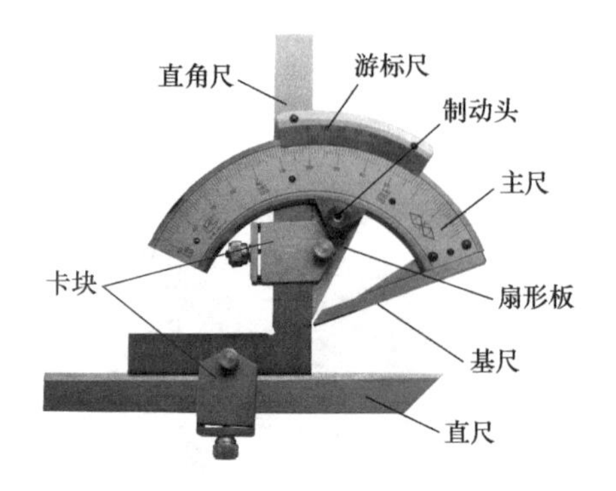

图 2-16　Ⅰ型游标万能角度尺

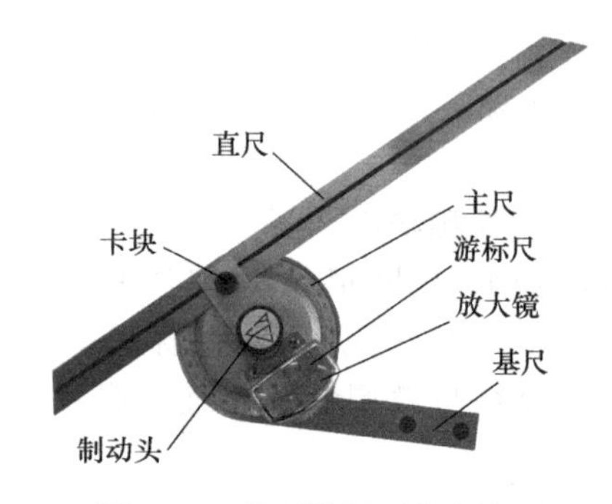

图 2-17　Ⅱ型游标万能角度尺

（3）游标万能角度尺的使用

① 测量　使用前，要擦净工作面，把基准尺和直尺合拢，检查游标零线是否与主尺零线对齐，零线对齐后即可进行测量。用Ⅰ型万能角度尺测量时，放松制动器上的制动头，移动主尺做粗调整，再转动游标背后手把做细微调整，直到两测量面与工件的两被测量表面紧密接触，然后拧紧制动装置上的制动头，即可进行读数，如图 2-18 所示。Ⅱ型万能角度尺测量方法与Ⅰ型类似。

图 2-18　游标万能角度尺测量

通过变换扇形万能角度尺几个部件之间的相互位置和组合方式，可以测出 0°～320°范围内的角度值，如图 2-19 所示。图 2-19（a）所示是组成测量 0°～50°时的情况，图 2-19（b）所示是组成测量 50°～140°时的情况，图 2-19（c）所示是组成测量 140°～230°时的情况，图 2-19（d）所示是组成测量 230°～320°时的情况。

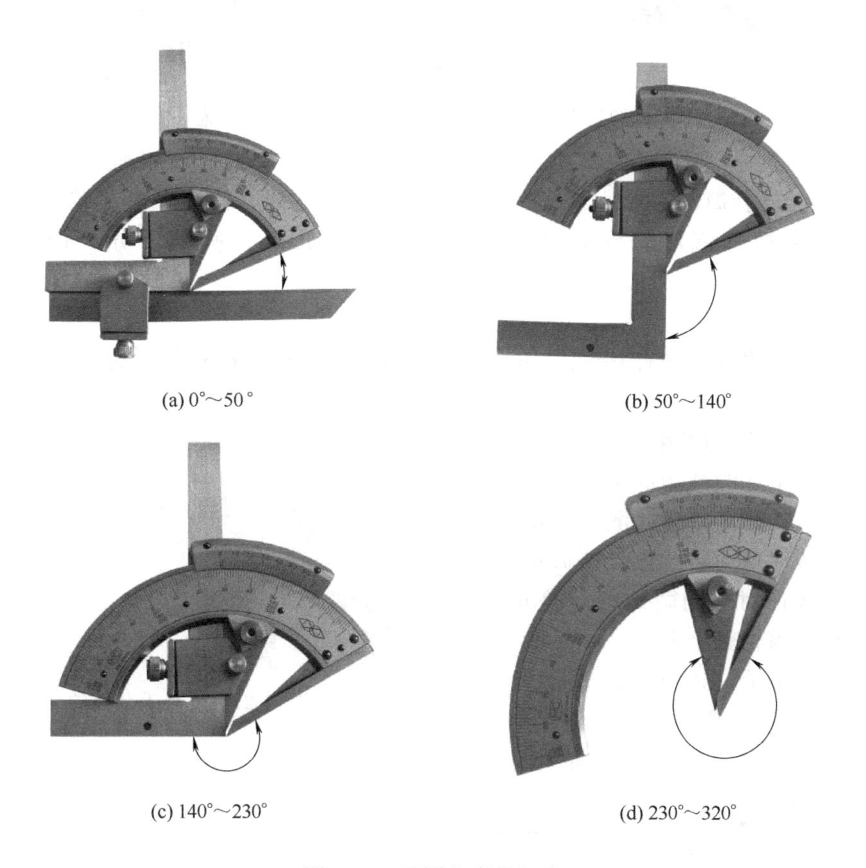

(a) 0°～50°　(b) 50°～140°　(c) 140°～230°　(d) 230°～320°

图 2-19　不同角度的组合

② 读数　游标万能角度尺的读数原理本质上和游标卡尺相同。刻度值精度为 2′的读数原理为主尺刻度每格为 1°，游标尺上的刻度为小于 1°的角度，其刻线原理是将扇形主尺上 29°所对应的弧长，等分为 30 格，即每格所占的角度为 29°/30＝(60′×29)/30＝58′，因此，主尺上一格与游标上一格之间相差 1°－58′＝2′。刻度值精度为 5′的读数原理为主尺刻度每格为 1°，游标上的刻度是把主尺上的 23°（23 格）分成 12 格，这时游标每格为 23°/12＝

(60′×23)/12=115′=1°55′，主尺上两格与游标上一格之间相差 2°−1°55′=5′。

读数时，先读出主尺上的整数刻度值，再读出游尺上的分刻度。两者之和即为被测角度值。

2.1.4 螺旋式千分量具

2.1.4.1 外径千分尺（GB/T 1216—2018）

（1）用途和结构

外径千分尺用于测量精密零件的外径、长度和厚度等尺寸。外径千分尺由尺架、砧座、测微螺杆、锁紧装置、固定套筒、活动套筒、测力装置、隔热装置等组成，如图 2-20 所示，尺架左面的砧座为固定测头，测微螺杆为活动测头，固定套筒一端通过带螺纹的轴套与尺架连成一体，另一端有内螺纹并与测微螺杆的高精度外螺纹配合（螺距为 0.5 mm），固定套筒的外表面刻有上下两排刻线，间距均为 1mm，但两排刻线互相错开 0.5mm。活动套筒空套在固定套筒上且与测微螺杆连为一体。当测微螺杆和活动套筒一起转动一周时，就沿轴向移动一个螺距，即 0.5mm。在活动套筒圆锥形边缘上刻有 50 等分的刻度线，因此，活动套筒每转动 1 格（1/50 周），测微螺杆就沿轴向移动 0.5mm/50＝0.01mm，所以千分尺的读数精度为 0.01mm，可以估读到 0.001mm。

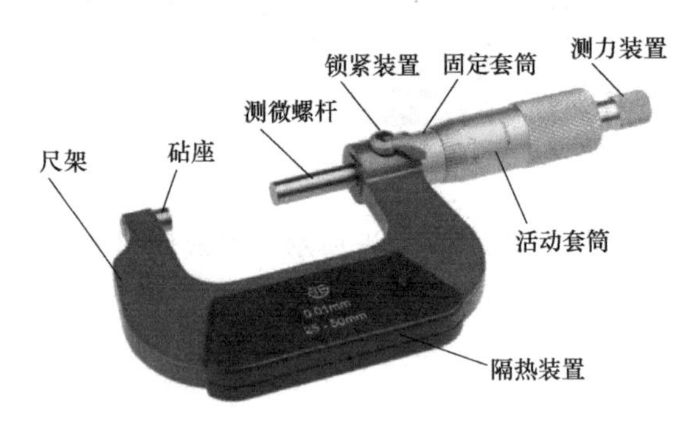

图 2-20 外径千分尺的构造

（2）规格

外径千分尺的测量范围有 0～25mm、25～50mm、50～75mm 等，每隔 25mm 为一挡，直到 1000mm。

（3）外径千分尺的使用

测量时，将工件的被测部位置于两测量面之间，先转动活动套筒，当两测量面快要接触工件时，改用转动棘轮装置，当测微螺杆的测量面紧贴零件表面时，测微螺杆就停止转动，这时如果再旋转棘轮就会发出“咔、咔”的响声，表示已拧到头了，如图 2-21 所示。

图 2-21 外径千分尺的使用

（4）外径千分尺的读数

千分尺的读数方法如图 2-22 所示。

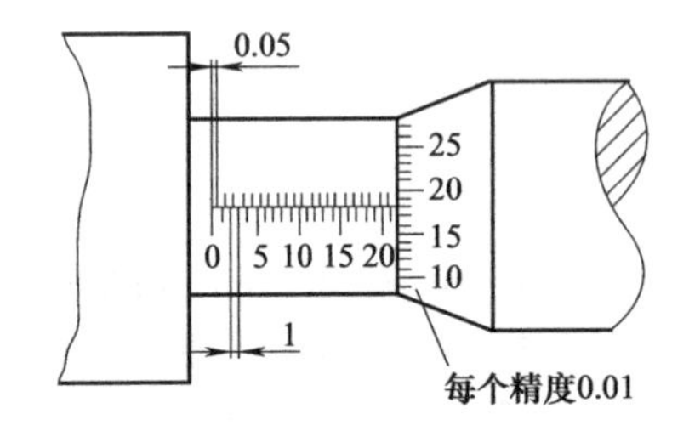

读数=21+18×0.01=21.18(mm)

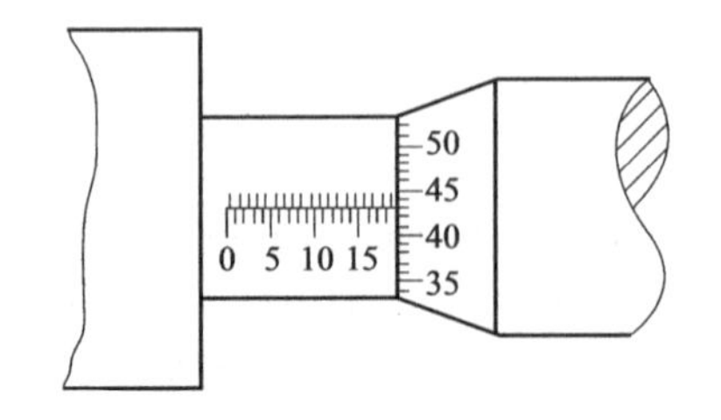

读数=18.5+43×0.01=18.93(mm)

图 2-22 千分尺读数示例

① 读出固定套筒上的尺寸数值：读出固定套筒上与活动套筒端面对齐的刻线尺寸（必须注意不可遗漏应读出的 0.5mm 的刻线值）。

② 读取活动套筒上的尺寸数值：读出活动套筒圆周上与固定套筒的水平基准线（中线）对齐的刻线数值，乘以 0.01mm 便是活动套筒上的尺寸。

③ 求得测量尺寸：最后将这两部分尺寸相加，就是千分尺上测得的尺寸。

（5）使用外径千分尺时注意事项

① 测量前应擦净千分尺，将两测量面闭合，检查主副尺零刻线是否重合，若不重合，则在测量后根据原始误差修正读数。

② 测量时应握住弓架，当测微螺杆即将接触工件时必须使用棘轮，并至打滑 1～2 圈为止，以保证恒定的测量压力。

③ 工件应准确地放置在千分尺测量面间，不可倾斜。

④ 测量时不应先锁紧螺杆，后用力卡工件。否则将导致螺杆弯曲或测量面磨损，进而影响测量准确度。

⑤ 千分尺只适用于测量精确度较高的尺寸，不宜测量粗糙表面。

2.1.4.2 两点内径千分尺（GB/T 8177—2004）

（1）用途和结构

内径千分尺用来测量精密零件较大的内径尺寸或槽宽。由测量头、接长杆、固定套筒、微分筒、测量面、锁紧装置等组成，构造如图 2-23 所示。它的刻线原理与外径千分尺相同。螺杆的最大行程是 13mm。为了增加测量范围，可在尺头上旋入接长杆。成套的内径千分尺接长杆有不同的规格。

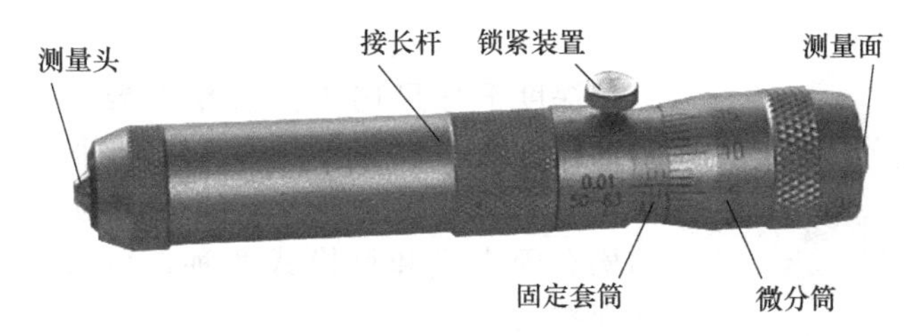

图 2-23 内径千分尺的构造

（2）规格

内径千分尺按最小测量范围有 50mm、100mm、150mm、250mm、500mm、1000mm、2500mm。最大可测量 5000mm 直径的孔。

（3）内径千分尺的使用

内径千分尺的使用方法如图 2-24 所示，使用时先要检验其测量头是否准确。成组内径千分尺都配有一个标准卡规，用以调整校验尺头。用接长杆时，接头必须旋紧，否则将影响读数；测量较大的内孔尺寸时，应在三个不同的位置上进行测量，这样测量才能取得比较准确的尺寸，具体的使用方法与外径千分尺相似。

图 2-24 内径千分尺的使用

内径千分尺的读数和使用时注意事项与外径千分尺相似。

2.1.4.3 内测千分尺（JB/T 10006—2018）

（1）用途和结构

内测千分尺主要用于测量精密零件的内尺寸，如孔的直径、沟槽的宽度等。内测千分尺除两个卡脚、刻线标注数字与外径千分尺相反外，其余结构和外径千分尺基本相似，如图 2-25 所示。

(2) 规格

内测千分尺的测量范围为 5～30mm，25～50mm，50～75mm，75～100mm，100～125mm 和 125～150mm。

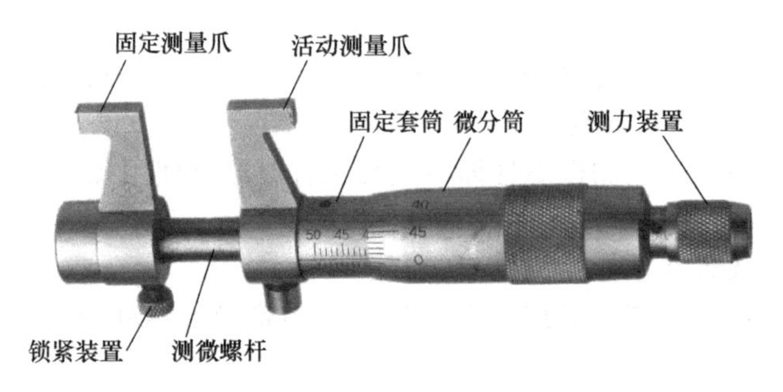

图 2-25　内测千分尺的构造

(3) 内测千分尺的使用

测量孔径时，左手扶住千分尺固定端，右手旋转套管，做上下左右轻微摆动，以使测量爪处于孔径的最大尺寸处，具体的测量方法与外径千分尺相似，如图 2-26 所示。

图 2-26　内测千分尺的使用

内测千分尺的读数和使用时注意事项与外径千分尺相似。

2.1.4.4　深度千分尺 (GB/T 1218—2018)

(1) 用途和结构

深度千分尺用于测量精度要求较高的通孔、盲孔、阶梯孔、槽的深度和台阶高度尺寸等，其结构如图 2-27 所示。它的刻线原理及刻线方向与普通千分尺相同，其结构有固定式和可换式两种，可换式配有多根测量杆，从而扩大测量范围。

(2) 规格

深度千分尺的测量范围：0～25mm，0～100mm，0～150mm，0～200mm，0～300mm 等。

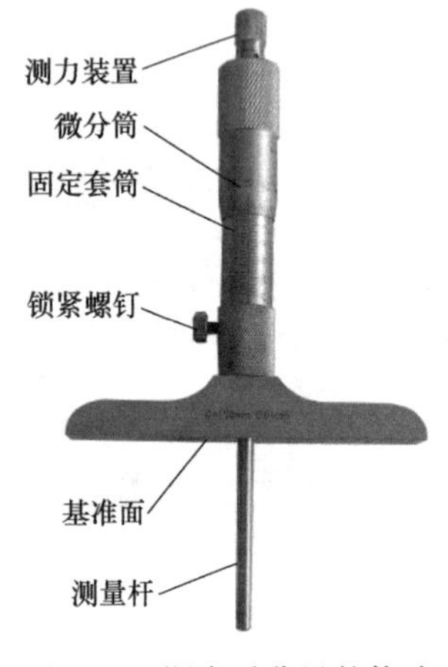

图 2-27　深度千分尺的构造

图 2-28　深度千分尺的使用

(3) 深度千分尺的使用

深度千分尺的使用如图 2-28 所示，使用时使底座贴紧工件，旋动测力装置使测杆接触工作面即可测得尺寸。深度千分尺的读数和外径千分尺相似。

2.1.4.5 公法线千分尺 (GB / T 1217—2004)

(1) 用途和结构

公法线千分尺主要用于测量模数 $m\geqslant 1$mm 的渐开线外啮合齿轮的公法线长度。其结构几乎与外径千分尺相同，唯一不同的是把测量头换成了两个相互平行的圆盘，如图 2-29 所示。

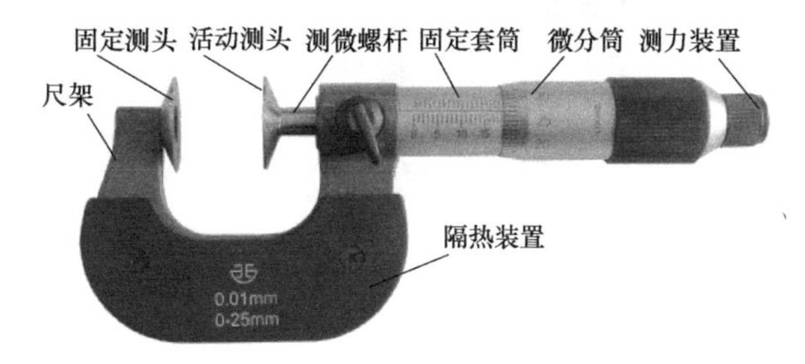

图 2-29 公法线千分尺的构造

(2) 规格

公法线千分尺的测量范围：0～25mm，25～50mm，50～75mm，75～100mm，100～125mm，125～150mm。分度值（mm）：0.01。

(3) 公法线千分尺的使用

测量时，按要求的跨测齿数将两个圆盘的中部与被测齿轮分度圆附近的齿面轻轻接触，如图 2-30 所示。千分尺的示值就是公法线的长度。读数方法与外径千分尺完全相同。公法线千分尺的测量精度一般为 0.01mm。

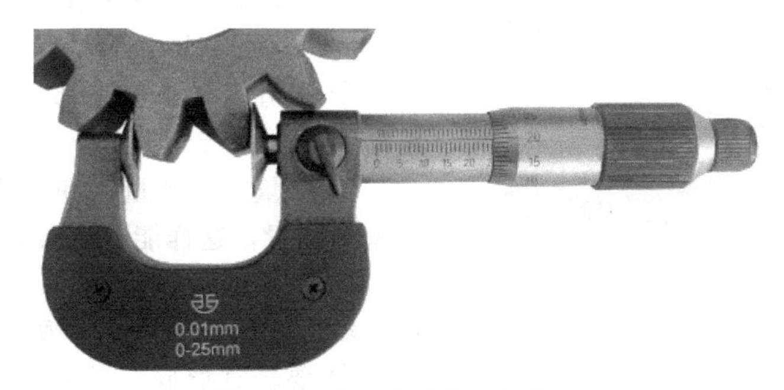

图 2-30 公法线千分尺的使用

2.1.5 指示式量具

指示式量具是以指针指示出测量结果的量具。主要用于校正零件的安装位置，检验零件的形状精度和相互位置精度，以及测量零件的内径等。

常用的指示式量具有百分表和千分表（GB/T 1219—2008）。

(1) 用途和结构

百分表和千分表都是一种长度测量工具，主要用来测量精密件的形位公差，也可用比较法测量工件的长度。其测量杆的直线位移，通过机械传动系统变为指针在表盘上的角位移，沿表盘圆周上有均匀的刻度，如图 2-31 所示。

(2) 规格

百分表分度值为 0.01mm，测量范围为 0～3mm，0～5mm，0～10mm。千分表比百分表精度更高，分度值为 0.001mm，测量范围为 0～1mm，0～2mm，0～3mm，0～5mm。

(3) 使用

百分表和千分表在使用中需要安装在表架上。图 2-32 所示是在磁性表座上的安装情况。

图 2-33 为偏摆检测仪安装千分表用来测量轴的径向跳动误差。

图 2-31 百分表

图 2-32 百分表安装在磁性表座上

图 2-33 偏摆检测仪安装千分表用来测量轴的径向跳动误差

(4) 使用百分表和千分表时注意事项

① 使用时用手反复轻推触头，观看表针是否停在同一位置。

② 测量时，测量头与被测表面接触并使测量头向表内压缩 1～2mm，然后转动表盘，使指针对正零线，再将表杆上下提几次，待表针稳定后再进行测量。

③ 百分表和千分表都是精密量具，严禁在粗糙表面上进行测量。

④ 测量时，测量头和被测表面的接触尽量呈垂直位置，这样能减少误差，保证测量准确。

⑤ 测量杆上不要加油，油液进入表面会形成污垢，进而影响表的灵敏度。

⑥ 要轻拿稳放，尽量减少振动，并防止其他物体撞击测量杆。

2.2 其他常用量具及其使用方法

测绘工作中除使用较多的通用量具外，还常常用到其他一些量具，如标准量具、量仪、极限量规等。标准量具主要有量块、角度量块、直角尺等，这类量具的测量值是固定的，所以也称定值量具。量仪如光学计、显微镜、干涉仪、投影仪、电感式量仪等。极限量规如螺纹量规、花键量规等。

图 2-34 量块

2.2.1 量块 (GB/T 6093—2001)

量块用耐磨材料制造，横截面为矩形，是具有一对相互平行测量面的实物量具。

用途：测量精密工件或量具的正确尺寸，或用于调整、校正、检验测量仪器、工具，是技术测量上长度计量的基准，又称块规，如图 2-34 所示。量块的测量面可以和另一量块的测量面相研合而组合使用，也可以和具有类似表面质量的辅助体表面相研合而用于量块长度的测量。

规格：按套别及总块数分类，每类中有相应的精度等级和尺寸系列。

2.2.2 角度量块（GB/T 22521—2008）

用于检定万能角度尺和角度样板的角度，也可用于检查零件的内、外角度，以及调整精密机床在加工过程中的角度等，是技术测量上角度计量的基准，如图 2-35 所示。

规格：角度量块按不同的工作角度公称值、形式、块数及精度等级组合配套成四组，每组均有 1 级和 2 级精度等级。

角度量块有三角形和四角形两种形式，前者有一个工作角，后者有四个工作角，以相邻平面的夹角为测量角。

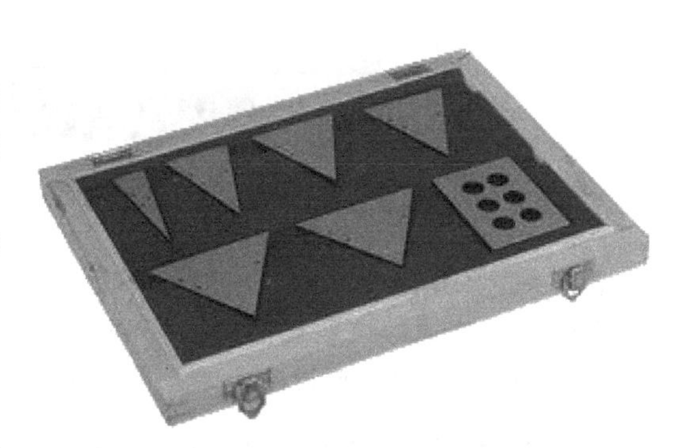

图 2-35 角度量块

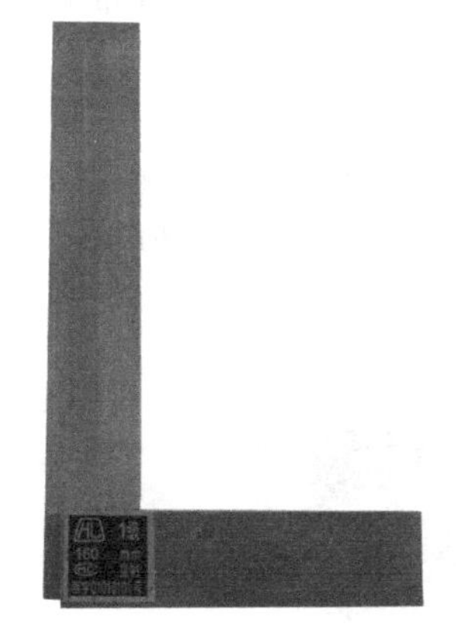

图 2-36 宽座直角尺

2.2.3 直角尺（GB/T 6092—2004）

直角尺测量面和基面相互垂直，用于精确地检验零件、部件的直角、垂直度和平行度误差，也可对工件进行垂直划线。宽座直角尺形式如图 2-36 所示。

测量时，先使一个尺边紧贴被测工件的基准面，根据另一边的透光情况来判断垂直角度或 90°角度的误差。要注意角尺不能歪斜，否则会影响测量效果。

2.2.4 螺纹量规

螺纹量规分为塞规、环规两类。

（1）螺纹环规（GB 10920—2008）

① 用途和形式　用于检验工件的外螺纹尺寸是否合格。每种规格分通规（代号为 T）和止规（代号为 Z）两种，如图 2-37 所示，分为整体式和双柄式两种。一般情况下，通规较厚，而止规则比较薄。

② 规格　直径系列从 M1～M68 不等，整体式检验尺寸范围为 M1～M120，双柄式检验尺寸范围为大于 M120～M180。

③ 使用　检验时，若通规能与工件外螺纹旋合通过，而止规不能通过或部分旋合，则工件为合格；反之，判为不合格，如图 2-38 所示。

图 2-37 螺纹环规

图 2-38 螺纹环规的使用

（2）螺纹塞规（GB 10920—2008）

① 用途和形式　用于检验工件的内螺纹尺寸是否合格。每种规格分通规（代号为 T）和止规（代号为 Z）两种，二者可制成单体，也可制成整体，如图 2-39 所示。一般情况下，螺纹塞规通侧螺纹较长，而不通侧较短，而且柄部有刻线纹。

图 2-39　螺纹塞规

② 规格　直径系列从 M1～M68 不等，与相应环规的规格相同。

③ 使用　普通螺纹塞规检验与环规相似，若通规能与工件的内螺纹旋合通过，而止规只能旋入工件内螺纹不超过两个螺距时，判该内螺纹合格；反之，判为不合格。

2.2.5 螺纹样板（JB/T 7981—2010）

螺纹样板又称螺距规、螺纹规，用比较法测定普通螺纹的螺距。螺纹样板是一种带有不同螺距的标准薄片（规板厚度为 0.5mm），每套螺纹样板有很多片，每片刻有不同的螺距值，如图 2-40 所示。

检测时，先估计出所测螺距的大小，再找出与所测螺距大致相同的样板，依次在工件螺纹处做检验，当规片与被测部分完全吻合时，该片的螺距数值就是所测螺纹螺距的大小，如图 2-40 所示。

图 2-40　螺纹样板及测量

2.2.6 半径样板（JB/T 7980—2010）

图 2-41　半径样板

半径样板又称半径规、R 规，有凸形和凹形两种，用于以比较法测定工件凸凹圆弧面的半径。按半径尺寸分为 1、2、3 组，每组 30～34 片不等。每片尺寸相隔 0.25mm、0.5mm 或 1mm，如图 2-41 所示。使用样板时，先大致估计所测曲线半径的大小，再依次以不同半径尺寸的样板，在工件圆弧处做检验，当密合一致时，该半径样板的尺寸即为被测圆弧表面的半径尺寸，如图 2-42 所示。

2.2.7 塞尺（GB/T 22523—2008）

（1）用途和形式

塞尺又称厚薄规或间隙规，用于测量或检验零件两表面间的间隙，有普通级和特级两

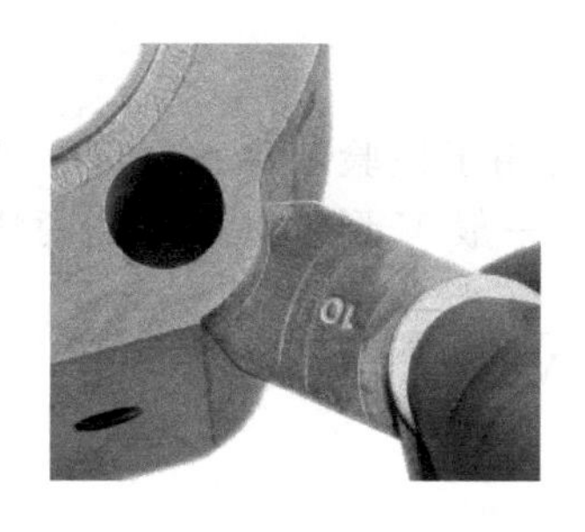

图 2-42 半径样板测量

种。成组塞尺由不同厚度的金属薄片组成，每个薄片都有两个相互平行的测量面，并有较准确的厚度值，如图 2-43 所示。

（2）规格

塞尺片长度（mm）：75，100，150，200，300。塞尺片厚度（mm）有 0.02，0.03，…，1 等多种规格。

（3）使用

使用塞尺测量间隙时，先大致估计所测间隙的大小，再依次以不同厚度的塞尺插入间隙，刚好插入者，其厚度即为所测间隙的大小。使用时可以一个塞尺片，也可以几个塞尺片并在一起使用，如图 2-44 所示。零件上细小的槽子，其宽度尺寸也常用塞尺测量。

图 2-43 塞尺

图 2-44 塞尺的使用

2.2.8 常用的测量辅助工具

在测绘工作中常用的测量辅助工具有平板、方箱和 V 形铁等，如图 2-45 所示。

（1）平板

平板作为测量时的工作台，在其工作面上安放量具、零件及其他辅助工具，对零件进行测量。较大规格的平板，安装在专用支架上时，统称为平台。

平板按其制造材料分为铸铁平板（GB/T 22095—2008）和岩石平板（GB/T 20428—2006）两大类。常见的铸铁平板精度等级有 0，1，2，3 四个等级。

（2）方箱（JB/T 3411.56—1999）

方箱是具有六个工作面的空腔正方体，用铸铁或钢材制成。其中一个工作面上有 V 形槽，以供放置圆柱形工件。

方箱主要用于检验零部件的平行度和垂直度，装夹形状复杂的零件，还可供划线使用，作各种测量装置中的辅助工具。

（3）V 形铁（GB/T 8047—2007）

V 形铁主要用于轴类检验、校正、划线，还可用于检验工件垂直度、平行度，精密轴类零件的检测、划线、定仪及机械加工中的装夹。一般 V 形铁都是一副两块，两块的平面与 V 形槽都是在一次安装中磨出的。

V 形铁分为检验 V 形铁、划线 V 形铁、多口 V 形铁、单口 V 形铁。

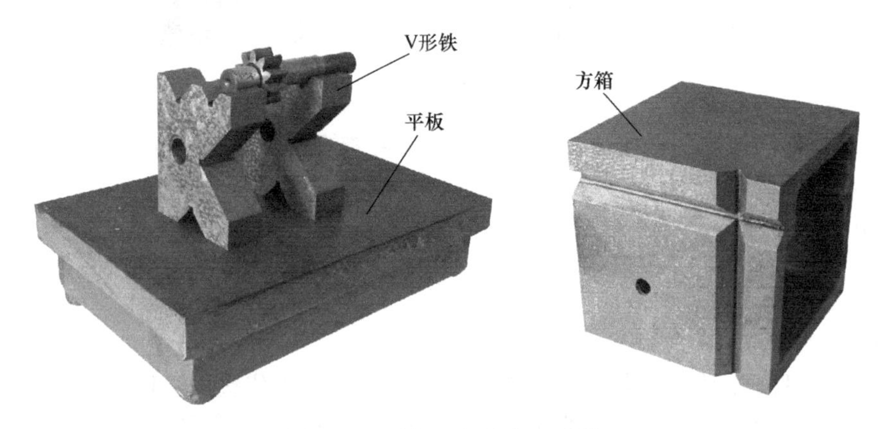

图 2-45　平板、方箱和 V 形铁

2.3　常用测量方法和技巧

零件尺寸的测量方法常用的有三种：直接测量法、组合测量法和其他测量法。直接测量法是用测量工具直接在零件上量取尺寸；组合测量法是用几种量具组合使用得到尺寸，如卡钳与其他有刻度的量具组合使用；对于不能使用量具测量的弧线、曲线等可采用其他测量法，如拓印法、铅丝法、坐标法等。

2.3.1　长度尺寸的测量

长度尺寸可直接用金属直尺（参照图 2-2）、游标卡尺或千分尺量取，也可用外卡钳与其他有刻度的量具组合测量，如图 2-46 所示。

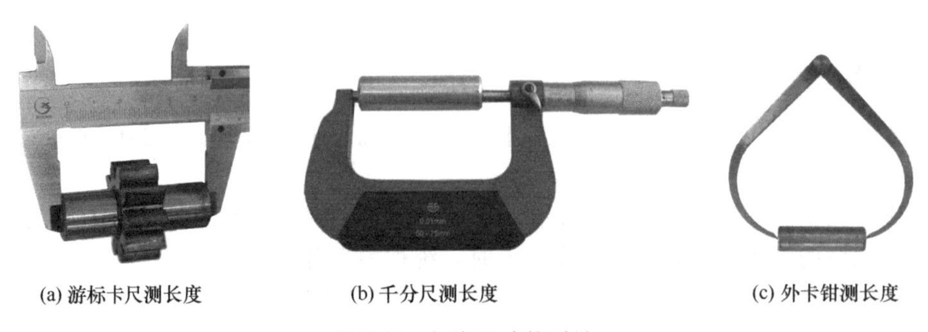

(a) 游标卡尺测长度　　(b) 千分尺测长度　　(c) 外卡钳测长度

图 2-46　长度尺寸的测量

2.3.2　直径尺寸的测量

直径尺寸常用游标卡尺测量（参照图 2-6）。对精密零件的内外径则用千分尺测量（参照图 2-21、图 2-24)。

测量阶梯孔的直径时，如果外面孔小，里面孔大，用游标卡尺和内径千分尺均无法测量大孔的直径，这时可采用内卡钳组合测量法，如图 2-47 (a) 所示；也可用特殊量具(内外同值卡) 测量，如图 2-47 (b) 所示；还可以用打样膏或橡皮泥拓出阳模，测量出凹模深度尺寸 C，即可间接测量出阶梯孔的直径，如图 2-48 所示。

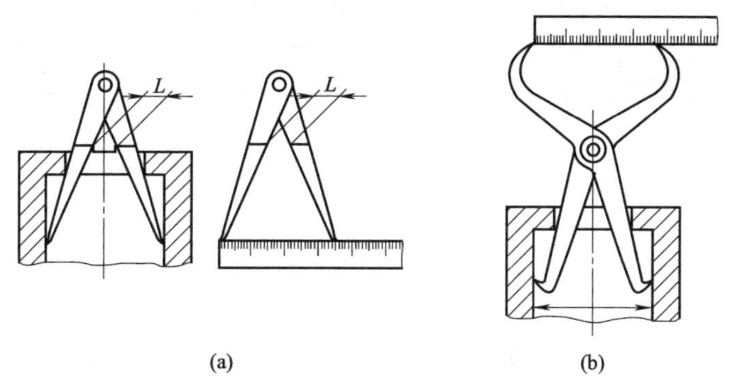

图 2-47 卡钳测量阶梯孔

测量壳体上的大直径尺寸又无法直接测量时，可采用周长法或弓高弦长法进行。

(1) 周长法

用钢卷尺在壳体上绕一圈，测量出周长 L，则可通过下式计算出直径尺寸 D。

$$D=\frac{L}{\pi}$$

(2) 弓高弦长法

如图 2-49 所示，先测量出尺寸 H，再用游标卡尺测量出弦长 L，则通过计算可得直径尺寸。

$$D=\frac{L^2}{4H}+H$$

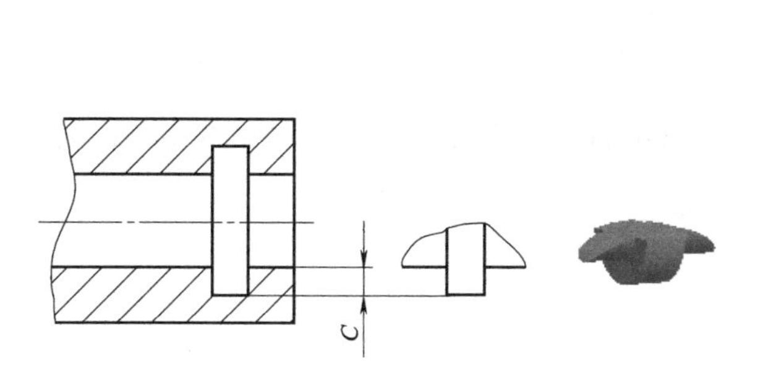

图 2-48 打样膏间接测量阶梯孔直径

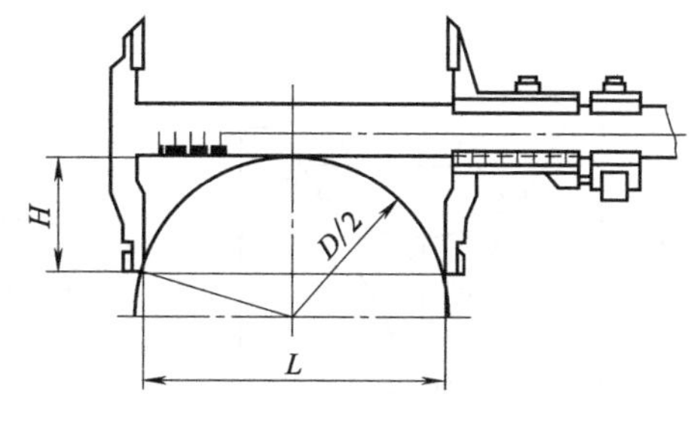

图 2-49 弓高弦长法

2.3.3 半径尺寸的测量

测绘过程中，还经常碰到如图 2-50 所示的一些圆弧形的零件，对于圆弧形零件半径的测定，除了用半径样板直接测量半径之外 (参照图 2-42)，测绘中还常采用如下一些方法。

(1) 作图法

把非整圆部分拓印在纸上，然后选取图上任意三点 A、B，C，连接 AB、BC。求出 AB、BC 中垂线的交点 O，即圆弧的中心；连接 OA (或 OB、OC) 并进行测量，可得所测圆弧曲线半径，如图 2-51 所示。

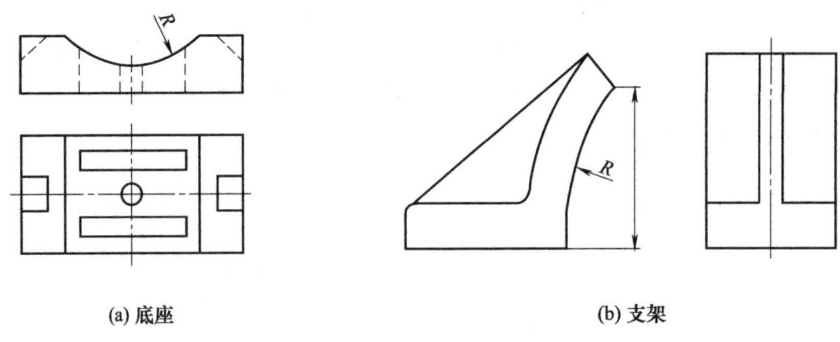

图 2-50 圆弧形的零件

测绘中，也可直接用 45°三角板，快速测定大圆弧圆心，方法如图 2-52 所示。借助直尺和分规脚，在标准的 45°三角板上，找出斜边的中点，画出 90°角的平分线，然后应用此三角板，在圆弧上任意两个位置（三角板的斜边作为弦长），确定出 A、B 与 C、D 各点，直线 AB 和 CD 的交点，即为该圆弧的圆心。

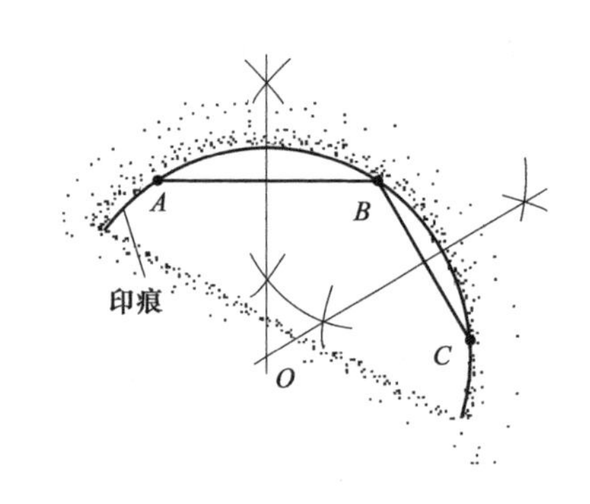

图 2-51 作图法求圆弧半径

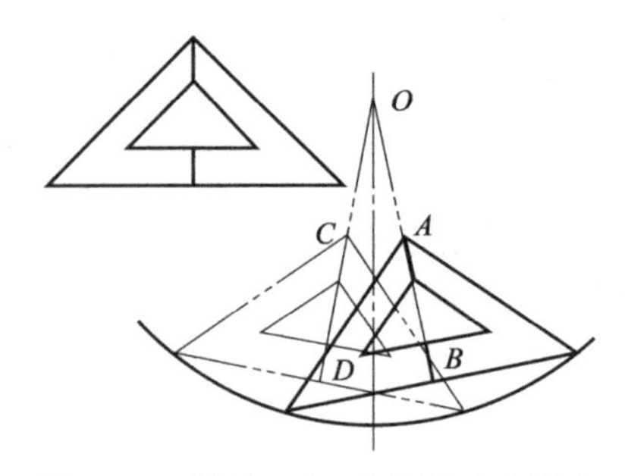

图 2-52 借助 45°三角板快速定圆心

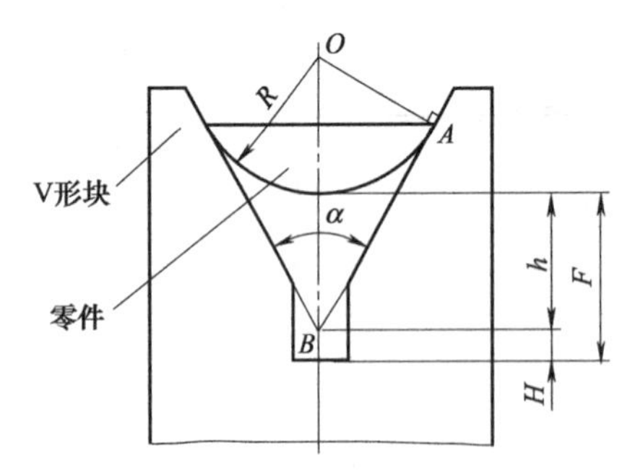

图 2-53 利用 V 形块测定非整圆半径

（2）利用 V 形块测量圆弧半径

将圆弧零件放置于 V 形块上，则所求得的圆弧半径 R 和 V 形块的半角 $\frac{\alpha}{2}$ 等尺寸之间有如下关系，如图 2-53 所示。

$$\sin\frac{\alpha}{2}=\frac{R}{R+h}$$

$$R=\frac{h}{\dfrac{1}{\sin\dfrac{\alpha}{2}}-1}$$

一般 V 形块槽底至 V 形交点 B 之间距离 H 为一常数，可事先测知。因此，只需要测量出圆弧底点至槽底距离 F，即可得出 h，进而求得 R。

2.3.4 两孔中心距的测量

测量两孔的中心距可用游标卡尺、卡钳或金属直尺，较为准确和方便的方法是用游标卡尺测量，如图 2-54 所示。对于精度要求较低的中心距，可用金属直尺或卡钳测量，如图 2-55所示。

① 两孔直径相等时（图 2-54）：

$$A=K_1+d=K_2-d$$

式中 A——两孔中心距；

K_1——两孔内侧距离［图 2-54（a）］；

K_2——两孔外侧距离［图 2-54（b）］；

d——孔的直径［图 2-54（c）］。

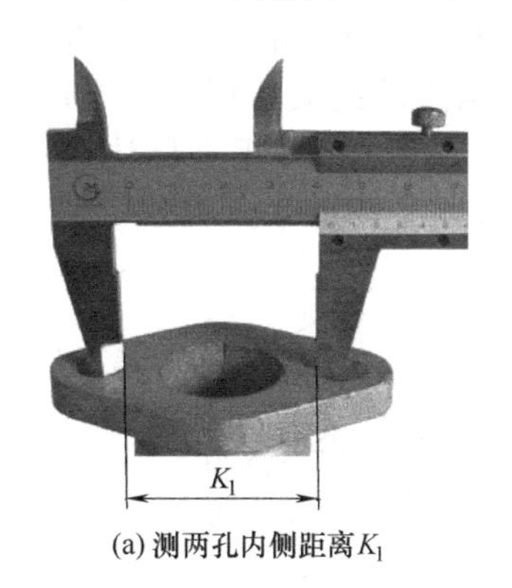

(a) 测两孔内侧距离K_1

(b) 测两孔外侧距离K_2

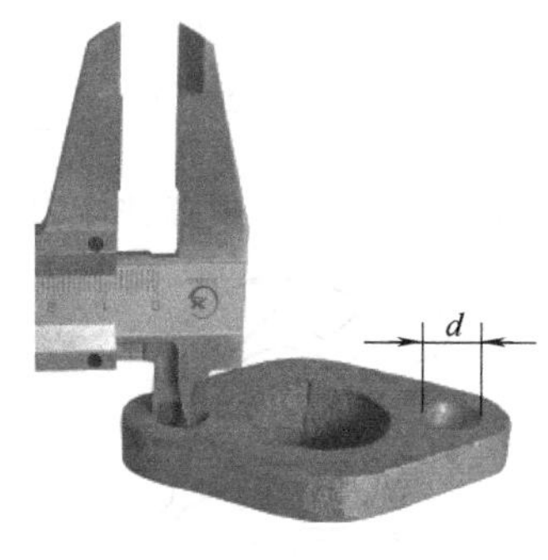

(c) 测孔的直径d

图 2-54 用游标卡尺测孔距

② 两孔不等径时（图 2-55）：

$$A=K_1+\frac{d+D}{2}=K_2-\frac{d+D}{2}$$

式中 d——小孔的直径；

D——大孔的直径。

③ 当零件上有辐射状均匀分布的孔时，一般应测出各均布孔圆心所在的定位圆直径。

a. 孔为偶数时。定位圆直径的测量与测两相同孔径中心距的方法相同。

b. 孔为奇数时。若在定位圆的圆心处，有一同心圆孔，如图 2-56 所示，可用前述两不等孔径中心距的测量方法测量（参照图 2-55），$D=2A$。

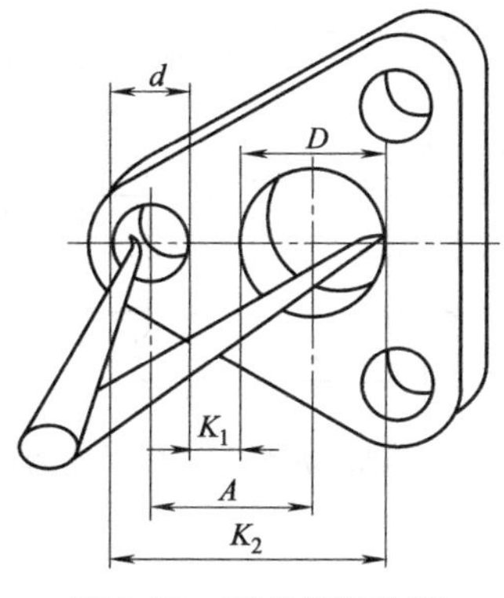

图 2-55 用卡钳测孔距

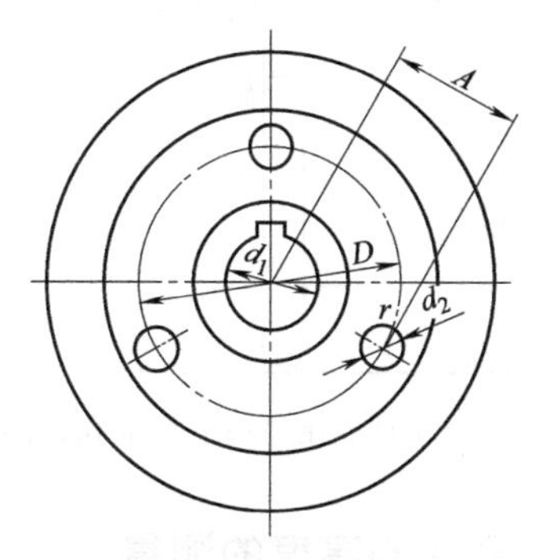

图 2-56 有同心圆孔时均布孔定位圆直径测量

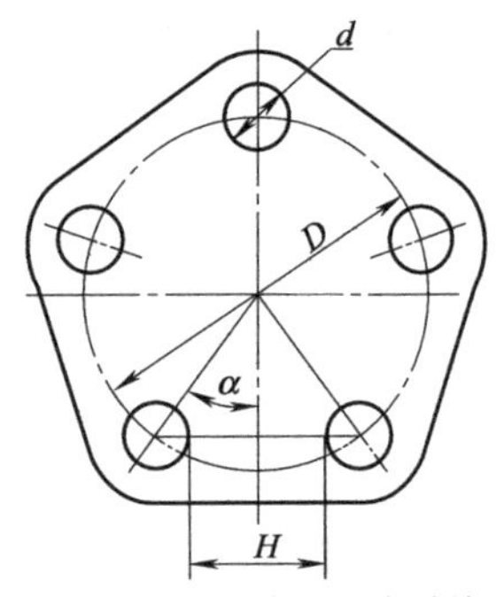

图 2-57 无同心圆孔时均布孔定位圆直径测量

若均布孔为奇数，而在其中心处又无同心圆孔，如图 2-57 所示，可用间接方法测得。量出尺寸 H 和 d，根据孔的个数，算出 α，图中 $\alpha=72°$。

$$\sin 60°=\frac{(H+d)/2}{D/2}=\frac{H+d}{D}$$

$$D=\frac{H+d}{\sin 60°}$$

④ 箱体上各轴孔中心距的测量。箱体各轴孔的中心距尺寸，是箱体上的功能尺寸，应根据传动链关系进行测量，如图 2-58 所示，以轴孔Ⅰ中心线为测量起点，根据传动链关系用游标卡尺或千分尺依次测量各中心距，对于非功能尺寸，可用坐标法测量，如图 2-59 所示，用芯轴作为测量的辅助工具，配合高度尺测出孔距坐标尺寸。

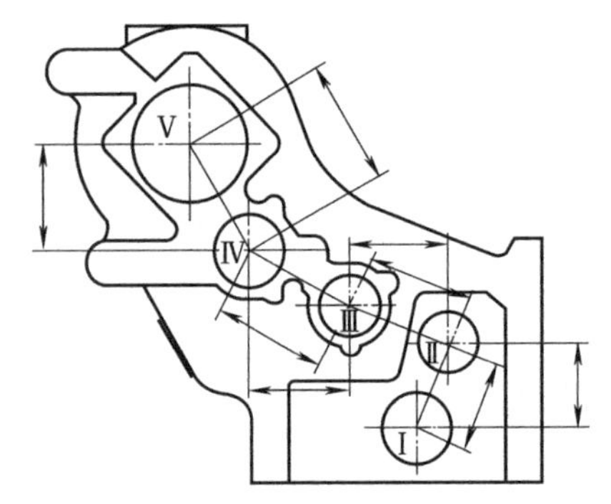

图 2-58 根据传动链测量孔距

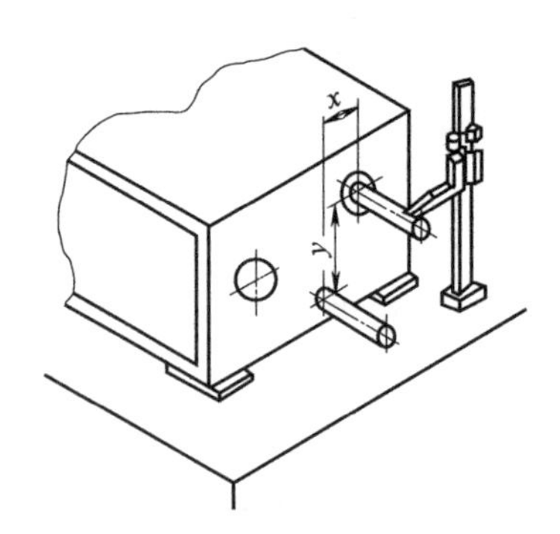

图 2-59 用芯轴和高度尺测量孔距坐标

端面不在同一平面上的孔距用一般通用量具不便测量时，可借助芯轴作为辅助工具进行测量，如图 2-60 所示。测量轴线相交孔坐标尺寸时，如果孔径尺寸较大，可在检验平台上测量出孔的下沿（或上沿）与平板的距离 B_1 和 B_2，如图 2-61 所示。

则
$$A_1=B_1+\frac{D_1}{2}$$

中心距为
$$A_2=\left(B_2+\frac{D_2}{2}\right)-A_1$$

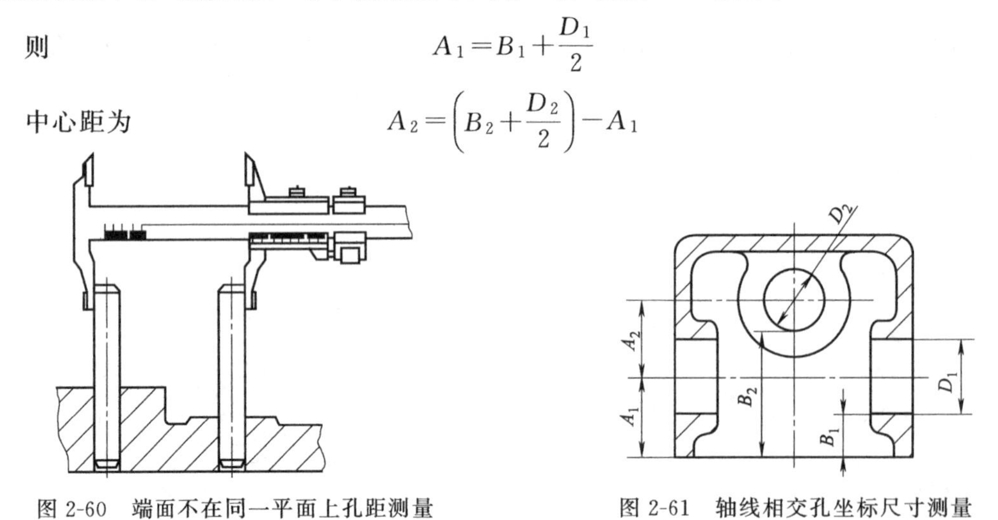

图 2-60 端面不在同一平面上孔距测量

图 2-61 轴线相交孔坐标尺寸测量

2.3.5 孔中心高度的测量

孔中心高度可以使用高度游标卡尺测量（参照图 2-10、图 2-59）。另外还可用游标卡尺、金属直尺和卡钳等测出一些相关数据，再用几何运算方法求出，如图 2-62 所示。

$$H=A+\frac{D}{2}=B+\frac{d}{2}$$

2.3.6 深度的测量

深度可以用带深度尺的游标卡尺［图 2-6（c）］、深度游标卡尺（图 2-13）、深度千分尺（图 2-28）直接量得，还可以用金属直尺测量，如图 2-63 所示。

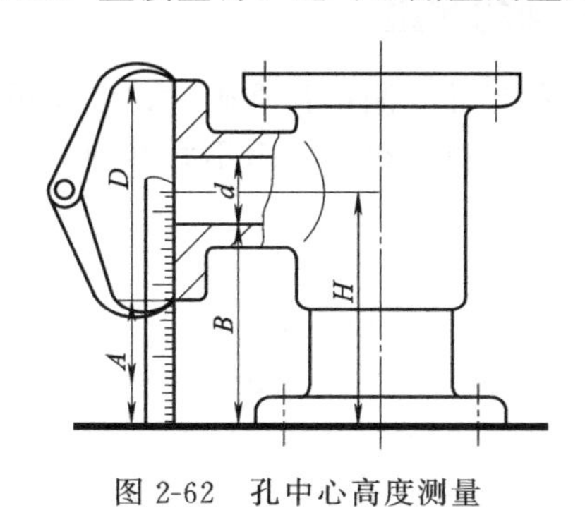

图 2-62 孔中心高度测量

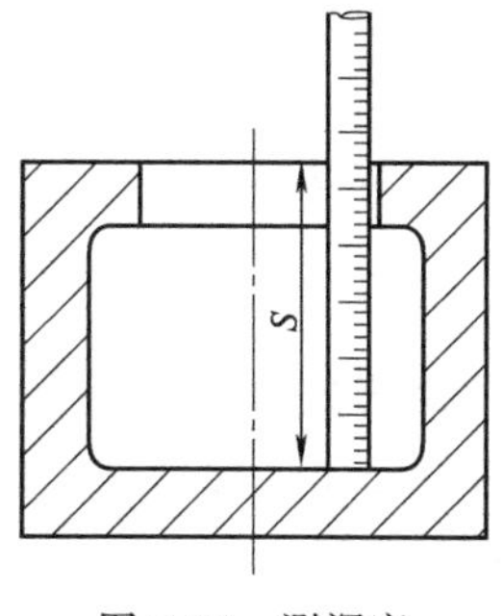

图 2-63 测深度

2.3.7 壁厚的测量

壁厚可用金属直尺、金属直尺和外卡钳结合进行测量，也可用游标卡尺和量块（或垫块）结合进行测量，如图 2-64 所示。

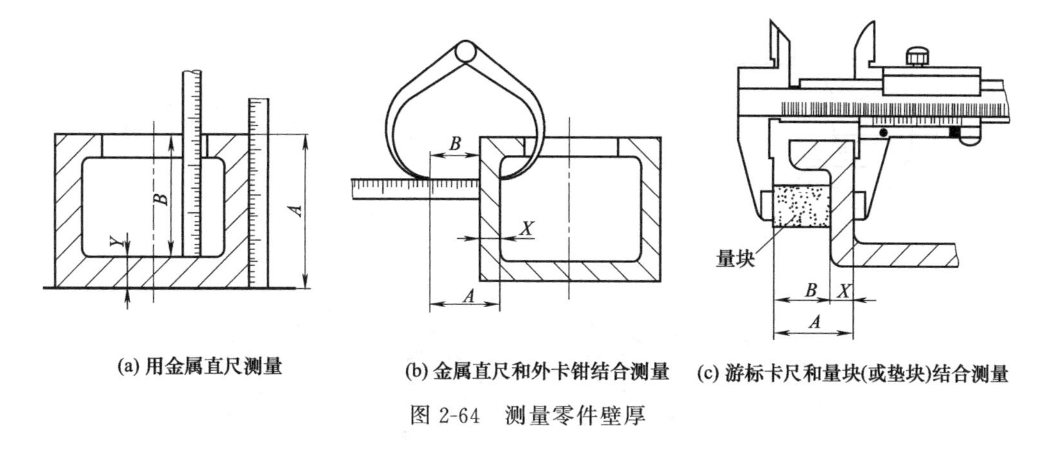

(a) 用金属直尺测量 (b) 金属直尺和外卡钳结合测量 (c) 游标卡尺和量块(或垫块)结合测量

图 2-64 测量零件壁厚

2.3.8 螺纹的测量

测量螺纹可使用螺纹量规和螺纹样板（参照图 2-38～图 2-40）。如果没有螺纹量规和螺纹样板或不能用螺纹量规和螺纹样板测量，可用游标卡尺测量大径，用薄纸压痕法测量螺距，具体步骤如下。

① 确定螺纹线数及旋向。螺纹线数可直接观察得出，旋向可根据螺纹旋合时的旋入方向判断，如果顺时针旋入则为右旋，否则为左旋。

② 用压痕法测量螺距。在平板上放一张薄白纸，将螺纹部分放在纸上压出痕迹并测量，如图 2-65 所示。为准确起见，可量出多个螺距的长度 P_L，然后除以螺距的数量 N，即得螺距：$P=P_L/N$。

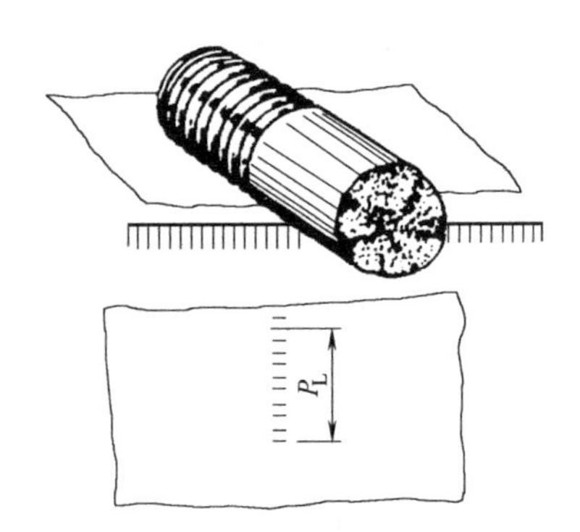

图 2-65 压痕法测螺距

③ 查标准螺纹表，确定代号。根据牙形、螺距和大径（或小径），查有关标准，定出螺纹代号。

例：一单线右旋螺纹，其牙形为三角形，测得大径为 48mm，螺距为 2.3mm。根据国标规定，牙形为三角形的有普通螺纹和管螺纹，其中 1½（$P=2.309$）管螺纹的尺寸和测量值最接近，故可定为管螺纹，代号为 G1½。

2.3.9 曲线或曲面的测量

当对曲线和曲面的尺寸要测得很准确时，必须用专门量仪进行测量，如三坐标测量机。要求不太准确时，常采用下面三种方法测量。

（1）拓印法

对于圆柱面部分的曲率半径的测量，可用拓印法，即将零件被测部位涂上红泥或紫色，将曲线拓印在白纸上，然后判定该曲线的圆弧连接情况，测量其半径，如图 2-66 所示。

（2）铅丝法

对于曲线回转面零件的母线曲率半径的测量，可将铅丝弯成实形后，得到反映实形的平面曲线，然后判定曲线的圆弧连接的情况，最后用中垂线法，求得各段圆弧的中心，测量其半径，如图 2-67 所示。

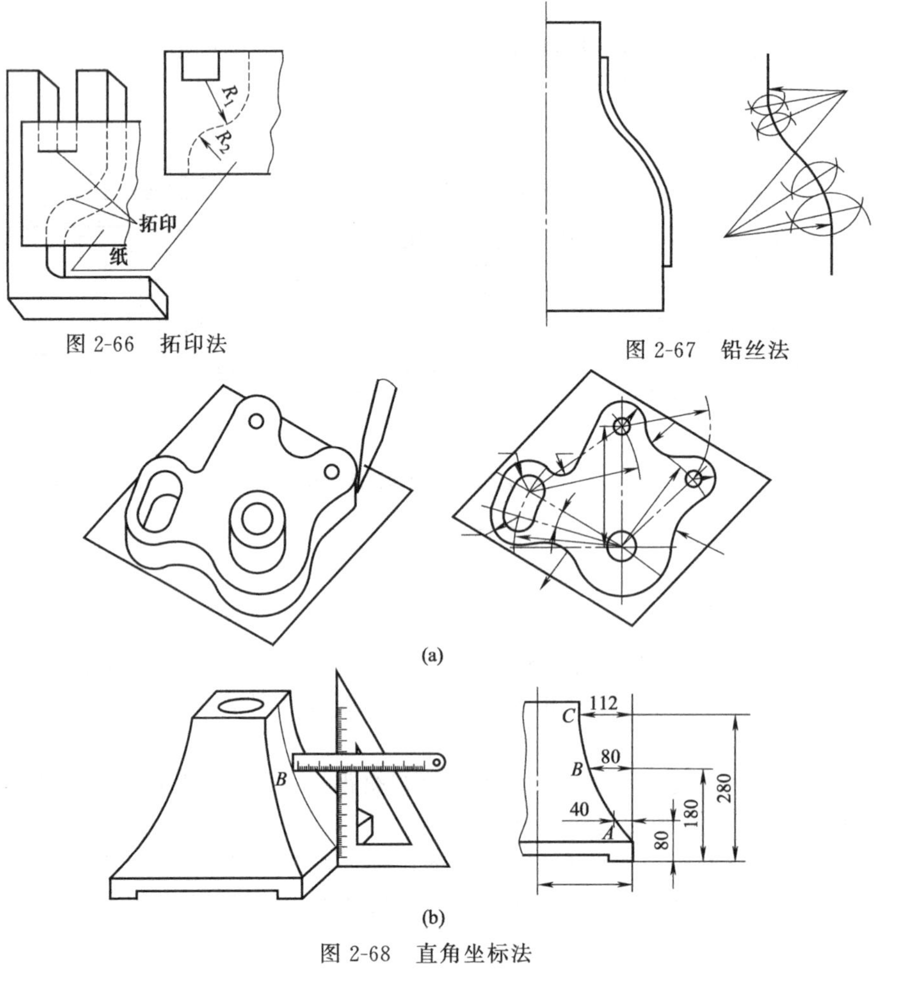

图 2-66 拓印法

图 2-67 铅丝法

图 2-68 直角坐标法

（3）直角坐标法

将被测表面上的曲线部分平放在纸上，用铅笔描出轮廓，逐点求出点的坐标或曲线的半径及圆心，如图 2-68（a）所示。如果曲线不宜在纸上描出，可用直尺和三角板定出曲面上各点的坐标，在图上画出曲线，或求出曲线的曲率半径，如图 2-68（b）所示。

2.4 测量注意事项

① 根据被测零件的不同精度，使用不同的测量工具。

② 关键零件的尺寸、零件的重要尺寸以及精密尺寸，应反复测量若干次，直到数据稳定可靠，然后选取其中较为一致的数值或取其平均值。整体尺寸应直接测量，不能用中间尺寸叠加而得。

③ 读取数值时，视线应与被测的数值垂直；否则，会因视线歪斜而造成读数误差。

④ 对于复杂零件，必须采用边测量边画放大图的方法，以便及时发现问题；对精密配合面，应随时考证测量数据的准确性。

⑤ 在测量较大的孔、轴、长度等尺寸时，必须考虑其几何形状误差的影响，应多测几个点，取其平均数。

⑥ 测量时，应确保零件的自由状态，防止由于装夹或量具接触压力等造成的零件变形引起测量误差；对组装前后形状有变化的零件，应掌握其变化前后的差异。

⑦ 两零件在配合或连接处，其形状结构可能完全一样，测量时亦必须各自测量，分别记录，然后相互检验确定尺寸，绝不能只测一处简单处理。

2.5 测量工具的维护与保养

测量工具是测绘工作中不可缺少的工具。量具维护与保养得好坏直接影响其使用寿命以及测量的精度和可靠性，因此对量具在维护与保养上应做到下列各点。

① 使用量具要轻拿轻放，不要随意抛掷，更不能把量具当作其他工具来使用。

② 测量前宜将量具的测量面和被测零件的表面擦干净，以免存在脏物影响测量精度。

③ 测量姿势要正确，不能硬卡硬塞而使量具磨损，不要使用精密的量具去测量粗糙的表面。

④ 量具不能受到冲击、敲打或振动，不要在零件还在转动时进行测量。

⑤ 量具在使用过程中不应与拆卸工具或被测零件堆放在一起。

⑥ 不要把量具置于磁场、高温和潮湿环境。

⑦ 发现量具有不正常现象时，不允许自行处理，要由专门的工程技术人员检修。

⑧ 量具在使用前后都必须用绒布擦干净，用毕放置时，应擦油防锈，且不要与其他工具混放在一起，较精密的量具应放置在特制的盒子内，要衬软垫。

2.6 测绘中的尺寸圆整

由于零件存在着制造误差、测量误差以及使用中的磨损，因此，实际测量的尺寸往往不成整数。在测绘过程中，根据零件的实测尺寸值推断原设计尺寸的过程称为尺寸圆整，包括确定公称尺寸和尺寸公差两方面内容。

尺寸圆整不仅可以简化标注，清晰图面，更主要的是可以采用标准化刀具、量具和标准化配件，提高测绘效率，缩短设计和加工周期，提高劳动生产率，从而获得良好的经济效益。

在机器测绘中常用两种尺寸圆整方法，即设计圆整法和测绘圆整法。而测绘圆整法主要涉及公差配合的确定，放在第 3 章中讲述，本节主要介绍设计圆整法。

设计圆整法是最常用的一种尺寸圆整法，其方法步骤基本上是按设计的程序，即以实测值作基本依据，参照同类产品或类似产品的配合性质及配合类别，确定公称尺寸和尺寸公差。

尺寸圆整首先应进行数值优化，数值优化是指各种技术参数数值的简化和统一，即设计制造中所使用的数值，为国家标准推荐使用的优先数，数值优化是标准化的基础。

2.6.1 优先数和优先数系

在工业产品的设计和制造中，常常要用到很多数。当选定一个数值作为某产品的参数指标时，这个数值就会按一定的规律向一切有关制品和材料中的相应指标传播。例如，若螺纹孔的尺寸一定，则其相应的丝锥尺寸、检验该螺纹孔的塞规尺寸以及攻螺纹前的钻孔尺寸和钻头直径也随之而定，这种情况称为数值的传播。

对各种技术参数值进行协调、简化和统一是标准化的重要内容，优先数和优先数系就是对各种技术参数的数值进行协调、简化和统一的科学数值制度。

国家标准（GB/T 321—2005）规定的优先数系是公比为 $\sqrt[5]{10}$、$\sqrt[10]{10}$、$\sqrt[20]{10}$、$\sqrt[40]{10}$ 和 $\sqrt[80]{10}$，且项值中含有 10 的整数幂的几何级数的常用圆整值。各数列分别用符号 R5、R10、R20、R40 和 R80 表示，称为 R5 系列、R10 系列、R20 系列、R40 系列和 R80 系列，如表 2-1 所示，其中前四个系列是常用的基本系列，而 R80 则作为补充系列。优先数系中的任一项值均为优先数，采用等比数列作为优先数系可使相邻两个优先数的相对差相同，且运算方便，简单易记。

表 2-1 优先数系（摘自 GB/T 321—2005） mm

R			Ra			R			Ra		
R10	R20	R40	Ra10	Ra20	Ra40	R10	R20	R40	Ra10	Ra20	Ra40
10.0	10.0		10	10			35.5	35.5		36	36
	11.2			11				37.5			38
1.25		12.5	12	12	12	40.0	40.0	40.0	40	40	40
		13.2			13			42.5			42
		14.0		14	14		45.0	45.0		45	45
		15.0			15			47.5			48
16.0	16.0	16.0	16	16	16	50.0	50.0	50.0	50	50	50
		17.0			17			53.0			53
	18.0	18.0		18	18		56.0	56.0		56	56
		19.0			19			60.0			60
20.0	20.0	20.0	20	20	20	63.0	63.0	63.0	63	63	63
		20.2			21			67.0			67
	22.4	22.4		22	22		71.0	71.0		71	71
		23.6			24			75.0			75
25.0	25.0	25.0	25	25	25	80.0	80.0	80.0	80	80	80
		26.5			26			85.0			85
	28.0	28.0		28	28		90.0	90.0		90	90
		30.0			30			95.0			95
31.5	31.5	31.5	32	32	32	100.0	100.0	100.0	100	100	100
		33.5			34						

注：首先在优先数系 R 系列按 R10、R20、R40 顺序选用。如必须将数值圆整，可在 Ra 系列中按 Ra10、Ra20、Ra40 顺序选用。

2.6.2 常规设计的尺寸圆整

常规设计是指标准化的设计，它以方便设计制造和良好的经济性为主。常规设计的尺寸圆整时，一般都应将全部实测尺寸按 R10、R20 和 R40 系列圆整成整数，对于配合尺寸按照国家标准圆整成整数。

例 2-1 实测一对配合孔和轴，孔的尺寸为 ϕ25.012mm，轴的尺寸为 ϕ24.978mm，测绘后圆整并确定尺寸公差。

解： ① 确定公称尺寸。根据孔、轴实测尺寸，查表 2-1，只有 R10 系列的基本尺寸 ϕ25mm 靠近实测值。

② 确定配合制度。根据此配合的具体结构可知为基孔制间隙配合，即基准孔为 H。

③ 确定基本偏差。从其他资料了解此配合属于单件小批生产，根据单件小批生产孔、轴尺寸靠近最大实体尺寸（即孔的最小极限尺寸，轴的最大极限尺寸）的原则可知，轴的尺寸 [ϕ(25－0.022)mm] 靠近轴的最大极限尺寸，－0.022mm 靠近上极限偏差。查轴的基本偏差表可得，公称尺寸 ϕ25mm、基本偏差代号 f 所对应的上极限偏差为－0.020mm，与－0.022mm接近，因此确定轴的基本偏差代号为 f。

④ 确定公差等级。根据孔、轴使用工况，将轴的公差等级选为 IT7 级。根据工艺等价的性质，确定孔的公差等级为 IT8 级。

综上所述，该孔轴配合的尺寸公差为 ϕ25H8/f7。

2.6.3 非常规设计的尺寸圆整

当公称尺寸和尺寸公差数值不一定都是标准化数值时，尺寸圆整的一般原则是：性能尺寸、配合尺寸、定位尺寸在圆整时，允许保留到小数点后一位，个别重要的和关键性的尺寸，允许保留到小数点后两位，其他尺寸则圆整为整数。

将实测尺寸圆整为整数或带一两位小数时，尾数删除应采用四舍六入五单双法。即尾数删除时，逢四以下舍，逢六以上进，遇五则以保证偶数的原则决定进舍。

例如：19.6 应圆整成 20（逢六以上进）；25.3 应圆整成 25（逢四以下舍）；67.5 和 68.5 都应圆整成 68（遇五则保证圆整后的尺寸为偶数）。

（1）轴向功能尺寸的圆整

零件的制造和测量误差是由系统误差和随机误差构成的，随机误差符合正态分布曲线，因此当轴向功能尺寸（例如参与轴向装配尺寸链的尺寸）圆整时，可假定零件的实际尺寸位于零件公差带的中部。即当尺寸仅有一个实测值时，可将该实测值当成公差中值；同时尽量将公称尺寸按照优先数系圆整成整数，并保证所给公差在 IT9 级以内，公差值采取单向或双向公差。当该尺寸在尺寸链中属孔类尺寸时取单向正公差（如 $30^{+0.052}_{0}$mm）；属轴类尺寸时，取单向负公差（如 $30_{-0.052}^{0}$mm）；属长度尺寸时，采用双向公差 [如 (30±0.026) mm]。

例 2-2 某传动轴的轴向尺寸参与装配尺寸链计算，实测值为 84.99mm，试将其圆整。

解： ① 查表确定公称尺寸为 85mm。

② 查标准公差数值表，公称尺寸大于 80～120mm，公差等级为 IT9 的公差值为 0.087mm。

③ 取公差值为 0.080mm。

④ 得圆整方案为（85±0.04）mm。

例 2-3 某轴向尺寸参与装配尺寸链计算，实测值为 223.95mm，试将其圆整。

解： ① 确定公称尺寸为 224mm。

② 查标准公差数值表，公称尺寸大于 180～250mm，公差等级为 IT9 的公差值为 0.115mm。

③ 取公差值为 0.10mm。

④ 将实测值当成公差中值，得圆整方案为 $224_{-0.10}^{\ 0}$mm。

⑤ 校核，公差值为 0.10mm，在 IT9 级公差值以内且接近公差值，实测值 223.95mm 为 $224_{-0.10}^{\ 0}$mm 的中值，故该圆整方案合理。

（2）非功能尺寸的圆整

非功能尺寸即一般公差的尺寸（未注公差的线性尺寸），它包含功能尺寸外的所有非配合尺寸。

圆整这类尺寸时，主要是合理确定公称尺寸，保证尺寸的实测值在圆整后的尺寸公差范围之内；并且圆整后的公称尺寸符合国家标准规定的优先数、优先数系和标准尺寸，除个别外，一般不保留小数。例如：8.03 圆整为 8，30.08 圆整为 30 等。对于另外有其他标准规定的零件直径如球体、滚动轴承、螺纹等，以及其他小尺寸，在圆整时应参照有关标准。

至于这类尺寸的公差，即未注公差尺寸的极限偏差一般规定 IT12 级至 1T18 级。

2.6.4 测绘中的尺寸协调

一台机器或设备通常由许多零件、组件和部件组成，测绘时，不仅要考虑部件中零件与零件之间的关系，而且还要考虑部件与部件之间，部件与组件或零件之间的关系。所以在标注尺寸时，必须把装配在一起的或装配尺寸链中有关零件的尺寸一起测量，测出结果加以比较，最后一并确定公称尺寸和尺寸偏差。

第3章 零件内外质量要求的确定

在测绘零件的过程中，除了绘制零件草图和测量尺寸外，还应确定零件的内外质量要求，如外部质量：表面结构、尺寸公差、几何公差；内部质量：材料及热处理等。本章学习如何根据测量值、同类产品资料和生产的实际情况，来确定合理的零件内外质量要求。通过本章的学习，要学会查阅有关的技术标准，并能在零件图样上正确标注内外部质量要求。

3.1 表面结构参数的确定

机械图样中，常用表面粗糙度参数（Ra 和 Rz）作为评定表面结构的参数。表面粗糙度是零件表面的微观几何形状误差，它对零件的使用性能，如摩擦与磨损、配合性质、可靠性、疲劳强度、接触刚度、耐腐蚀性等都有很大的影响。因此，在测绘中正确确定被测零件的表面粗糙度是一项重要的内容。

确定表面粗糙度的方法很多，常用的方法有比较法、测量仪测量法、类比法。比较法和测量仪测量法适用于确定没有磨损或磨损较小的零件表面粗糙度。对于磨损严重的零件表面就不能用这两种方法确定，而只能用类比法确定。

3.1.1 比较法

比较法是将被测表面与表面粗糙度样块相比较，通过人的视觉和触觉，或借助放大镜来判断被测表面粗糙度的一种方法。表面粗糙度样块如图 3-1 所示，它的表面有具体的表面粗糙度参数值。使用时以样块工作面的标准表面粗糙度与被测工件表面进行比较，即可判断出工件表面粗糙度。比较时，所用的表面粗糙度样块应该与被测工件的加工方法相同，这样可以减少误差，提高判断的准确性。

图 3-1　表面粗糙度样块

表面粗糙度样块按加工方法不同分为铸造（GB/T 6060.1—1997）、磨、车、镗、铣、插及刨加工（GB/T 6060.2—2015）、电火花加工、抛光、喷砂（GB/T 6060.3—2008）等。

用比较法评定表面粗糙度虽然不能精确地得出被测表面粗糙度参数值，但由于器具简单，使用方便且能满足一般生产要求，故常用于生产现场。

3.1.2 测量仪测量法

测量仪测量法是利用粗糙度测量仪来确定被测表面粗糙度的，这是准确确定表面粗糙度的方法，常用的测量仪有以下几种。

（1）光切显微镜

光切显微镜是根据光切原理来测量表面粗糙度的。它将一束平行光带以一定角度投射到被测表面上，光带与表面轮廓相交的曲线影像即反映了被测表面的微观几何形状，它解决了工作表面微小峰谷深度的测量问题，避免了与被测表面的接触，是一种间接测量方法。光切显微镜如图 3-2 所示，可用于测量车、铣、刨以及其他类似方法加工的金属外表面，是测量表面粗糙度的专用仪器之一，主要用于测定高度参数 Rz。Rz 的测量范围一般为 0.8～100μm。

（2）干涉显微镜

如图 3-3 所示，干涉显微镜是利用光波干涉原理，以光波波长为基准来测量表面粗糙度的计量仪器。被测表面有一定的粗糙度就呈现出凹凸不平的峰谷状干涉条纹，通过目镜观察，利用测微装置测量这些干涉条纹的数目和峰谷的弯曲程度，即可计算出表面粗糙度的 Ra 值。干涉法适用于精密加工的表面粗糙度测量，适合在计量室使用，用于测量表面粗糙度的 Rz 值，其 Rz 测量范围通常为 0.05～0.8μm。

图 3-2 光切显微镜

图 3-3 干涉显微镜

（3）电动轮廓仪和便携式粗糙度仪

电动轮廓仪和便携式粗糙度仪是采用针描法测量表面粗糙度的仪器，仪器可直接显示 Ra 值，适宜于测量 0.025～5μm 范围的 Ra 值。其工作原理是触针和定位块（导头）在驱动装置的驱动下沿工件表面滑行，触针随着表面的不平而上下移动，与触针相连的杠杆另一端的磁芯也随之运动，使接入电桥两臂的电感发生变化，从而使电桥输出与触针位移成比例的信号。测量信号经放大和相敏检波后，形成能反映触针位置（大小和方向）的信号。该信号经过直流功率放大，推动记录笔，便可在记录纸上得到工件表面轮廓的放大图。信号经 A/D 转换后，可由计算机采集、计算，输出表面粗糙度各评定参数和轮廓曲线。电动轮廓仪如图 3-4 所示。

便携式粗糙度仪 TR200 如图 3-5 所示。TR200 是一种高精度表面粗糙度检测仪器，可对多种机械加工零件表面的粗糙度进行测量，如平面、斜面、外圆柱面、曲面、小孔、沟槽等。可以根据选定的测量条件计算相应的参数，在液晶显示器上清晰地显示全部测量结果及图形，并可在打印机上输出。

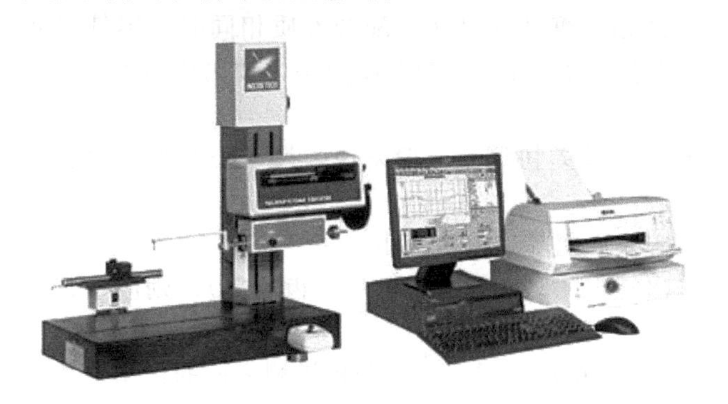

图 3-4 电动轮廓仪

图 3-5 便携式粗糙度仪 TR200

（4）原子力显微镜

原子力显微镜（atomic force microscopy，AFM）如图 3-6 所示。其工作原理是将一个对微弱力极其敏感的微悬臂一端固定，另一端带有微小探针（约 10nm）接近被测试样至纳米级距离范围时，根据量子力学理论，在这个微小间隙内由于针尖尖端原子与样品表面原子间产生极微弱的原子排斥力，由驱动控制系统控制 X、Y、Z 三维压电陶瓷微位移工作台带动其上的被测样品逼近探针并使探针扫描被测样品。通过在扫描时控制该原子力的恒定，带有针尖的微悬臂在扫描被测样品时由于受针尖与样品表面原子间的作用力的作用而在垂直于样品表面的方向起伏运动。利用微悬臂弯曲检测系统可测得微悬臂对应于各扫描点位置的弯曲变化，从而可以获得样品表面形貌的三维信息，其高度方向和水平方向的分辨率可分别达到 11nm 和 1nm。

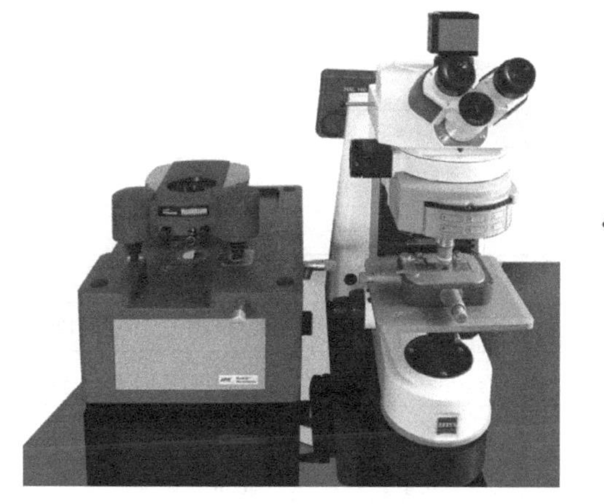

图 3-6 原子力显微镜（AFM）

3.1.3 类比法

类比法的一般选用原则如下。

① 同一零件上，工作表面的粗糙度值应比非工作表面小。

② 摩擦表面的粗糙度值应比非摩擦表面小。

③ 运动速度高、单位面积压力大的表面以及受交变应力作用的重要零件表面的粗糙度值应较小。

④ 配合性质要求越稳定，其配合表面的粗糙度值应越小；配合性质相同时，零件尺寸越小，粗糙度也越小；同一精度等级，小尺寸比大尺寸表面粗糙度要小，轴比孔的表面粗糙度要小。

⑤ 表面粗糙度参数值应与尺寸公差及几何公差协调。一般来说，尺寸公差和几何公差小的表面，其粗糙度参数值也应较小。

⑥ 防腐性、密封性要求高，外表美观等表面粗糙度值应较小。

⑦ 凡有关标准已对表面粗糙度要求作出规定的（如轴承、量规、齿轮等），则应按其标准规定确定表面粗糙度。

在选择参数值时，应仔细观察被测表面的粗糙度情况，认真分析被测表面的作用、加工方法、运动状态等，根据经验统计资料来初步选定表面粗糙度参数值，并参照表 3-1 轴和孔的表面粗糙度参数推荐值，表 3-2 表面粗糙度的表面特征、经济加工方法及应用举例等，再对比工作条件做适当调整。

表 3-1 轴和孔的表面粗糙度参数推荐值

应用场合			Ra/μm	
示例	公差等级	表面	基本尺寸/mm	
			≤50	>50～500
经常装拆零件的配合表面(如挂轮、滚刀等)	IT5	轴	≤0.2	≤0.4
		孔	≤0.4	≤0.8
	IT6	轴	≤0.4	≤0.8
		孔	≤0.8	≤1.6
	IT7	轴	≤0.8	≤1.6
		孔		
	IT8	轴	≤0.8	≤1.6
		孔	≤1.6	≤3.2

应用场合			Ra/μm		
示例	公差等级	表面	基本尺寸/mm		
			≤50	>50～120	>120～500
过盈配合的配合表面：用压力机装配、用热孔法装配	IT5	轴	≤0.2	≤0.4	≤0.4
		孔	≤0.4	≤0.8	≤0.8
	IT6、IT7	轴	≤0.4	≤0.8	≤1.6
		孔	≤0.8	≤1.6	≤1.6
	IT8	轴	≤0.8	≤1.6	≤3.2
		孔	≤1.6	≤3.2	≤3.2
	IT9	轴	≤1.6	≤3.2	≤3.2
		孔	≤3.2	≤3.2	≤3.2

续表

<table>
<tr><th colspan="3">应用场合</th><th colspan="6">Ra/μm</th></tr>
<tr><th rowspan="2">示例</th><th rowspan="2">公差等级</th><th rowspan="2">表面</th><th colspan="6">基本尺寸/mm</th></tr>
<tr><th colspan="2">≤50</th><th colspan="2">>50～120</th><th colspan="2">>120～500</th></tr>
<tr><td rowspan="4">滚动轴承的配合表面</td><td rowspan="2">IT6～IT9</td><td>轴</td><td colspan="6">≤0.8</td></tr>
<tr><td>孔</td><td colspan="6">≤1.6</td></tr>
<tr><td rowspan="2">IT10～IT12</td><td>轴</td><td colspan="6">≤3.2</td></tr>
<tr><td>孔</td><td colspan="6">≤3.2</td></tr>
<tr><td rowspan="4">精密定心零件的配合表面</td><td rowspan="2">公差等级</td><td rowspan="2">表面</td><td colspan="6">径向跳动公差/μm</td></tr>
<tr><td>2.5</td><td>4</td><td>6</td><td>10</td><td>16</td><td>25</td></tr>
<tr><td rowspan="2">IT5～IT8</td><td>轴</td><td>≤0.05</td><td>≤0.1</td><td>≤0.1</td><td>≤0.2</td><td>≤0.4</td><td>≤0.8</td></tr>
<tr><td>孔</td><td>≤0.1</td><td>≤0.2</td><td>≤0.2</td><td>≤0.4</td><td>≤0.8</td><td>≤1.6</td></tr>
</table>

表 3-2 表面粗糙度的表面特征、经济加工方法及应用举例

<table>
<tr><th colspan="2">表面微观特性</th><th>Ra/μm</th><th>Rz/μm</th><th>加工方法</th><th>应用举例</th></tr>
<tr><td>粗糙表面</td><td>微见刀痕</td><td>≤20</td><td>≤80</td><td>粗车、粗刨、粗铣、钻、毛锉、锯断</td><td>半成品粗加工过的表面、非配合的加工表面，如端面、倒角、钻孔、齿轮或带轮侧面、键槽底面、垫圈接触面等</td></tr>
<tr><td rowspan="3">半光表面</td><td>可见加工痕迹</td><td>≤10</td><td>≤40</td><td>车、刨、铣、镗、钻、粗铰</td><td>轴上不安装轴承、齿轮处的非配合表面；紧固件的自由装配表面，轴和孔的退刀槽等</td></tr>
<tr><td>微见加工痕迹</td><td>≤5</td><td>≤20</td><td>车、刨、铣、镗、磨、拉、粗刮、滚压</td><td>半精加工表面，箱体、支架、盖面、套筒等和其他零件结合而无配合要求的表面；需要发蓝的表面等</td></tr>
<tr><td>看不清加工痕迹</td><td>≤2.5</td><td>≤10</td><td>车、刨、铣、镗、磨、拉、刮、滚压、铣齿</td><td>接近于精加工表面，箱体上安装轴承的镗孔表面，齿轮的工作面</td></tr>
<tr><td rowspan="3">光表面</td><td>可辨加工痕迹方向</td><td>≤1.25</td><td>≤6.3</td><td>车、镗、磨、拉、精铰、磨齿、滚压</td><td>圆柱销、圆锥销；与滚动轴承配合的表面；卧式车床导轨面；内、外花键定心表面等</td></tr>
<tr><td>微辨加工痕迹方向</td><td>≤0.63</td><td>≤3.2</td><td>精铰、精镗、磨、滚压</td><td>要求配合性质稳定的配合表面；工作时受交变应力的重要零件；较高精度车床的导轨面</td></tr>
<tr><td>不可辨加工痕迹方向</td><td>≤0.32</td><td>≤1.6</td><td>精磨、珩磨、研磨</td><td>精密机床主轴锥孔、顶尖圆锥面；发动机曲轴、凸轮轴工作表面；高精度齿轮齿面</td></tr>
<tr><td rowspan="4">极光表面</td><td>暗光泽面</td><td>≤0.16</td><td>≤0.8</td><td>精磨、研磨、普通抛光</td><td>精密机床主轴径表面、一般量规工作表面；气缸套内表面，活塞销表面等</td></tr>
<tr><td>亮光泽面</td><td>≤0.08</td><td>≤0.4</td><td rowspan="2">超精磨、精抛光、镜面磨削</td><td rowspan="2">精密机床主轴颈表面、滚动轴承的滚珠，高压油泵中柱塞和柱塞配合的表面</td></tr>
<tr><td>镜状光泽面</td><td>≤0.04</td><td>≤0.2</td></tr>
<tr><td>镜面</td><td>≤0.01</td><td>≤0.05</td><td>镜面磨削、超精研</td><td>高精度量仪、量块的工作表面，光学仪器中的金属镜面</td></tr>
</table>

3.2 极限与配合的确定

通常确定零件的尺寸偏差需要完成三个方面的工作：基准制的选择、公差等级和配合种类的确定。

3.2.1 基准制的选择

基孔制与基轴制的优先和常用配合都符合“工艺等价”的原则，所以“同名配合”原则上配合性质相同，如 20H7/f6 与 20F7/h6。从满足配合性质上讲，基孔制与基轴制完全等效。但从工艺、经济、结构、采用标准件等方面考虑，选择基孔制与基轴制却是完全不一样的。

（1）优先选用基孔制

优先选用基孔制的原因主要是工艺和经济性上的考虑。中小尺寸较高精度的孔，通常采用价格昂贵的钻头、铰刀、拉刀等定尺寸刀具加工和定尺寸量具（如量规）检验。当孔的公称尺寸和公差相同而基本偏差改变时，就要更换刀具、量具，而刀具、量具价格昂贵。但对不同公称尺寸轴来讲，只需用一种规格的车刀和砂轮来加工，仅调整刀具与工件的相对位置就行，并且轴径的测量也常用通用量具。因此，采用基孔制所需定尺寸刀具、量具的品种和规格要远远少于基轴制，有利于定尺寸刀具、量具的标准化、系列化，有利于定尺寸刀具、量具的生产和储备，从而降低生产成本，获得较好的经济效益。

（2）选择基轴制的情况

① 机械制造用的冷拔圆钢型材，尺寸公差达到 IT7～IT10 级，表面粗糙度 *Ra* 达到 0.8～3.2μm，如用它做轴，已经达到农机、纺机、仪器中某些轴的使用精度要求，可以不加工或极少加工时，其配合如果采用基轴制，则技术上合理，经济上合算。

② 在同一公称尺寸的轴上需要装配几个具有不同配合性质的零件时，应选用基轴制配合。图 3-7（a）所示为活塞销 1 与活塞 2 及连杆 3 的配合。根据要求，活塞销与活塞应为过渡配合，而活塞销与连杆之间有相对运动，应为间隙配合。如果三段配合均选基孔制配合，则应为 ϕ30H6/m5、ϕ30H6/h5 和 ϕ30H6/m5，此时必须将轴做成阶梯轴才能满足各部分的配合要求，如图 3-7（b）所示。这样做既不便于轴的加工，又不利于装配。如果改用基轴

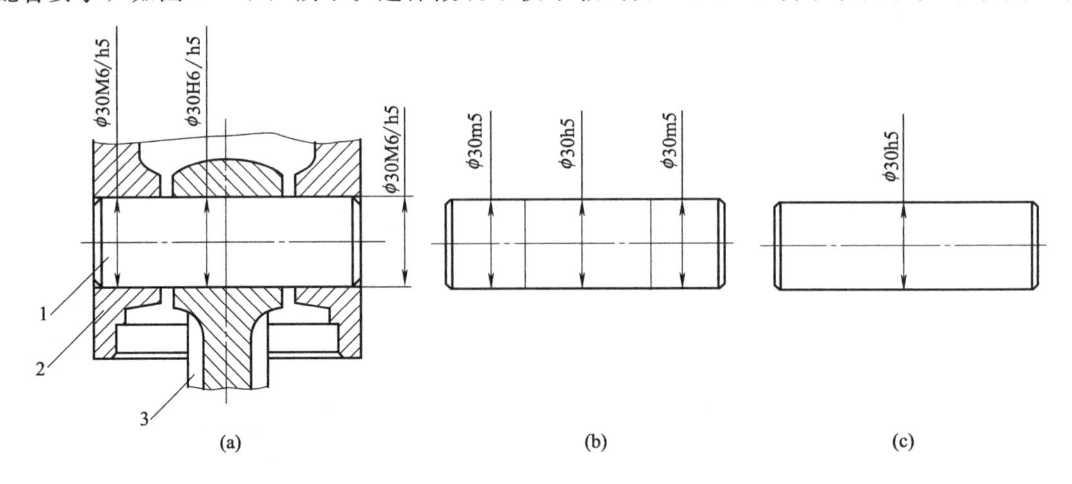

图 3-7 活塞部件装配

1—活塞销；2—活塞；3—连杆

制配合，则三段配合可改为 ϕ30M6/h5、ϕ30H6/h5 和 ϕ30M6/h5，活塞销可做成光轴，如图 3-7（c）所示，既方便轴的加工又利于装配。

③ 和标准件配合时，应将标准件作基准。机器上使用的标准件，通常由专门工厂大量生产，制造时其配合部分的基准制已确定。所以，与之配合的轴或孔应服从标准件上既定的基准制。例如，滚动轴承内圈与轴采用基孔制配合，滚动轴承外圈与座孔采用基轴制配合。因此，在装配图中与滚动轴承配合的轴和孔，只标注轴和孔的公差带代号。

④ 特大件与特小件可考虑采用基轴制。

3.2.2 公差等级的确定

由于零件测绘时只能测量实际尺寸，不能测量出其上、下极限偏差，故常采用类比法和计算法确定被测件的公差等级。

（1）用类比法确定公差等级

用类比法确定零件的公差等级，需要参考从生产实践中总结出来的经验资料来确定。选择的基本原则是在满足使用要求的前提下，尽量选择低的公差等级，并从以下几方面综合考虑。

① 零件所在机器的精度高低、零件所在部位的重要性、配合表面的粗糙度等级等。若被测机器精度高、被测零部件所在位置重要、配合表面粗糙度参数值小，则被测零部件公差等级就高；反之则公差等级较低。

② 根据各个公差等级的应用范围和各种加工方法所能达到的公差等级来选取。表 3-3 和表 3-4 为公差等级的具体应用，表 3-5 为各种加工方法可能达到的公差等级。

③ 考虑孔和轴的工艺等价性。当公称尺寸≤500mm 的配合，公差等级≤IT8 时推荐选择轴的公差等级比孔的公差等级高一级；当公差等级＞IT8 或公称尺寸＞500mm 的配合，推荐孔和轴公差等级相同。

表 3-3 公差等级的应用

应用	公差等级(IT)																			
	01	0	1	2	3	4	5	6	7	8	9	10	11	12	13	14	15	16	17	18
量块	—	—	—																	
量规			—	—	—	—	—	—	—	—										
配合尺寸							—	—	—	—	—	—	—	—	—					
特别精密零件的配合				—	—	—	—													
非配合尺寸（大制造公差）														—	—	—	—	—	—	—
原材料公差										—	—	—	—	—	—	—				

表3-4 公差等级的应用举例

公差等级	应用条件说明	应用举例
IT01	用于特别精密的尺寸传递基准	特别精密的标准量块
IT0	用于特别精密的尺寸传递基准及宇航中特别重要的极个别精密配合尺寸	特别精密的标准量块；个别特别重要的精密机械零件尺寸；校对检验IT6级轴用量规的校对量规
IT1	用于精密的尺寸传递基准、高精密测量工具、特别重要的极个别精密配合尺寸	高精密标准量规；校对检验IT7～IT9级轴用量规的校对量规；个别特别重要的精密机械零件尺寸
IT2	用于高精密的测量工具、特别重要的精密配合尺寸	检验IT6、IT7级工件用量规的尺寸制造公差，校对检验IT8～IT11级轴用量规的校对量规；个别特别重要的精密机械零件的尺寸
IT3	用于精密测量工具、小尺寸零件的高精度的精密配合及与C级滚动轴承配合的轴径和外壳孔径	检验IT8～IT11级工件用量规和校对检验IT9～IT13级轴用量规的校对量规；与特别精密的C级滚动轴承内环孔（直径至100mm）相配合的机床主轴、精密机械和高速机械的轴径；与C级向心球轴承外环外径相配合的外壳孔径；航空工业及航海工业中导航仪器上特别精密的个别小尺寸零件的精密配合
IT4	用于精密测量工具、高精度的精密配合和C级、D级滚动轴承配合的轴径和外壳孔径	检验IT9～IT12级工件用量规和校对IT12～IT14级轴用量规的校对量规；与C级轴承孔（孔径大于100mm时）及与D级轴承孔相配合的机床主轴、精密机械及高速机械的轴径；与C级轴承相配的机床外壳孔；柴油机活塞销及活塞销座孔径；高精度（1～4级）齿轮的基准孔或轴径；航空及航海工业用仪器中特殊精密的孔径
IT5	用于机床、发动机和仪表中特别重要的配合，在配合公差要求很小、形状精度要求很高的条件下，这类公差等级能使配合性质比较稳定，它对加工要求较高，一般机械制造中较少应用	检验IT11～IT14级工件用量规和校对IT14、IT15级轴用量规的校对量规；与D级滚动轴承相配合的机床箱体孔；与E级滚动轴承孔相配合的机床主轴、精密机械及高速机械的轴径；机床尾架套筒，高精度分度盘轴径；分度头主轴、精密丝杆基准轴径；高精度镗套的外径等；发动机中主轴的外径，活塞销外径与活塞的配合；精密仪器中轴与各种传动件轴承的配合；航空、航海工业中，仪表中重要的精密孔的配合；5级精度齿轮的基准孔及5级、6级精度齿轮的基准轴
IT6	广泛用于机械制造中的重要配合，配合表面有较高均匀性的要求，能保证相当高的配合性质，使用可靠	检验IT12～IT15级工件用量规和校对IT15、IT16级轴用量规的校对量规；与E级滚动轴承相配合的外壳孔及与滚子轴承相配合的机床主轴轴径；机床丝杆支承轴径、矩形花键的定心直径、摇臂钻床的立柱等；机床夹具的导向件的外径尺寸；精密仪器、光学仪器、计量仪器中的精密轴；航空、航海仪器仪表中的精密轴；自动化仪表、电子仪器、手表中特别重要的轴；发动机中的气缸套外径、曲轴主轴径、活塞销、连杆衬套、连杆和轴瓦外径等；6级精度齿轮的基准孔和7级、8级精度齿轮的基准轴径，以及特别精密（1级、2级精度）齿轮的顶圆直径
IT7	应用条件与IT6相类似，但它要求的精度可比IT6稍低一点，在一般机械制造业中应用相当普遍	检验IT14～IT16级工件用量规和校对IT16级轴用量规的校对量规；机床制造中装配式青铜蜗轮轮缘孔径、联轴器、皮带轮、凸轮等的孔径，机床卡盘座孔，摇臂钻床的摇臂孔，车床丝杆的轴承孔等；机床夹头导向件的内孔（如固定钻套、可换钻套、衬套、镗套等）；发动机中的连杆孔、活塞孔、铰制螺栓定位孔等；纺织机械中的重要零件；印染机械中要求较高的零件；精密仪器、光学仪器中精密配合的内孔；电子计算机、电子仪器、仪表中的重要内孔；7级、8级精度齿轮的基准孔和9级、10级精密齿轮的基准轴

续表

公差等级	应用条件说明	应用举例
IT8	用于机械制造中，属中等精度；在仪器、仪表及钟表制造中，由于基本尺寸较小，所以属较高精度范畴；在配合确定性要求不太高时，是应用较多的一个等级。尤其是在农业机械、纺织机械、印染机械、缝纫机、医疗器械中应用最广	检验 IT16 级工件用量规，轴承座衬套沿宽度方向的尺寸配合；手表中跨齿轴、棘爪拨针轮等与夹板的配合；无线电仪表工业中的一般配合；电子仪器仪表中较重要的内孔；低精度（9～12 级精度）齿轮的基准孔和 11～12 级精度齿轮的基准轴，6～8 级精度齿轮的齿顶圆
IT9	应用条件与 IT8 相类似，但要求精度低于 IT8 时用	机床制造中轴套外径与孔、操纵件与轴、空转皮带轮与轴、操纵系统的轴与轴承等的配合；纺织机械、印刷机械中的一般配合零件；发动机中机油泵体内孔、气门导管内孔、飞轮与飞轮套、圈衬套、混合气预热阀轴、气缸盖孔径、活塞槽环的配合等；光学仪器、自动化仪表中的一般配合；手表中要求较高零件的未注公差尺寸的配合；单键连接中键宽配合尺寸；打字机中的运动件配合等
IT10	应用条件与 IT9 相类似，但要求精度低于 IT9 时用	电子仪器仪表中支架上的配合；打字机中铆合件的配合尺寸，闹钟机构中的中心管与前夹板；轴套与轴；手表中尺寸小于 18mm 时要求一般的未注公差尺寸及大于 18mm 要求较高的未注公差尺寸；发动机中油封挡圈孔与曲轴皮带轮毂
IT11	配合精度要求较粗糙，装配后可能有较大的间隙。特别适用于要求间隙较大，且有显著变动而不会引起危险的场合	机床上法兰盘止口与孔、滑块与滑移齿轮、凹槽等；农业机械、机车车厢部件及冲压加工的配合零件；钟表制造中不重要的零件，手表制造用的工具及设备中的未注公差尺寸；纺织机械中较粗糙的活动配合；印染机械中要求较低的配合；医疗器械中手术刀片的配合；磨床制造中的螺纹连接及粗糙的动连接；不作测量基准用的齿顶圆直径公差
IT12	配合精度要求很粗糙，装配后有很大的间隙，适用于基本上没有什么配合要求的场合；要求较高未注公差尺寸的极限偏差	非配合尺寸及工序间尺寸；发动机分离杆；手表制造中工艺装备的未注公差尺寸；计算机行业切削加工中未注公差尺寸的极限偏差；医疗器械中手术刀柄的配合；机床制造中扳手孔与扳手座的连接
IT13	应用条件与 IT12 相类似	非配合尺寸及工序间尺寸，计算机、打字机中切削加工零件及圆片孔、二孔中心距的未注公差尺寸
IT14	用于非配合尺寸及不包括在尺寸链中的尺寸	在机床、汽车、拖拉机、冶金矿山、石油化工、电机、电器、仪器、仪表、造船、航空、医疗器械、钟表、自行车、缝纫机、造纸与纺织机械等工业中对切削加工零件未注公差尺寸的极限偏差
IT15	用于非配合尺寸及不包括在尺寸链中的尺寸	冲压件、木模铸造零件、重型机床制造，当尺寸大于 3150mm 时的未注公差尺寸
IT16	用于非配合尺寸及不包括在尺寸链中的尺寸	打字机中浇铸件尺寸；无线电制造中箱体外形尺寸；手术器械中的一般外形尺寸公差；压弯延伸加工用尺寸；纺织机械中木件尺寸公差；塑料零件尺寸公差；木模制造和自由锻造时用
IT17	用于非配合尺寸及不包括在尺寸链中的尺寸	塑料成形尺寸公差；手术器械中的一般外形尺寸公差
IT18	用于非配合尺寸及不包括在尺寸链中的尺寸	冷作、焊接尺寸用公差

表 3-5　各种加工方法可能达到的公差等级

加工方法	公差等级(IT)																	
	01	0	1	2	3	4	5	6	7	8	9	10	11	12	13	14	15	16
研磨	—	—	—	—	—	—	—											
珩磨						—	—	—	—									
圆磨							—	—	—	—								
平磨							—	—	—	—								
金刚石车							—	—	—									
金刚石镗							—	—	—									
拉削							—	—	—	—								
绞孔								—	—	—	—	—						
车									—	—	—	—	—					
镗									—	—	—	—	—					
铣										—	—	—	—					
刨、插												—	—					
钻孔												—	—	—	—			
滚压、挤压												—	—					
冲压												—	—	—	—	—		
压铸													—	—	—	—		
粉末冶金成型								—	—	—								
粉末冶金烧结									—	—	—	—						
砂型铸造、气割																		—
锻造																	—	

（2）用计算法确定公差等级

根据实测的间隙和过盈量的大小，通过表 3-3 公差等级的应用、表 3-4 公差等级的应用举例来初步选定公差等级，再利用表 3-6 所列的标准公差数值（GB/T 1800.1—2009）来计算确定公差等级。

表 3-6 标准公差值（摘自 GB/T 1800.1—2009）

公称尺寸/mm		标准公差																	
		μm											mm						
大于	至	IT1	IT2	IT3	IT4	IT5	IT6	IT7	IT8	IT9	IT10	IT11	IT12	IT13	IT14	IT15	IT16	IT17	IT18
6	10	1	1.5	2.5	4	6	9	15	22	36	48	90	0.14	0.22	0.36	0.48	0.9	1.5	2.2
10	18	1.2	2	3	5	8	11	18	27	43	70	110	0.18	0.27	0.43	0.7	1.1	1.8	2.7
18	30	1.5	2.5	4	6	9	13	21	33	52	84	130	0.21	0.33	0.52	0.84	1.3	2.1	3.3
30	50	1.5	2.5	4	7	11	16	25	39	62	100	160	0.25	0.39	0.62	1	1.6	2.5	3.9
50	80	2	3	5	8	13	19	30	46	74	120	190	0.3	0.46	0.74	1.2	1.9	3	4.6
80	120	2.5	4	6	10	15	22	35	54	87	140	220	0.35	0.54	0.87	1.4	2.2	3.5	5.4
120	180	3.5	5	8	12	18	25	40	63	100	160	250	0.4	0.63	1	1.6	2.5	4	6.3
180	250	4.5	7	10	14	20	29	46	72	115	185	290	0.46	0.72	1.15	1.85	2.9	4.6	7.2
250	315	6	8	12	16	23	32	52	81	130	210	320	0.52	0.81	1.3	2.1	3.2	5.2	8.1

配合公差＝孔标准公差＋轴标准公差

即

$$T_{配合}=T_{孔}+T_{轴} \tag{3-1}$$

用实测间隙或过盈量的大小代替配合公差时，式（3-1）应改写为

$$T_{测量}=T_{孔}+T_{轴} \tag{3-2}$$

例 3-1 由测绘得到 ϕ35mm 轴与孔的实际间隙为 25μm，试确定轴、孔的公差等级。

解： 查表 3-6 可知，当孔为 IT6 时，标准公差为 16μm；当轴为 IT5 时，标准公差为 11μm，此时孔、轴的配合公差为

$$T_{配合}=T_{孔}+T_{轴}=16+11=27\ (\mu m)$$

即配合公差和实测间隙很接近。

例 3-2 实测 ϕ85mm 轴与孔的实际间隙为 100μm，试确定轴、孔的公差等级。

解： 查表 3-6 可知，IT7 为 35μm，IT8 为 54μm；当孔、轴同为 IT8 时，其配合公差为

$$T_{配合}=T_{孔}+T_{轴}=54+54=108\ (\mu m)$$

当孔用 IT8，轴用 IT7 时，其配合公差为

$$T_{配合}=T_{孔}+T_{轴}=54+35=89\ (\mu m)$$

两者配合公差均与实测间隙接近。

3.2.3 配合种类的确定

在生产实际中，选择配合常用类比法。要掌握这种方法，首先必须分析机器或机构的功用、工作条件及技术要求，进而研究结合件的工作条件及使用要求，其次要了解各种配合的特性和应用场合。

（1）分析零件的工作条件及使用要求

为了充分掌握零件的具体工作条件和使用要求，必须考虑下列问题：工作时结合零件的相对位置状态（如运动方向、运动速度、运动精度、停歇时间等）、承受负荷情况、润滑条件、温度变化、配合的重要性、装拆条件等。可综合考虑以下因素确定配合类别。

① 根据实测的孔和轴配合间隙或过盈大小。

② 考虑被测的配合部位在工作过程中对间隙的影响。

③ 被测绘机器使用时间与配合部位磨损状态。

④ 结合配合件的工作情况。

a. 配合件间有无相对运动，若有相对运动则只能选间隙配合；

b. 配合件间精度高低，精度要求高时需采用过渡配合；

c. 装配情况，如需要经常装拆，则配合间隙要大些，或过盈量要小些；

d. 工作温度，若工作温度与装配温度相差较大时，必须充分考虑装配的间隙在工作时发生的变化。

⑤ 考虑配合件的生产批量情况。在单件小批生产时，孔往往接近最小极限尺寸，轴往往接近最大极限尺寸，造成孔轴配合趋紧，此时间隙应放大些。

(2) 了解各种配合的特性和应用

间隙配合的特性是具有间隙。它主要用于结合件有相对运动的配合（包括旋转运动和轴向滑动），也可用于一般的定位配合。

过盈配合的特性是具有过盈。它主要用于结合件没有相对运动的配合。过盈不大时，用键连接传递转矩；过盈大时，靠孔、轴结合力传递转矩。前者可以拆卸，后者是不能拆卸的。

过渡配合的特征是可能具有间隙，也可能具有过盈，但所得到的间隙和过盈量，一般比较小，主要用于定位精确并要求拆卸的相对静止的连接。

表 3-7 为各种基本偏差的应用实例，表 3-8 是优先配合选用场合，可供选择配合时参考。

表 3-7 各种基本偏差的应用实例

配合	基本偏差	特点及应用实例
间隙配合	a(A) b(B)	可得到特别大的间隙，应用很少。主要用于工作时温度高、热变形大的零件的配合，如发动机中活塞与缸套的配合为 H9/a9
	c(C)	可得到很大的间隙，一般用于工作条件较差（如农业机械）、工作时受力变形大及装配工艺性不好的零件的配合，也适用于高温工作的间隙配合，如内燃机排气阀杆与导管的配合为 H8/c7
	d(D)	与 IT7～IT11 对应，适用于较松的间隙配合（如滑轮、空转的带轮与轴的配合）、大尺寸滑动轴承与轴径的配合（如涡轮机、球磨机等的滑动轴承）。活塞环与活塞槽的配合可用 H9/d9
	e(E)	与 IT6～IT9 对应，具有明显的间隙，用于大跨距及多支点的转轴与轴承的配合，高速、重载的大尺寸轴与轴承的配合，如大型电机、内燃机的主要轴承处的配合为 H8/e7
	f(F)	多与 IT6～IT8 对应，用于一般转动的配合，受温度影响不大、采用普通润滑油的轴与滑动轴承的配合，如齿轮箱、小电动机、泵等的转轴与滑动轴承的配合为 H7/f6
	g(G)	多与 IT5～IT7 对应，形成配合的间隙较小，用于轻载精密装置中的转动配合，用于插销的定位配合，滑阀、连杆销等处的配合，钻套孔多用 G
	h(H)	多与 IT4～IT11 对应，广泛用于无相对转动的间隙配合、一般的定位配合。若没有温度、变形的影响也可用于精密滑动轴承，如车床尾座孔与顶尖套筒的配合为 H6/h5
过渡配合	js(JS)	多用于 IT4～IT7 具有平均间隙的过渡配合，用于略有过盈的定位配合，如联轴器、齿圈与轮毂的配合，滚动轴承外圈与外壳孔的配合多用 JS7，一般用手或木槌装配
	k(K)	多用于 IT4～IT7 平均间隙接近零的配合，用于定位配合，如滚动轴承的内、外圈分别与轴径、外壳孔的配合，用木槌装配
	m(M)	多用于 IT4～IT7 平均过盈较小的配合，用于精密定位的配合，如蜗轮的青铜轮缘与轮毂的配合为 H7/m6
	n(N)	多用于 IT4～IT7 平均过盈较大的配合，很少形成间隙。用于加键传递较大转矩的配合，如冲床上齿轮与轴的配合，用锤子或压力机装配

续表

配合	基本偏差	特点及应用实例
过盈配合	p(P)	用于小过盈配合，与H6或H7的孔形成过盈配合，而与H8的孔形成过渡配合。碳钢和铸铁制零件形成的配合为标准压入配合，如绞车的绳轮与齿圈的配合为H7/p6。合金钢制零件的配合需要小过盈时可用p(或P)
	r(R)	用于传递大转矩或受冲击负荷而需要加键的配合，如蜗轮与轴的配合为H7/r6。H8/r8配合在基本尺寸<100mm时，为过渡配合
	s(S)	用于钢和铸铁零件的永久性和半永久性结合，可产生相当大的结合力，如套环压装在轴上或阀座上，用H7/s6配合
	t(T)	用于钢和铸铁制零件的永久性结合，不用键可传递转矩，需用热套法或冷轴法装配，如联轴器与轴的配合为H7/t6
	u(U)	用于大过盈配合，最大过盈需验算。用热套法进行装配，如火车轮毂和轴的配合为H6/u5

表3-8 优先配合选用场合

优先配合		说明
基孔制	基轴制	
$\frac{H11}{c11}$	$\frac{C11}{h11}$	间隙非常大，用于很松、转动很慢的动配合
$\frac{H9}{d9}$	$\frac{D9}{h9}$	间隙很大的自由转动配合，用于精度非主要要求时，或有大的温度变化，高转速或大的轴颈压力时
$\frac{H8}{f7}$	$\frac{F8}{h7}$	间隙不大的转动配合，用于中等转速与中等轴颈压力的精确转动，也用于装配较容易的中等定位配合
$\frac{H7}{g6}$	$\frac{G7}{h6}$	间隙很小的滑动配合，用于不希望自由转动，但可自由移动和滑动并精密定位时，也可用于要求明确的定位配合
$\frac{H7}{h6}$ $\frac{H8}{h7}$ $\frac{H9}{h9}$ $\frac{H11}{c11}$	$\frac{H7}{h6}$ $\frac{H8}{h7}$ $\frac{H9}{h9}$ $\frac{H11}{c11}$	均为间隙定位配合，零件可自由装拆，而工作时，一般相对静止不动，在最大实体条件下的间隙为零，在最小实体零件下的间隙由公差等级决定
$\frac{H7}{k6}$	$\frac{K7}{h6}$	过渡配合，用于精密定位
$\frac{H7}{n6}$	$\frac{N7}{h6}$	过渡配合，用于允许有较大过盈的更精密定位
$\frac{H7}{p6}$	$\frac{P7}{h6}$	过盈定位配合即小过盈配合，用于定位精度特别重要时，能以最好的定位精度达到部件的刚性及对中性要求
$\frac{H7}{s6}$	$\frac{S7}{h6}$	中等压入配合，适用于一般钢件，或用于薄壁件的冷缩配合，用于铸铁件可得到最紧的配合
$\frac{H7}{u6}$	$\frac{U7}{h6}$	压入配合适用于可以承受高压入力的零件，或不宜承受大压入力的冷缩配合

3.3 几何公差的确定

零件的几何公差是评定产品质量的重要技术指标，它对机器的工作精度、寿命等都有直接的影响。随着生产的发展，高精度、大功率、高速度的机器越来越多，对零件的几何公差要求也越来越高。几何公差的确定主要包括公差项目、基准要素、公差等级（公差值）的确定。

3.3.1 几何公差项目的选择

国家标准将零件的几何公差分为形状公差、方向公差、位置公差和跳动公差四大类别14个公差项目，项目和符号如表3-9所示。

表3-9 几何公差项目和符号（摘自GB/T 1182—2008）

公差类别	几何特征（公差项目）	符号	有无基准	公差类别	几何特征（公差项目）	符号	有无基准
形状公差	直线度	—	无	位置公差	同心(轴)度	◎	有
	平面度	⏥			对称度	⌯	
	圆度	○			位置度	⌖	无/有
	圆柱度	⌭		形状、方向或位置公差	线轮廓度	⌒	
方向公差	平行度	∥	有		面轮廓度	⌓	
	垂直度	⊥		跳动公差	圆跳动	↗	有
	倾斜度	∠			全跳动	⌰	

零件测绘时，一般根据零件的几何特征，在保证零件使用要求的前提下，应尽量减少几何公差项目，以获得较好的经济效益。几何公差项目选择具体应考虑以下几点。

（1）考虑零件的几何特征

几何公差项目主要是按被测要素的几何形状特征制定的，因此，被测要素的几何形状特征是选择几何公差项目的基本依据。例如，圆柱形零件的外圆会出现圆度、圆柱度误差，其轴线会出现直线度误差；平面零件会出现平面度误差；阶梯轴（孔）会出现同轴度误差；凸轮类零件会出现轮廓度误差等。因此，对上述零件可分别选择圆度公差或圆柱度公差、直线度公差、平面度公差、同轴度公差和轮廓度公差等。

（2）考虑零件的使用要求

从零件要素的几何误差对零件在机器中使用性能的影响入手，确定所要控制的几何公差项目。例如圆柱形零件，当仅需要顺利装配，或保证轴、孔之间的相对运动以减少磨损时，可选轴线的直线度公差；如果轴、孔之间既有相对运动，又要求密封性能好，为了保证在整个配合表面有均匀的小间隙，需要标注圆柱度公差，来综合控制圆度、素线直线度和轴线直线度。又如减速箱上各轴承孔轴线间平行度误差会影响齿轮的接触精度和齿侧间隙的均匀性，为保证齿轮的正确啮合，需要规定其轴线之间的平行度公差等。

由于零件种类繁多，功能要求各异，测绘者只有在充分明确所测绘零件的功能要求、熟悉零件的加工工艺和具有一定的检测经验的情况下，才能对零件提出合理、恰当的几何公差项目。

3.3.2 基准要素的选择

基准要素的选择包括零件上基准部位的选择和基准数量的确定等。

（1）基准部位的选择

选择基准部位时，主要应根据设计和使用要求、零件的结构特征，并兼顾基准统一等原则进行。具体应考虑以下几点。

① 选用零件在机器中定位的结合面作为基准部位。例如，箱体的底平面和侧面、盘类零件的轴线、回转零件的支承轴颈或支承孔等。

② 基准要素应具有足够的刚度和尺寸，以保证定位稳定可靠。

③ 选用加工精度较高的表面作为基准部位。

（2）基准数量的确定

应根据公差项目的定向、定位几何功能要求来确定基准的数量。定向公差大多只需要一个基准，而定位公差则需要一个或多个基准。例如，平行度、垂直度、同轴度和对称度等，一般只用一个平面或一条轴线作基准要素；对于位置度，就可能要用到两个或三个基准要素。

3.3.3 几何公差值的确定

几何公差值的确定原则是在满足零件功能要求的前提下，考虑零件的结构工艺性特点和检测条件，选取最经济的公差值。

零件测绘时，确定几何公差值的方法主要有类比法和测量法两种。

类比法一般是根据经验估算或参考同类产品的要求来确定几何公差值，其优点是比较简单、方便。

测量法是利用测量工具和装置对误差项目进行测量。测量时，应按照 GB/T 1958—2004《形状和位置公差　检测规定》所规定的测量条件和检测原则，根据被测对象特点和有关要求，选择合理的测量方法和测量仪器。如同轴度误差可用圆度仪、三坐标测量机、V 形架和带指针的表架等测量；测量跳动时，可直接采用指示表读取误差，如图 3-8 所示。无论是圆跳动还是全跳动，都要求被测零件绕基准轴线回转，基准轴线的体现方法有 V 形架法、顶针法和圆孔支撑座法等。

图 3-8　轴的径向跳动误差测量

确定几何公差值时应注意以下几点。

① 形状公差与位置公差的关系。通常对于同一被测要素给定的形状公差应小于位置公差，如要求平行的两个表面，其平面度公差值应小于平行度公差值。

② 形状公差与表面粗糙度允许值之间的关系。形状公差控制的是宏观几何形状误差，而表面粗糙度允许值控制的是微观几何形状误差，因此，形状公差值应大于表面粗糙度允许值。

③ 形状公差与尺寸公差的关系。圆柱形零件的形状公差值一般情况下应小于其尺寸公差值。圆度、圆柱度公差值小于同级的尺寸公差值的 1/3，但也可根据零件的功能，在邻近的范围内选取。

④ 国家标准（GB/T 1184—1996）给出了直线度、平面度、平行度、垂直度、倾斜度、同轴度、对称度、圆跳动、全跳动、圆度、圆柱度的公差等级和公差值，如表 3-10～表 3-13所示，因此，应按照国家标准将类比法和测量法得到的几何公差值进行必要的圆整。

表 3-10　直线度、平面度的公差值（摘自 GB/T 1184—1996）

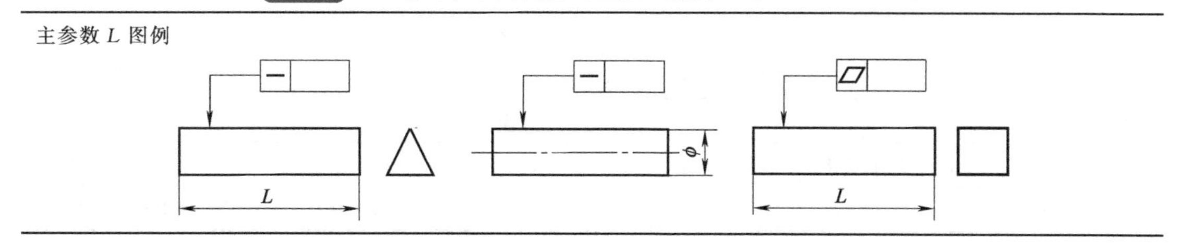

续表

主参数 L/mm	公差等级											
	1	2	3	4	5	6	7	8	9	10	11	12
	公差值/μm											
≤10	0.2	0.4	0.8	1.2	2	3	5	8	12	20	30	60
>10～16	0.25	0.5	1	1.5	2.5	4	6	10	15	25	40	80
>16～25	0.3	0.6	1.2	2	3	5	8	12	20	30	50	100
>25～40	0.4	0.8	1.5	2.5	4	6	10	15	25	40	60	120
>40～63	0.5	1	2	3	5	8	12	20	30	50	80	150
>63～100	0.6	1.2	2.5	4	6	10	15	25	40	60	100	200
>100～160	0.8	1.5	3	5	8	12	20	30	50	80	120	250
>160～250	1	2	4	6	10	15	25	40	60	100	150	300
>250～400	1.2	2.5	5	8	12	20	30	50	80	120	200	400
>400～630	1.5	3	6	10	15	25	40	60	100	150	250	500
>630～1000	2	4	8	12	20	30	50	80	120	200	300	600
>1000～1600	2.5	5	10	15	25	40	60	100	150	250	400	800
>1600～2500	3	6	12	20	30	50	80	120	200	300	500	1000
>2500～4000	4	8	15	25	40	60	100	150	240	400	500	1200
>4000～6300	5	10	20	30	50	80	120	200	300	500	800	1500
>6300～10000	6	12	25	40	60	100	150	250	400	600	1000	2000

表 3-11 平行度、垂直度、倾斜度的公差值（摘自 GB/T 1184—1996）

主参数 L、d(D)图例

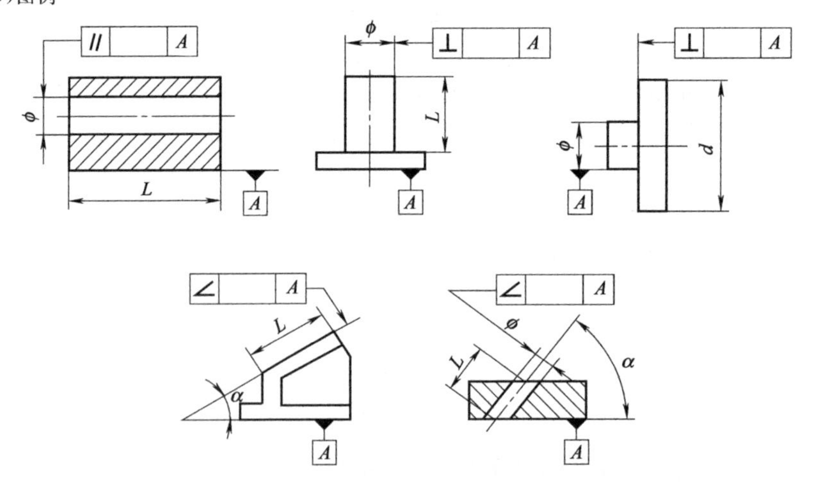

主参数 L、d(D)/ mm	公差等级											
	1	2	3	4	5	6	7	8	9	10	11	12
	公差值/μm											
≤10	0.4	0.8	1.5	3	5	8	12	20	30	50	80	120
>10～16	0.5	1	2	4	6	10	15	25	40	60	100	150

续表

主参数 L、d(D)/mm	公差等级											
	1	2	3	4	5	6	7	8	9	10	11	12
	公差值/μm											
>16～25	0.6	1.2	2.5	5	8	12	20	30	50	80	120	200
>25～40	0.8	1.5	3	6	10	15	25	40	60	100	150	240
>40～63	1	2	4	8	12	20	30	50	80	120	200	300
>63～100	1.2	2.5	5	10	15	25	40	60	100	150	250	400
>100～160	1.5	3	6	12	20	30	50	80	120	200	300	500
>160～250	2	4	8	15	25	40	60	100	150	250	400	600
>250～400	2.5	5	10	20	30	50	80	120	200	300	500	800
>400～630	3	6	12	25	40	60	100	150	250	400	600	1000
>630～1000	4	8	15	30	50	80	120	200	300	500	800	1200
>1000～1600	5	10	20	40	60	100	150	250	500	600	1000	1500
>1600～2500	6	12	25	50	80	120	200	300	400	800	1200	2000
>2500～4000	8	15	30	60	100	150	250	400	600	1000	1500	2500
>4000～6300	10	20	40	80	120	200	300	500	800	1200	2000	3000
>6300～10000	12	25	50	100	150	250	400	600	1000	1500	2400	4000

表3-12 同轴度、对称度、圆跳动和全跳动的公差值（摘自GB/T 1184—1996）

主参数 $d(D)$、B、L 图例

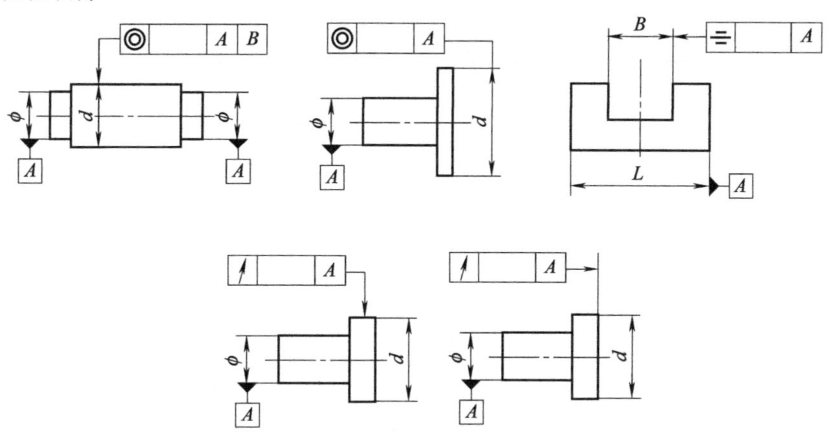

主参数 d(D)、B、L/mm	公差等级											
	1	2	3	4	5	6	7	8	9	10	11	12
	公差值/μm											
≤1	0.4	0.6	1.0	1.5	2.5	4	6	10	15	25	40	60
>1～3	0.4	0.6	1.0	1.5	2.5	4	6	10	20	40	60	120
>3～6	0.5	0.8	1.2	2	3	5	8	12	25	50	80	150
>6～10	0.6	1	1.5	2.5	4	6	10	15	30	60	100	200
>10～18	0.8	1.2	2	3	5	8	12	20	40	80	120	250

续表

主参数 d(D)、B、L/mm	公差等级											
	1	2	3	4	5	6	7	8	9	10	11	12
	公差值/μm											
>18～30	1	1.5	2.5	4	6	10	15	25	50	100	150	300
>30～50	1.2	2	3	5	8	12	20	30	60	120	200	400
>50～120	1.5	2.5	5	6	10	15	25	40	80	150	240	500
>120～250	2	3	4	8	12	20	30	50	100	200	300	600
>250～500	2.5	4	6	10	15	25	40	60	120	250	400	800
>500～800	3	5	8	12	20	30	50	80	150	300	500	1000
>800～1250	4	6	10	15	25	40	60	100	200	400	600	1200
>1250～2000	5	8	12	20	30	50	80	120	250	500	800	1500
>2000～3150	6	10	15	25	40	60	100	150	300	600	1000	2000
>3150～5000	8	12	20	30	50	80	120	200	400	800	1200	2500
>5000～8000	10	15	25	40	60	100	150	250	500	1000	1500	3000
>8000～10000	12	20	30	50	80	120	200	300	600	1200	2000	4000

表 3-13 圆度、圆柱度的公差值（摘自 GB/T 1184—1996）

主参数 *d*(*D*)图例

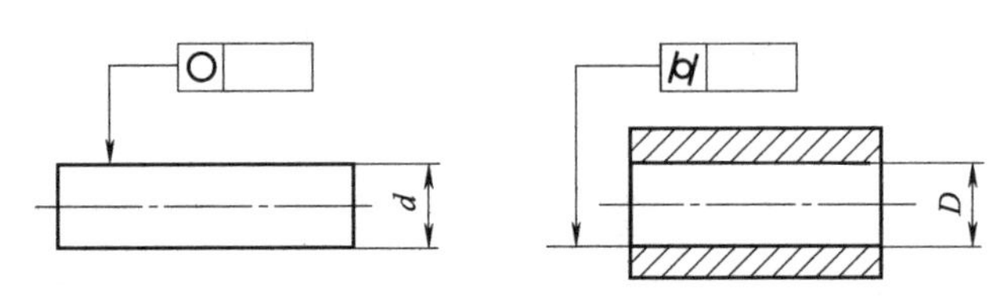

主参数 d(D)/ mm	公差等级												
	0	1	2	3	4	5	6	7	8	9	10	11	12
	公差值/μm												
≤3	0.1	0.2	0.3	0.5	0.8	1.2	2	3	4	6	10	15	25
>3～6	0.1	0.2	0.4	0.6	1	1.5	2.5	4	5	8	12	18	30
>6～10	0.12	0.25	0.4	0.6	1	1.5	5	4	6	9	15	22	36
>10～18	0.15	0.25	0.5	0.8	1.2	2	3	5	8	11	18	27	43
>18～30	0.2	0.3	0.6	1	1.5	2.5	4	6	9	13	21	33	52
>30～50	0.25	0.4	0.8	1	1.5	2.5	4	7	11	16	25	39	62
>50～80	0.3	0.5	1	1.2	2	3	5	8	13	19	30	46	74
>80～120	0.4	0.6	1	1.5	2.5	4	6	10	15	22	35	54	87
>120～180	0.6	1	1.2	2	3.5	4	8	12	18	25	40	63	100
>180～250	0.8	1.2	1.5	3	4.5	7	10	15	20	29	46	72	115
>250～315	1.0	1.6	2	4	6	8	12	16	23	32	52	81	130
>315～400	1.2	2	3	5	7	9	13	18	25	36	47	89	140
>400～500	1.5	2.5	4	6	8	10	15	20	27	40	63	97	155

⑤ 对位置度，国家标准只规定了公差值数系，而未规定公差等级，如表3-14所示。位置度的公差值一般与被测要素的类型、连接方式等有关。

位置度常用于控制螺栓或螺钉连接中孔距的位置精度要求，其公差值取决于螺栓与光孔之间的间隙。位置度公差值 T（公差带的直径或宽度）按下式计算

螺栓连接： $$T \leqslant KZ \tag{3-3}$$

螺钉连接： $$T \leqslant 0.4KZ \tag{3-4}$$

式中 Z——孔与紧固件之间的间隙，$Z = D_{min} - d_{max}$；

D_{min}——最小孔径（光孔的最小直径）；

d_{max}——最大轴径（螺栓或螺钉的最大直径）；

K——间隙利用系数。

K 的推荐值为：不需调整的固定连接，$K=1$；需要调整的固定连接，$K=0.6 \sim 0.8$。

按式（3-3）、式（3-4）算出的公差值，经圆整后应符合表3-14国标推荐的位置度数系。

⑥ 表3-15～表3-18列出了部分几何公差常用等级的应用实例，在测绘过程中可予以参考。

表3-14 位置度数系（摘自GB/T 1184—1996）

1	1.2	1.5	2	2.5	3	4	5	6	8
1×10^n	1.2×10^n	1.5×10^n	2×10^n	2.5×10^n	3×10^n	4×10^n	5×10^n	6×10^n	8×10^n

表3-15 直线度和平面度公差常用等级的应用举例

公差等级	应用举例
5	1级平板，2级宽平尺，平面磨床的纵导轨、垂直导轨、立柱导轨及工作台，液压龙门刨床和六角车床床身导轨，柴油机进气、排气阀门导杆
6	普通机床导轨面，如卧式车床、龙门刨床、滚齿机、自动车床等的床身导轨、立柱导轨
7	2级平板，机床主轴箱、摇臂钻床底座和工作台，镗床工作台，液压泵盖，减速器壳体结合面
8	机床传动箱体，交换齿轮箱体，车床溜板箱体，柴油机气缸体，连杆分离面，缸盖结合面，汽车发动机缸盖、曲轴箱结合面，液压管件和法兰连接面
9	3级平板，自动车床床身底面，摩托车轴箱体，汽车变速器壳体，手动机械的支承面

表3-16 圆度和圆柱度公差常用等级的应用举例

公差等级	应用举例
5	一般计量仪器主轴、测杆外圆柱面，陀螺仪轴颈，一般机床主轴轴颈及主轴轴承孔，柴油机、汽油机活塞、活塞销、与6级滚动轴承配合的轴颈
6	仪表端盖外圆柱面，一般机床主轴及箱体孔，泵、压缩机的活塞、气缸、汽车发动机凸轮轴，减速器轴颈，高速船用柴油机、拖拉机曲轴主轴颈，与6级滚动轴承配合的外壳孔，与0级滚动轴承配合的轴颈
7	大功率低速柴油机曲轴轴颈、活塞、活塞销、连杆、气缸，高速柴油机箱体轴承孔，千斤顶或压力液压缸活塞，汽车传动轴，水泵及通用减速器轴颈，与0级滚动轴承配合的外壳孔
8	低速发动机，减速器，大功率曲柄轴轴颈，拖拉机气缸体、活塞，印刷机传墨辊，内燃机曲轴，柴油机机体孔、凸轮轴，拖拉机、小型船用柴油机气缸套等
9	空气压缩机缸体，液压传动筒，通用机械杠杆与拉杆用套筒销子，拖拉机活塞环、套筒孔等

表 3-17 平行度、垂直度公差常用等级的应用举例

公差等级	面对面平行度应用举例	面对线、线对线平行度应用举例	垂直度应用举例
4,5	普通机床，测量仪器，量具的基准面和工作面，高精度轴承座圈，端盖，挡圈的端面等	机床主轴孔对基准面的要求，重要轴承孔对基准面的要求，主轴箱体重要孔间要求，齿轮泵的端面等	普通机床导轨，精密机床重要零件，机床重要支承面，普通机床主轴偏摆，测量仪器，刀具，量具，液压传动轴瓦端面，刀具、量具的工作面和基准面等
6～8	一般机床零件的工作面和基准面，一般刀具、量具、夹具等	机床一般轴承孔对基准面的要求，床头箱一般孔间要求，主轴花键对定心直径的要求，刀具、量具、模具等	普通精密机床主要基准面和工作面，回转工作台端面，一般导轨，主轴箱体孔、刀架、砂轮架及工作台回转中心，一般轴肩对其轴线等
9,10	低精度零件，重型机械滚动轴承端盖等	柴油机和燃气发动机的曲轴孔、轴颈等	花键轴轴肩端面，带式运输机法兰盘等端面对轴线，手动卷扬机及传动装置中轴承端面，减速器壳体平面等

表 3-18 同轴度、对称度和跳动公差常用等级的应用举例

公差等级	应用举例
5～7	应用范围较广的公差等级。用于几何精度要求较高、尺寸公差等级为 IT8 及高于 IT8 的零件。5 级常用于机床主轴轴颈、计量仪器的测杆、汽轮机主轴、柱塞油泵转子、高精度滚动轴承外圈、一般精度滚动轴承内圈；6、7 级用于内燃机曲轴、凸轮轴轴颈、齿轮轴、水泵轴、汽车后轮输出轴，电机转子、印刷机传墨辊的轴颈、键槽等
8,9	常用于几何精度要求一般、尺寸公差等级为 IT9～IT11 的零件。8 级用于拖拉机发动机分配轴轴颈、与 9 级精度以下齿轮相配的轴、水泵叶轮、离心泵体、棉花精梳机前后滚子、键槽等；9 级用于内燃机气缸套配合面、自行车中轴等

3.4 零件材料的确定

在机器测绘中，对零件材料的确定往往比较困难。通常情况下首先对材料进行鉴定，了解零件材料的性能，以此作为选择和确定零件材料的依据。

3.4.1 确定零件材料的方法

确定零件材料的方法通常包括以下几种。

① 类比法。

② 化学分析法。

③ 光谱分析法。

④ 硬度鉴定法。

⑤ 金相组织观察法。

⑥ 被测件表面硬度的测定。

(1) 类比法

观察零件的用途、颜色、声音、加工方法、表面状态等，再与相近似的机器上的零件材料进行类比，或者查阅有关图纸、材料手册等，从而确定零件的材料。

① 从颜色可区分出有色金属和黑色金属，如钢铁呈黑色，青铜颜色青紫，黄铜颜色黄亮；铜合金一般颜色红黄，铅合金及铝镁合金则呈银白色等。

② 从声音可区分出铸铁与钢，当轻轻敲击零件时，如声音清脆有余音者为钢；声音闷实者则为铸铁，还可以称其重量来鉴别。

③ 从零件未加工表面可区分出铸铁与铸钢。铸钢表面光滑，铸铁表面粗糙。从加工表面也可区分出脆性材料（铸铁）和塑性材料。脆性材料的加工表面刀痕清晰，有脆性断裂痕迹，塑性材料刀痕不清，无脆性断裂痕迹。

④ 从有无涂镀决定材料耐腐蚀性。

⑤ 从零件的使用功能并参考有关资料确定零件的材料等。

这种确定零件材料的方法简单，但是不科学，是在无其他手段时采用的一种方法。也可作为其他方法的参考手段。

（2）化学分析法

对零件进行取样和切片，并用化学分析的手段，对零件材料的组成、含量进行鉴别的方法，称为化学分析法。这是一种最可靠的材料鉴定方法，主要零件应该都用此方法进行材料鉴定，其缺点是对零件要进行局部破坏或损伤。实际测绘中，多用刀在非重要表面上，刮下少许（称为取样）进行化验分析。

（3）光谱分析法

光谱分析法是利用光谱仪器测量待分析样品的吸收、发射或散射的电磁辐射量的方法。根据获得光谱的方式不同，光谱分析法一般可分为发射光谱法、吸收光谱法和拉曼散射光谱法三种基本类型。通常讲的光谱分析，是指“原子发射光谱分析”，即利用受激发气态原子或离子所发射的特征光谱来测定待测物质中元素组成和含量的方法。原子发射光谱分析技术可同时做多元素测定，它几乎可以测定元素周期表中的全部元素。

① 光谱分析法的基本原理　任何物质都是由元素组成的，而元素又都是由原子组成的，原子是由原子核和电子组成，每个电子都处在一定的能级上，具有一定的能量，在正常状态下，原子处在稳定状态，它的能量最低，这种状态称基态。当物质受到外界能量（电能和热能）的作用时，核外电子跃迁到高能级，处于高能态（激发态）电子是不稳定的，高能态原子可存在的时间约 10^{-8}s，它从高能态跃迁到基态或较低能态时，把多余的能量以光的形式释放出来，从而得到光谱，原子能级跃迁图如图 3-9 所示。电子在跳回基态的过程中，可以直接回到基态，也可以在中间轨道上停留几次，再回到基态，停留一次辐射出一次能量，即产生一条光谱线。

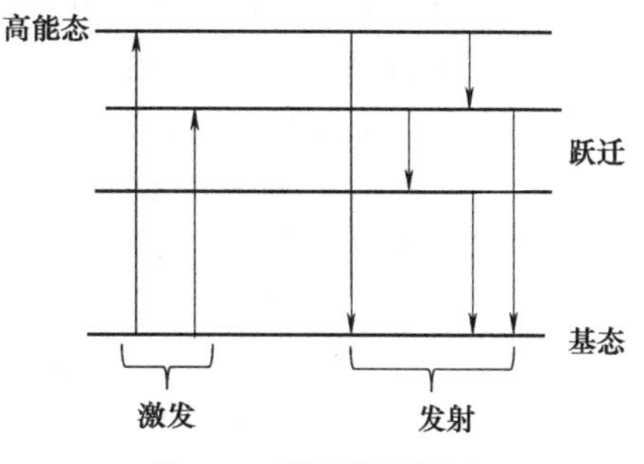

图 3-9　原子能级跃迁

② 光谱定性分析　由于每个元素的原子结构不同，而产生不同情况的光谱，即各种元素都具有自己的特征光谱（出现在特定的位置），可判别相应元素存在与否进行定性分析。

a. 纯物质比较法：将要检出元素的纯物质或纯化合物与试样并列摄谱于同一感光板上，在映谱仪上检查试样光谱与纯物质光谱。若两者谱线出现在同一波长位置上，即可说明某一元素的某条谱线存在。本方法简单易行，但只适用于试样中指定组分的定性。

b. 铁光谱比较法：对于复杂组分及其光谱定性全分析，需要用铁的光谱进行比较。采用铁的光谱作为波长的标尺，来判断其他元素的谱线。

c. 波长比较法：当上述两种方法均无法确定未知试样中某些谱线属于何种元素时，可以采用波长比较法。即准确测出该谱线的波长，然后从元素的波长表中查出未知谱线相对应的元素进行定性。

③ 光谱定量分析　光谱分析是根据元素的特征光谱来鉴别元素的存在的（定性分析），而谱线的强度与试样中该元素的含量有关，因此也可以利用谱线的强度来测定元素的含量（定量分析）。温度一定时，谱线强度 I 与元素浓度 c 之间的关系符合下列经验公式

$$I = ac^b$$

$$\lg I = b\lg c + \lg a$$

常数 a 是与试样的蒸发、激发过程和试样组成等有关的一个参数，考虑到发射光谱中存在着自吸现象，故引入自吸常数 b，此公式称为赛伯-罗马金公式，是光谱定量分析的基本关系式。

④ 光电直读光谱仪　光电直读光谱仪具有速度快、准确度高、操作简单、分析范围广等优点，是化学分析方法无法比拟的。如图 3-10 所示，该仪器采用原子发射光谱分析法，用电火花的高温使样品中各元素从固态直接气化并被激发而发射出各元素的特征谱线，每种元素的发射光谱谱线强度正比于样品中该元素的含量，用光栅分光后，成为按波长排列的光谱，这些元素的特征光谱线通过出射狭缝，射入各自的光电倍增管，光信号变成电信号，经仪器的控制测量系统将电信号积分并进行模数转换，然后由计算机处理，并打印出各元素的百分含量。

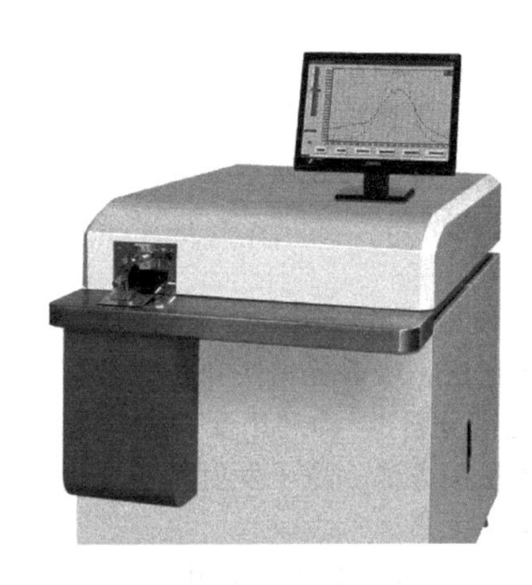

图 3-10　光电直读光谱仪

(4) 硬度鉴定法

硬度是材料的主要力学性能之一，一般在测绘中若能直接测得硬度值，就可大略估计零件的材料。如黑色金属一般硬度较高，有色金属则较低。所以大多数零件，在测绘中都要进行硬度测定。硬度测量一般多在硬度计上进行。有些不重要的零件，还可采用简便的锉刀试验法来测定。这种方法是利用经过标定的硬度值不同的几把锉刀锉削零件的表面，来确定零件的硬度。

硬度计确定零件表面硬度常用的方法有两种：布氏硬度法、洛氏硬度法。

① 布氏硬度法（GB/T 231.1—2009）　对一定直径的硬质合金球施加试验力 P 压入试样表面，经规定保持时间后，卸除试验力，测量试样表面压痕的直径 d，如图 3-11 所示。布氏硬度与试验力 P 除以压痕表面积 F 的商成正比。布氏硬度用符号 HBW 表示，其计算公式为

$$\text{HBW} = 常数 \times \frac{P}{F} = 0.102 \times \frac{2P}{\pi D\left(D - \sqrt{D^2 - d^2}\right)} \quad \text{MPa}$$

如 350HBW5/750 表示用直径 5mm 的硬质合金球在 7.355kN 试验力下保持 10～15s，测定的布氏硬度为 350。

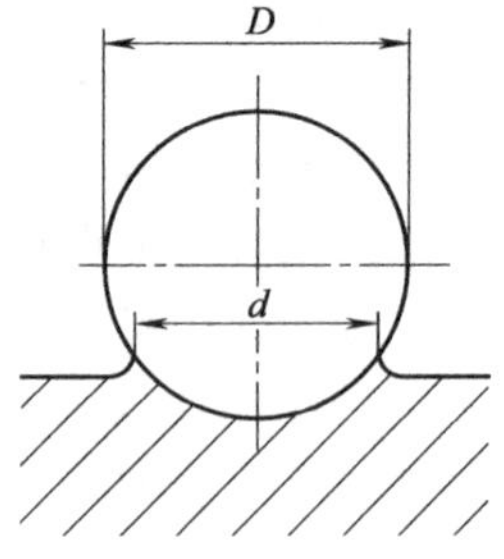

图 3-11　压痕直径

② 洛氏硬度法（GB/T 230.1—2009）　将压头（金刚石圆锥、硬质合金球）用初试验力 F_0 与总试验力 F（初试验力 F_0 + 主试验力 F_1）分两个步骤压入试样表面，经规定保持时间后，卸除主试验力，测量在初试验力下的残余深度 h，根据 h 值及常数 N 和 S（见国标）计算洛氏硬度。洛氏硬度用符号 HR 表示，其计算公式为

$$\text{HR} = N - \frac{h}{S}$$

如 70HR30TW 表示用球型压头、30T 硬度标尺（硬质合金球直径 1.5875mm、初试验

力 24.42N、主试验力 264.8N)，测定的洛氏硬度值为 70。

3.4.2 机械零件常用的材料

在设计机器时，零件材料的选择是否合理，不仅影响机器制造的成本，而且直接影响机器的工作性能和使用寿命。因此，不但要正确地选择、合理地使用材料满足零件的使用要求，还要考虑工艺要求及经济性要求。

下面介绍一些机械零件常用的材料。

(1) 铸铁

铸铁是含碳量大于 2%的铁碳合金。它是脆性材料，不能进行轧制和锻压，但具有良好的液态流动性，可铸出形状复杂的铸件。另外其减振性、可加工性、耐磨性均良好且价格低廉，因此应用非常广泛。常用的灰铸铁 (GB/T 9439—2010)、球墨铸铁 (GB/T 1348—2009)、可锻铸铁 (GB/T 9440—2010) 的名称、牌号及应用举例如表 3-19 所示。

表 3-19 常用铸铁的名称、牌号及应用举例

名称	牌号	应用举例(参考)	说明
灰铸铁	HT100	用于低强度铸件，如盖、手轮、支架等	"HT"为"灰铁"的汉语拼音的首位字母，后面的数字表示抗拉强度(MPa)，如 HT200 表示抗拉强度为 200MPa 的灰铸铁
	HT150	用于中强度铸件，如底座、刀架、轴承座、胶带轮、端盖等	
	HT200 HT250	用于高强度铸件，如机床立柱、刀架、齿轮箱体、床身、油缸、泵体、阀体等	
	HT300 HT350	用于高强度耐磨铸件，如齿轮、凸轮、重载荷床身、高压泵、阀壳体、锻模、冷冲压模等	
球墨铸铁	QT600-3 QT700-2 QT800-2	具有较高的强度，但塑性低，用于曲轴、凸轮轴、齿轮、气缸、缸套、轧辊、水泵轴、活塞环、摩擦片等零件	"QT"表示球墨铸铁，其后第一组数字表示抗拉强度(MPa)，第二组数字表示延伸率(%)
	QT400-18 QT450-10 QT500-5	具有较高的塑性和适当的强度，用于承受冲击负荷的零件	
可锻铸铁	KTH300-06 KTH330-08 KTH350-10 KTH370-12	黑心可锻铸铁，用于承受冲击振动的零件，如汽车、拖拉机、农机铸件	"KT"表示可锻铸铁，"H"表示黑心，"B"表示白心，第一组数字表示抗拉强度(MPa)，第二组数字表示延伸率(%)
	KTB350-04 KTB380-12 KTB400-05 KTB450-07	白心可锻铸铁，韧性较低，但强度高，耐磨性、加工性好。可代替低、中碳钢及合金钢的重要零件，如曲轴、连杆、机床附件等	

(2) 碳钢与合金钢

钢是含碳量小于 2%的铁碳合金。一般来说，钢的强度高、塑性好，可以锻造，而且通过不同的热处理和化学处理可改善和提高钢的力学性能以满足使用要求。钢的种类很多，有不同的分类方法：按含碳量可分为低碳钢 (C≤0.25%)、中碳钢 (C>0.25%～0.60%)、高碳钢 (C>0.60%)；按化学成分可分为碳素钢、合金钢；按质量可分为普通钢、优质钢；按用途可分为结构钢、工具钢、特殊钢等。常用的普通碳素结构钢 (GB/T 700—2006)、优

质碳素结构钢（GB/T 699—2015）、合金结构钢（GB/T 3077—2015）、铸造碳钢（GB/T 11352—2009）的名称、牌号及应用举例如表 3-20 所示。

表 3-20 常用钢的名称、牌号及应用举例

名称	牌号		应用举例	说　明
碳素结构钢	Q215	A 级	金属结构件、拉杆、套圈、铆钉、螺栓、短轴、芯轴、凸轮(载荷不大)、垫圈;渗碳零件及焊接件	"Q"为碳素结构钢屈服点"屈"字的汉语拼音首位字母,后面数字表示屈服点数值。如 Q235 表示碳素结构钢屈服点为 235MPa
		B 级		
	Q235	A 级	金属结构件,心部强度要求不高的渗碳或氰化零件,吊钩、拉杆、套圈、气缸、齿轮、螺栓、螺母、连杆、轮轴、楔、盖及焊接件	
		B 级		
		C 级		
		D 级		
	Q275		轴、轴销、刹车杆、螺栓、螺母、连杆、齿轮以及其他强度较高的零件	
优质碳素结构钢	08F		可塑性好的零件,如管子、垫片、渗碳件、氰化件	牌号中的两位数字表示平均含碳量,称碳的质量分数。45 钢即表示碳的质量分数为 0.45%,表示平均含碳量为 0.45% 碳的质量分数≤0.25%的碳钢属低碳钢(渗碳钢) 碳的质量分数为在 0.25%～0.6%之间的碳钢属中碳钢(调质钢) 碳的质量分数为≥0.6%的碳钢属高碳钢 在牌号后加符号"F"表示沸腾钢
	10		拉杆、卡头、垫片、焊件	
	15		渗碳件、紧固件、冲模锻件、化工贮器	
	20		杠杆、轴套、钩、螺钉、渗碳件与氰化件	
	25		轴、辊子、连接器、紧固件中的螺栓、螺母	
	30		曲轴、转轴、轴销、连杆、横梁、星轮	
	35		曲轴、摇杆、拉杆、键、销、螺栓	
	40		齿轮、齿条、链轮、凸轮、轧辊、曲柄轴	
	45		齿轮、轴、联轴器、衬套、活塞销、链轮	
	50		活塞杆、轮轴、齿轮、不重要的弹簧	
	55		齿轮、连杆、轧辊、偏心轮、轮圈、轮缘	
	60		叶片、弹簧	
	30Mn		螺栓、杠杆、制动板	锰的质量分数较高的钢,须加注化学元素符号"Mn"
	40Mn		用于承受疲劳载荷零件:轴、曲轴、万向联轴器	
	50Mn		用于高负荷下耐磨的热处理零件:齿轮、凸轮	
	60Mn		弹簧、发条	
合金结构钢	铬钢	15Cr	渗碳齿轮、凸轮、活塞销、离合器	钢中加入一定量的合金元素,提高了钢的力学性能和耐磨性,也提高了钢在热处理时的淬透性,保证金属在较大截面上获得良好的力学性能
		20Cr	较重要的渗碳件	
		30Cr	重要的调质零件:轮轴、齿轮、摇杆、螺栓	
		40Cr	较重要的调质零件:齿轮、进气阀、辊子、轴	
		45Cr	强度及耐磨性高的轴、齿轮、螺栓	
	铬锰钛钢	20CrMnTi	汽车上重要渗碳件;齿轮	
		30CrMnTi	汽车、拖拉机上强度特高的渗碳齿轮	
		40CrMnTi	强度高、耐磨性高的大齿轮、主轴	

续表

名称	牌号	应用举例	说明
铸造碳钢	ZG230-450	铸造平坦的零件，如机座、机盖、箱体、工作温度在 450℃以下的管路附件等，焊接性良好	ZG230-450 表示工程用铸钢，屈服点为 230MPa，抗拉强度 450MPa
	ZG310-570	各种形状的机件，如齿轮、齿圈、重负荷机架等	

(3) 有色金属合金

通常将钢、铁称为黑色金属，而将其他金属统称为有色金属。纯有色金属应用较少，一般使用的是有色金属合金。常用的有色金属合金是铜合金和铝合金等，有色金属比黑色金属价格昂贵，因此，仅用于要求减摩、耐磨、抗腐蚀等特殊场合。

常用的铸造铜合金（GB/T 1176—2013）、铸造铝合金（GB/T 1173—2013）、硬铝、工业纯铝（GB/T 3190—2008）的名称、牌号及应用举例如表 3-21 所示。

表 3-21 常用有色金属合金的名称、牌号及应用举例

名称	牌号	主要用途	说明
5-5-5 锡青铜	ZCuSn5Pb5Zn5	耐磨性和耐蚀性均好，易加工，铸造性和气密性较好。用于较高负荷、中等滑动速度下工作的耐磨、耐腐蚀零件，如轴瓦、衬套、缸套、活塞、离合器、蜗轮等	“Z”为铸造汉语拼音的首位字母，各化学元素后面的数字表示该元素含量的百分数，如 ZCuAl10Fe3 表示 $w_{Al}=8.1\%\sim11\%$、$w_{Fe}=2\%\sim4\%$，其余为 Cu 的铸造铝青铜
10-3 铝青铜	ZCuAl10Fe3	力学性能好，耐磨性、耐蚀性、抗氧化性好，可以焊接，不易钎焊。可用于制造强度高、耐磨、耐蚀的零件，如蜗轮、轴承、衬套、管嘴、耐热管配件等	
26-4-3-3 铝黄铜	ZCuZn26Al4Fe3Mn3	有很高的力学性能，铸造性良好、耐蚀性较好，可以焊接。适用于高强耐磨零件，如桥梁支承板、螺母、螺杆、耐磨板、滑块、蜗轮等	
38-2-2 锰黄铜	ZCuZn38Mn2Pb2	有较高的力学性能和耐蚀性，耐磨性较好，切削性良好。可用于一般用途的构件，船舶仪表等使用的外形简单的铸件，如套筒、衬套、轴瓦、滑块等	
铸造铝合金	ZAlSi12 代号 ZL102	用于制造形状复杂、负荷小、耐腐蚀的薄壁零件和工作温度≤200℃的高气密性零件	$w_{Si}=10\%\sim13\%$ 的铝硅合金
硬铝	2A12	焊接性能好，适于制作高载荷的零件及构件(不包括冲压件和锻件)	2A12 表示 $w_{Cu}=3.8\%\sim4.9\%$、$w_{Mg}=1.2\%\sim1.8\%$、$w_{Mn}=0.3\%\sim0.9\%$ 的硬铝
工业纯铝	1060	塑性、耐腐蚀性高，焊接性好，强度低。适于制作贮槽、热交换器、防污染及深冷设备等	1060 表示含杂质≤0.4%的工业纯铝

(4) 非金属材料

常用的非金属材料有橡胶和工程塑料。橡胶有耐油石棉橡胶板（GB/T 539—2008）、耐

酸碱橡胶板、耐油橡胶板、耐热橡胶板（GB/T 5574—2008）等，其性能及应用如表 3-22 所示。工程塑料有硬质聚氯乙烯（GB/T 22789.1—2008）、低压氯乙烯、改性有机玻璃、聚丙烯、ABS、聚四氟乙烯等，其性能及应用如表 3-23 所示。

表 3-22 橡胶性能及应用

名称	牌号	主要用途
耐油石棉橡胶板	—	有厚度 0.4～3.0mm 的十种规格。可用作航空发动机用的煤油、润滑油及冷气系统结合处的密封衬垫材料
耐酸碱橡胶板	2030 2040	具有耐酸碱性能，在温度－30～＋60℃的 20%浓度的酸碱液体中工作，用作冲制密封性能较好的垫圈
耐油橡胶板	3001 3002	可在一定温度的机油、变压器油、汽油等介质中工作，适用于冲制各种形状的垫圈
耐热橡胶板	4001 4002	可在－30～＋100℃且压力不大的条件下，于热空气、蒸汽介质中工作，用作冲制各种垫圈和隔热垫板

表 3-23 工程塑料性能及应用

名　称	主要用途
硬质聚氯乙烯（UPVC）	可代替金属材料制成耐腐蚀设备与零件，可作灯座、插头、开关等
低压（高密度）聚乙烯（HDPE）	可作一般结构件和减摩自润滑零件，并可作耐腐蚀零件和电器绝缘材料
改性有机玻璃（PMMA）	用作要求有一定强度的透明结构零件，如汽车用各种灯罩、电器零件等
聚丙烯（PP）	最轻的塑料之一，用作一般结构件、耐腐蚀零件和电工零件
ABS	用作一般结构或耐磨受力传动零件，如齿轮、轴承等
聚四氟乙烯	有极好的化学稳定性和润滑性，耐热，可作耐腐蚀化工设备与零件，减摩自润滑零件和电绝缘零件

3.4.3 零件材料选用原则

选择材料时，主要考虑使用要求、工艺要求和经济要求。

（1）使用要求

满足使用要求是选择材料的最基本原则，使用要求一般是指：零件的受载情况和工作环境；零件的尺寸与重量的限制；零件的重要性程度等。受载情况是指载荷大小和应力种类；工作环境是指工作温度、周围介质及摩擦性质；重要性程度是指零件失效造成人身、机械和环境的影响程度。

按使用要求选择材料的一般原则如下。

① 若零件尺寸取决于强度，且尺寸和重量又受到限制时，应选用强度较高的材料；承受静应力的零件，宜选用屈服极限较高的材料；在变应力下工作的零件，应选用疲劳强度较高的材料；受冲击载荷的零件，应选用韧性好的材料。

② 若零件尺寸取决于刚度，且尺寸和重量又受到限制时，应选用弹性模量较大的材料。

③ 若零件尺寸取决于接触强度时，应选用可进行表面强化处理的材料。

④ 对易磨损的零件（如蜗轮），应选用耐磨性较好的材料。

⑤ 对在滑动摩擦下工作的零件（如滑动轴承），应选用减摩性好的材料。

⑥ 对在高温下工作的零件，应选用耐热材料。

⑦ 对在腐蚀性介质中工作的零件，应选用耐腐蚀材料等。

（2）工艺要求

选择材料时应考虑零件的复杂程度、材料加工的可能性、生产批量等。

① 毛坯选择时应注意：大批量生产的大型零件应用铸造毛坯；小批量生产的大型零件应用焊接毛坯；中、小型零件应用锻造毛坯；形状复杂应用铸造毛坯。

② 需要机械加工的零件，材料应具有良好的切削性能（易断屑、加工表面光滑、刀具磨损小等）。

③ 需要热处理的零件，所选材料应有良好的热处理性能，还要考虑材料的易加工性。

（3）经济要求

在机械零件的成本中，材料费用约占 30%以上，有的甚至达到 50%，可见选用廉价材料有重大的意义。为了使零件最经济地制造出来，不仅要考虑原材料的价格，还要考虑零件的制造费用。

① 在达到使用要求的前提下，应尽可能选用价格低廉的材料。

② 采用高强度铸铁（如球墨铸铁来代替钢材），用工程塑料和粉末冶金材料代替有色金属材料。

③ 采用热处理（包括化学热处理）或表面强化（如喷丸、滚压）等工艺，充分发挥和利用材料潜在的力学性能。

④ 合理采用表面镀层等方法（如镀铬、镀铜、喷涂减摩层、发黑、发蓝等），以减少和延缓腐蚀或磨损的速度，延长零件的使用寿命。

⑤ 采用组合式零件结构，不同部位采用不同材料，各尽其用，如蜗轮的齿圈用青铜，以利于减摩；轮芯用铸铁，发挥其价廉的优点。

3.5 钢的热处理简介

钢的热处理是指钢在固态下加热到一定温度，保温一定时间，再在介质中以一定的速度冷却的工艺过程。钢经过热处理后，可以改变其内部的金相组织，改善其力学性能及工艺性能，提高零件的使用寿命。热处理在机械制造业中的应用日益广泛。据统计，在机床制造中要进行热处理的零件占 60%～70%；在汽车、拖拉机制造中占 70%～80%；在各类工具（刃具、模具、量具等）和滚动轴承制造中，100%的零件需要进行热处理。

热处理的工艺方法很多，常用的有如下几种。

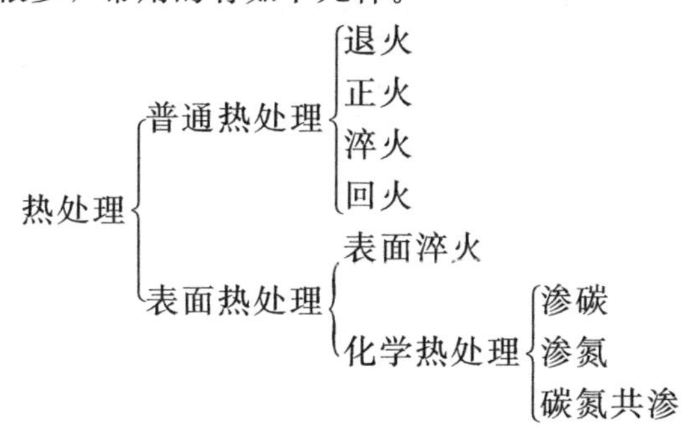

表面淬火是将钢件的表面层淬透到一定的深度，而心部仍保持未淬火状态的一种局部淬火方法。表面淬火时通过快速加热，使钢件表面层很快达到淬火温度，在热量来不及传到工件心部就立即冷却，实现局部淬火。

化学热处理是将工件置于一定的化学介质中加热和保温，使介质中的活性原子渗入工件表层，以改变工件表层的化学成分和组织，从而提高零件表面的硬度、耐磨性、耐腐蚀性和表面的美观程度等，而心部仍保持原来的力学性能，以满足零件的特殊要求。

化学热处理的种类很多，依照渗入元素的不同，有渗碳、渗氮、碳氮共渗等，以适用于不同的场合，其中以渗碳应用最广。

常用热处理的种类、说明和目的如表 3-24 所示。

表 3-24 常用热处理的种类、说明和目的

名称	代号	说　明	目　的
退火	5111	将钢件加热到适当温度，保温一段时间，然后缓慢冷却(一般在炉中冷却)	用来消除铸、锻、焊零件的内应力，降低硬度，便于切削加工，细化金属晶粒，改善组织，增加韧性
正火	5121	将钢件加热到临界温度以上，保温一段时间，然后在空气中冷却，冷却速度比退火快	用来处理低碳钢、中碳结构钢及渗碳零件，细化晶粒，增加强度和韧性，减少内应力，改善切削性能
淬火	5131	将钢件加热到临界温度以上，保温一段时间，然后在水、盐水或油中(个别材料在空气中)急剧冷却，使其得到高硬度	用来提高钢的硬度和强度极限。但淬火后引起内应力，使钢变脆，所以淬火后必须回火
回火	5141	将淬火后的钢件重新加热到临界温度以下某一温度，保温一段时间，然后在空气中或油中冷却	提高机件强度及耐磨性，但淬火后引起内应力，使钢变脆，所以淬火后必须回火
调质	5151	淬火后在 500～700℃进行高温回火	用来使钢获得高的韧性和足够的强度。重要的齿轮、轴及丝杠等零件需调质处理
感应加热淬火	5132	用高频电流将零件表面迅速加热到临界温度以上，急速冷却	提高机件表面的硬度及耐磨性，而心部又保持一定的韧性，使零件既耐磨又能承受冲击，常用来处理齿轮等
渗碳及直接淬火	53311g	将零件在渗碳剂中加热，使碳渗入钢的表面后，再淬火回火	提高机件表面的硬度、耐磨性、抗拉强度等。主要适用于低碳结构钢的中小型零件
渗氮	5330	渗氮是在 500～600℃通入氨的炉子内加热，向钢的表面渗入氮原子的过程。渗氮层为 0.025～0.8mm，渗氮时间需 40～50h	增加钢件表面的耐磨性能、表面硬度、疲劳极限和抗蚀能力。适用于合金钢、碳钢、铸铁件，如机床主轴、丝杠、重要液压元件
碳氮共渗	5320	在 820～860℃炉内通入碳和氮，保温 1～2h，使钢件的表面同时渗入碳、氮原子，可得到 0.2～0.5mm 氰化层	增加机件表面的硬度、耐磨性、疲劳强度和抗蚀能力，用于要求硬度高、耐磨的中小型薄片零件刀具等
时效处理	时效	低温回火后，精加工前，加热到 100～160℃后，保温 5～20h。铸件也可天然时效(放在露天环境中一年以上)	消除内应力，稳定机件形状和尺寸，常用于处理精密机件，如精密轴承、精密丝杠等

第4章 常见零件的测绘方法

本章介绍零件测绘的一般方法与步骤，包括常见零件的分类、表达方法、结构工艺性简介，分析讨论测绘中标准件的处理方法等。在本章学习中，要结合所学内容，紧密联系生产实际，了解所测绘零件的功能和制造工艺过程、表达方法、尺寸标注以及测量尺寸的处理等。

4.1 常见零件的分类

机器有其确定的功能和性能指标，而零件是组成机器的基本单元，所以每个零件均有一

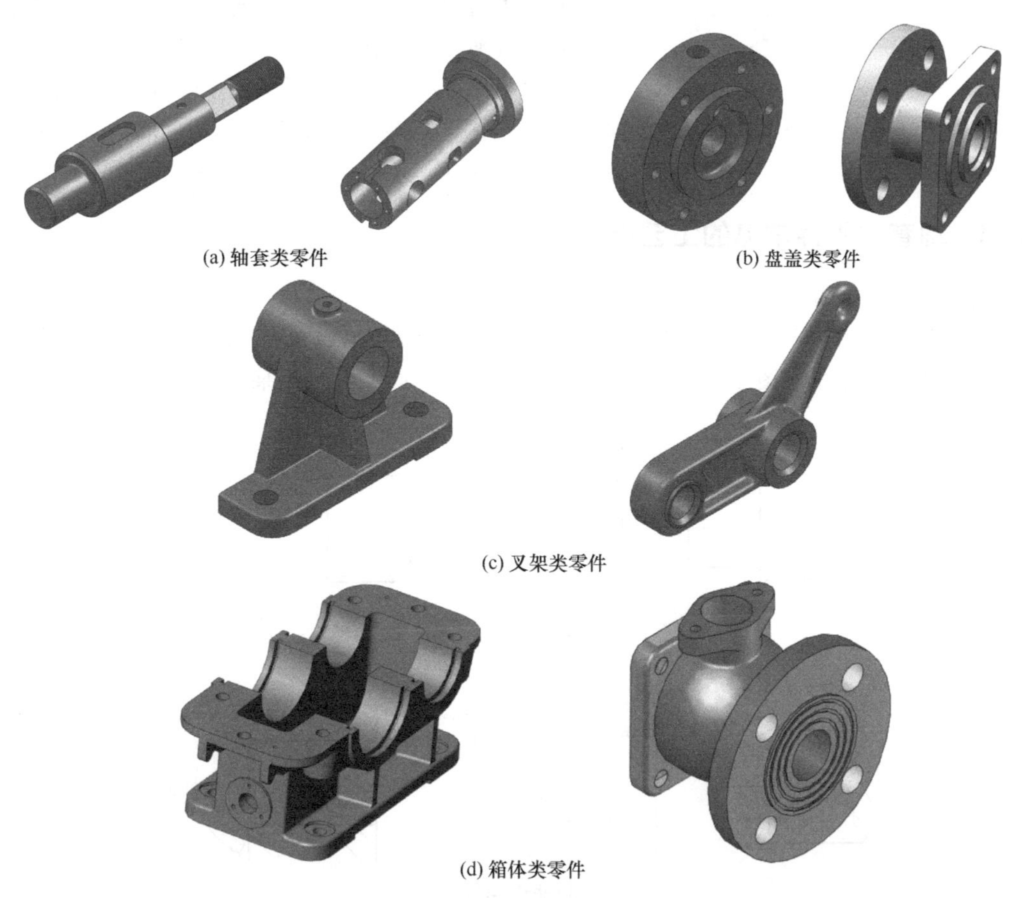

(a) 轴套类零件　(b) 盘盖类零件

(c) 叉架类零件

(d) 箱体类零件

图 4-1　常见零件的分类

定的作用，例如具有支承、传动、连接、定位和密封等一项或几项功能。零件的结构形状是根据零件在机器中所起的作用和制造工艺要求确定的。零件根据其结构形状不同，大致可以分成四类，如图 4-1 所示。

① 轴套类零件——轴、杆、衬套等零件。

② 盘盖类零件——手轮、带轮、齿轮、端盖、阀盖等零件。

③ 叉架类零件——拨叉、支架、连杆等零件。

④ 箱体类零件——阀体、泵体、齿轮减速器箱体、液压缸体等零件。

由于同一类零件在其视图表达、尺寸标注、技术要求以及加工工艺流程的制订上有着许多共性，因此对零件进行归类，一方面有利于设计工程师图示设计意图，另一方面又有利于工艺设计师制订工艺文件。下面以这四类典型零件为例，分析它们的结构形状、视图表达、尺寸标注及测绘方法步骤。

4.2 轴套类零件的测绘

轴类零件的主要功用是安装、支承回转零件并传递运动和动力。套类零件的主要功用是定位、支承、导向、传递运动等。

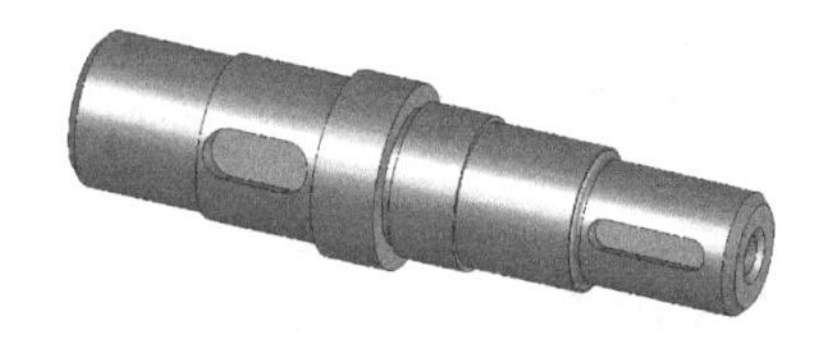

图 4-2 轴立体图

轴类零件按结构形式不同分为光轴、阶梯轴、花键轴、空心轴、曲轴、凸轮轴等多种形式。套类零件的结构特点是零件的主要表面为同轴度较高的内外旋转表面，壁厚较薄，易变形，长度一般大于直径。

如图 4-2 所示，轴套类零件是回转零件，通常由外圆柱面、内孔、圆锥面及阶梯端面等组成，常常还有键槽、花键、螺纹、销孔、沟槽等结构。

4.2.1 轴套类零件常见的工艺结构

（1）倒角和圆角

为便于操作和装配，常在零件端部或孔口加工出倒角。常见的倒角为 45°，也有 30°和 60°倒角，其尺寸标注如图 4-3 所示。图样中倒角尺寸全部相同或某一尺寸占多数时，可在

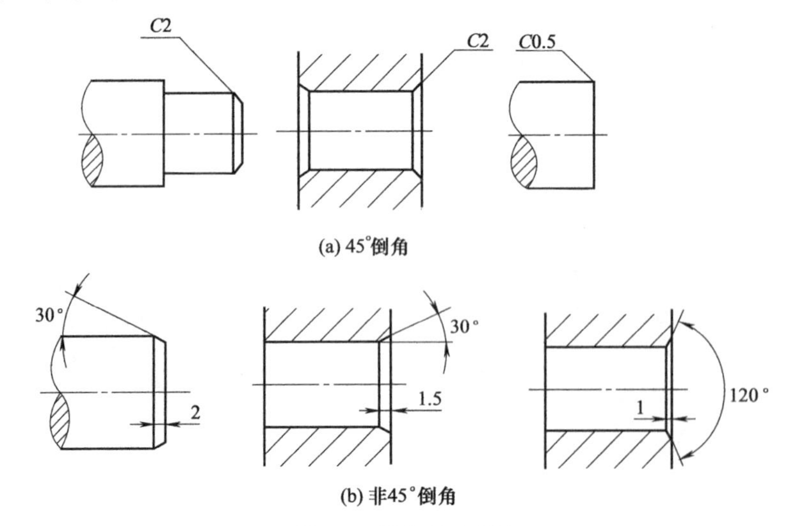

图 4-3 倒角尺寸标注

图样空白处注明“C2”或“其余 C2”，其中“C”是 45°倒角符号，“2”是倒角的角宽。倒角的角宽可根据国家标准 GB/T 6403.4—2008 选择。

为了避免阶梯轴轴肩根部或阶梯孔的孔肩处因产生应力集中而断裂，通常，阶梯轴轴肩根部或阶梯孔的孔肩处都以圆角过渡，其画法和标注如图 4-4 所示。倒角和圆角的数值可按表 4-1 选用。

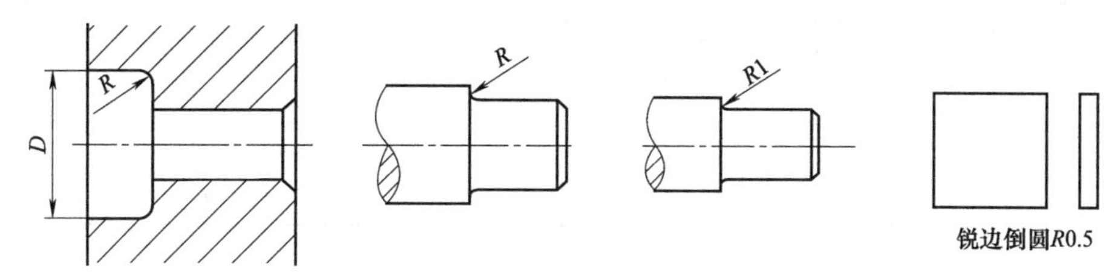

图 4-4 圆角画法和标注

表 4-1 与直径 D 相应的倒角、圆角推荐值（GB/T 6403.4—2008） mm

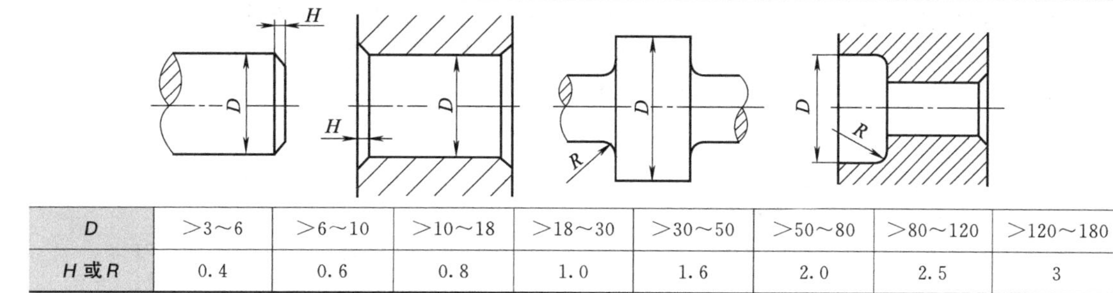

D	>3～6	>6～10	>10～18	>18～30	>30～50	>50～80	>80～120	>120～180
H 或 R	0.4	0.6	0.8	1.0	1.6	2.0	2.5	3

（2）螺纹退刀槽

在对螺纹进行切削加工时，为了便于退出刀具及保证装配时相关零件的接触面靠紧，在被加工表面台阶处应预先加工出退刀槽。退刀槽的尺寸标注如图 4-5 所示，一般来说退刀槽的宽度为 2～3 倍的螺距，深度对外螺纹来讲，应小于小径 0.1～0.3mm；对内螺纹来说，应大于大径 0.2～0.4mm，其准确尺寸如表 4-2 所示。螺纹倒角，对外螺纹来说，倒到小径；对内螺纹来说，倒到大径，其准确尺寸可参照表 4-1。

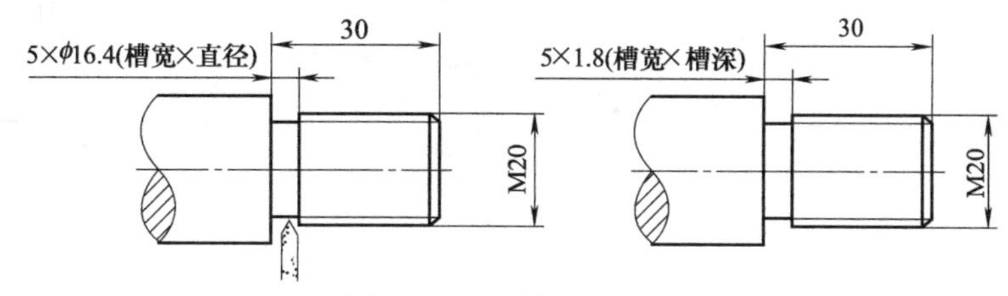

图 4-5 退刀槽尺寸注法

表 4-2 普通螺纹退刀槽尺寸

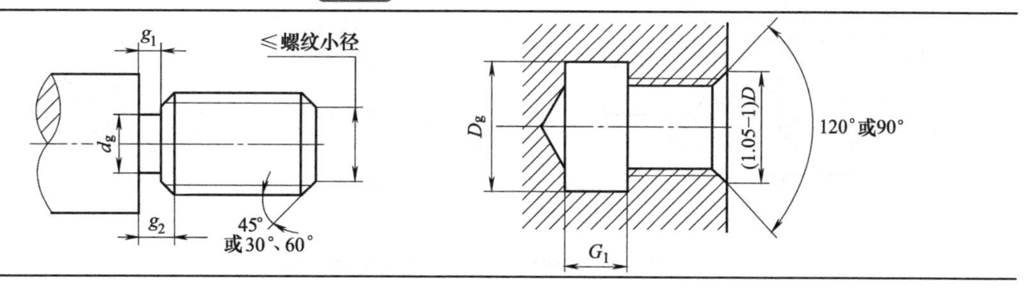

续表

螺距	外螺纹			内螺纹		螺距	外螺纹			内螺纹	
	g_{2max}	g_{1min}	d_g	G_1	D_g		g_{2max}	g_{1min}	d_g	G_1	D_g
0.5	1.5	0.8	$d-0.8$	2	$D+0.3$	1.75	5.25	3	$d-2.6$	7	$D+0.5$
0.7	2.1	1.1	$d-1.1$	2.8		2	6	3.4	$d-3$	8	
0.8	2.4	1.3	$d-1.3$	3.2		2.5	7.5	4.4	$d-3.6$	10	
1	3	1.6	$d-1.6$	4	$D+0.5$	3	9	5.2	$d-4.4$	12	
1.25	3.75	2	$d-2$	5		3.5	10.5	6.2	$d-5$	14	
1.5	4.5	2.5	$d-2.3$	6		4	12	7	$d-5.7$	16	

（3）砂轮越程槽

砂轮磨削过程中，为保持研磨面均一，不留台阶，一般都要设计越程槽，它同车刀的退刀槽意义相同。作用是便于加工，防止在加工时，砂轮碰到工件的台阶，同时也使零件能安装到位。砂轮越程槽按零件特点分为回转面及端面砂轮越程槽、平面砂轮越程槽、V 形砂轮越程槽、燕尾导轨砂轮越程槽及矩形导轨砂轮越程槽。常见的为回转面及端面砂轮越程槽，如图 4-6 所示，其结构尺寸可按表 4-3 选用。

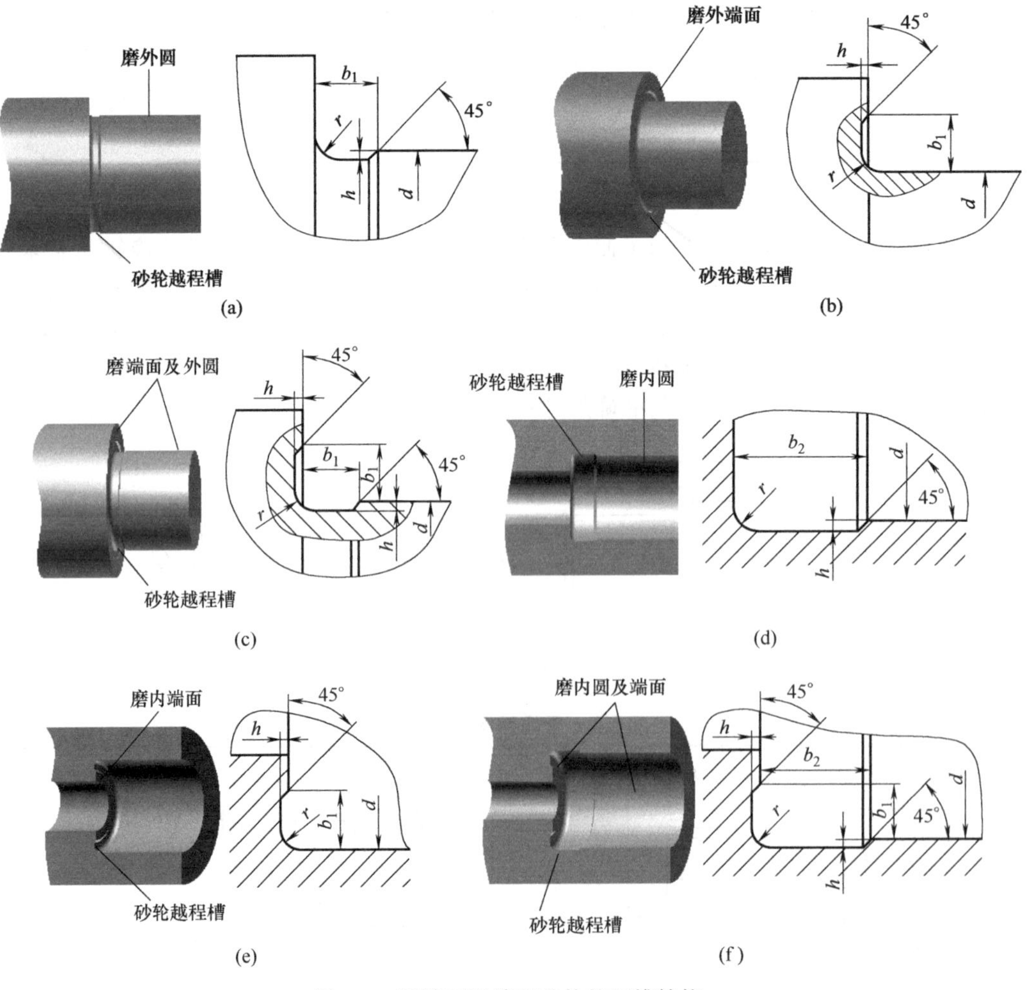

图 4-6 回转面及端面砂轮越程槽结构

表 4-3　回转面及端面砂轮越程槽结构尺寸（GB/T 6403.5—2008）　mm

b_1	0.6	1.0	1.6	2.0	3.0	4.0	5.0	8.0	10
b_2	2	3.0		4.0		5.0		8.0	10
h	0.1	0.2		0.3	0.4		0.6	0.8	1.2
r	0.2	0.5		0.8	1.0		1.6	2.0	3.0
d	约 10			10～50		50～100		100	

注：1. 越程槽内与两直线相交处，不允许产生尖角。

2. 越程槽深度 h 与圆弧半径 r 要满足 $r \leqslant 3h$。

3. 磨削具有数个直径的工件时，可使用同一规格的越程槽。

4. 直径 d 大的零件，允许选择小规格的砂轮越程槽。

（4）中心孔

为了方便轴类零件的装卡、加工，通常在轴的两端加工出中心孔，如图 4-7（a）所示。国家标准中的中心孔有 A 型、B 型、C 型等，具体可参阅表 4-4。

在零件图中，标准中心孔用图形符号加标记的方法来表示，如图 4-7（b）所示，各种标准中心孔的图形符号和标记含义见表 4-5。

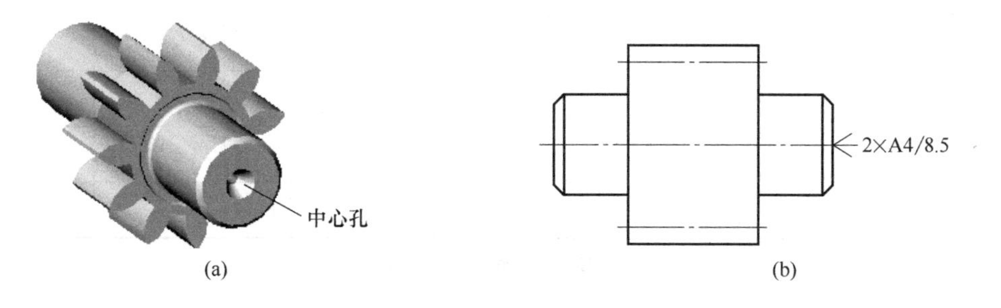

图 4-7　中心孔

表 4-4　中心孔的尺寸参数（GB/T 145—2001）

中心孔尺寸					
		d	D	l_2	t 参考尺寸
A 型		1.00	2.12	0.97	0.9
		1.60	3.35	1.52	1.4
		2.00	4.25	1.95	1.8
		2.0	5.30	2.42	2.2
		3.15	6.70	3.07	2.8
		4.00	8.50	3.90	3.5
		6.30	13.20	5.98	5.5
		10.00	21.20	9.70	8.7

续表

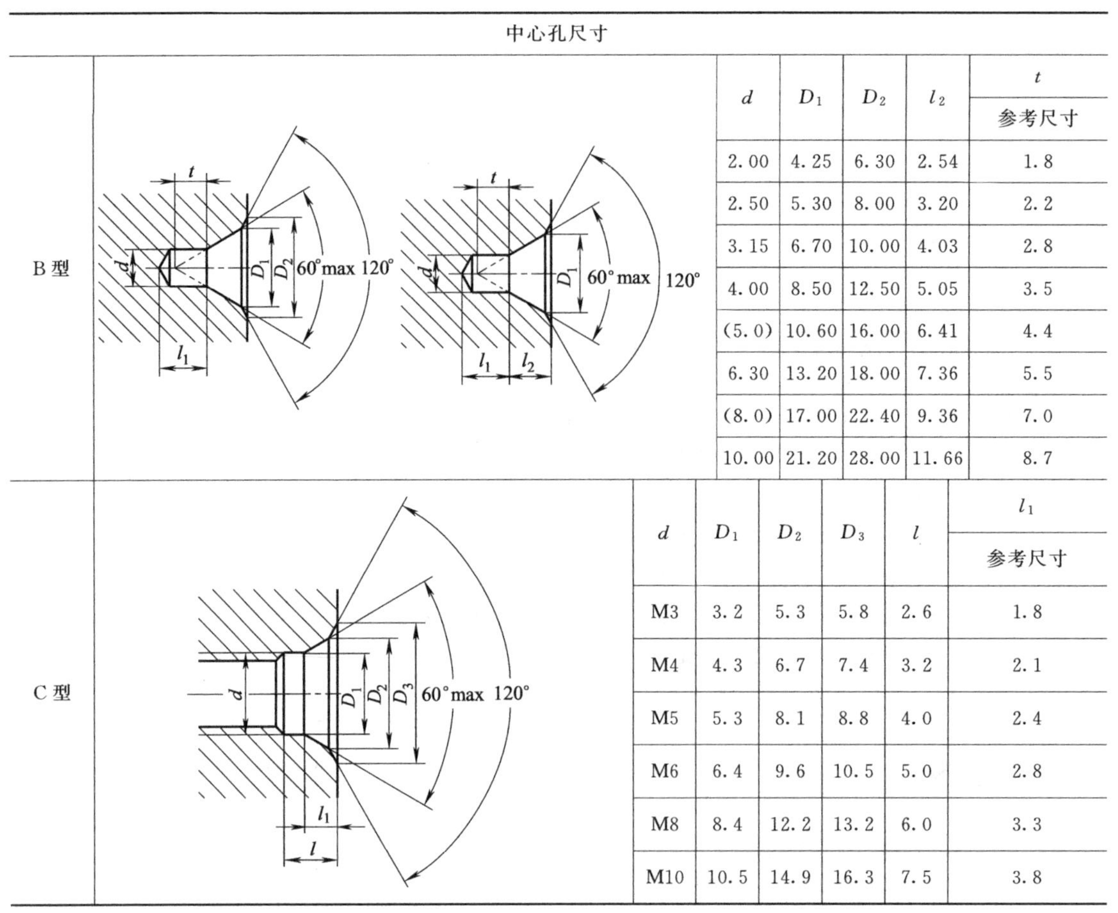

中心孔尺寸

B型

d	D_1	D_2	l_2	t 参考尺寸
2.00	4.25	6.30	2.54	1.8
2.50	5.30	8.00	3.20	2.2
3.15	6.70	10.00	4.03	2.8
4.00	8.50	12.50	5.05	3.5
(5.0)	10.60	16.00	6.41	4.4
6.30	13.20	18.00	7.36	5.5
(8.0)	17.00	22.40	9.36	7.0
10.00	21.20	28.00	11.66	8.7

C型

d	D_1	D_2	D_3	l	l_1 参考尺寸
M3	3.2	5.3	5.8	2.6	1.8
M4	4.3	6.7	7.4	3.2	2.1
M5	5.3	8.1	8.8	4.0	2.4
M6	6.4	9.6	10.5	5.0	2.8
M8	8.4	12.2	13.2	6.0	3.3
M10	10.5	14.9	16.3	7.5	3.8

注：A型、B型中心孔的尺寸 l_1 取决于中心钻的长度，此值不应小于 t 值。

表 4-5　中心孔表示法（GB/T 4459.5—1999）

要　求	符号	表示法示例	说　明
在完工的零件上要求保留中心孔		GB/T 4459.5—B2.5/8	采用B型中心孔 d=2.5mm，D_2=8mm 在完工零件上要求保留
在完工的零件上可以保留中心孔		GB/T 4459.5—A4/8.5	采用A型中心孔 d=4mm，D=8.5mm 在完工零件上是否保留都可以
在完工的零件上不允许保留中心孔		GT/T 4459.5—A1.6/3.35	采用A型中心孔 d=1.6mm，D=3.35mm 在完工零件上不允许保留

（5）钻孔结构

零件上不同形式和不同用途的孔，常用钻头加工而成。为防止钻头歪斜或折断，钻孔端面应与钻头垂直。为此，对于斜孔、曲面上的孔应制成与钻头垂直的凸台或凹坑，如图 4-8

(a) 所示。钻削不通孔，在孔的底部有 120°锥角，钻孔深度指的是圆柱部分的深度，不包括锥坑。在钻阶梯孔时，其过渡处也存在 120°锥角，大孔的深度也不包括此锥角，如图 4-8 (b) 所示。

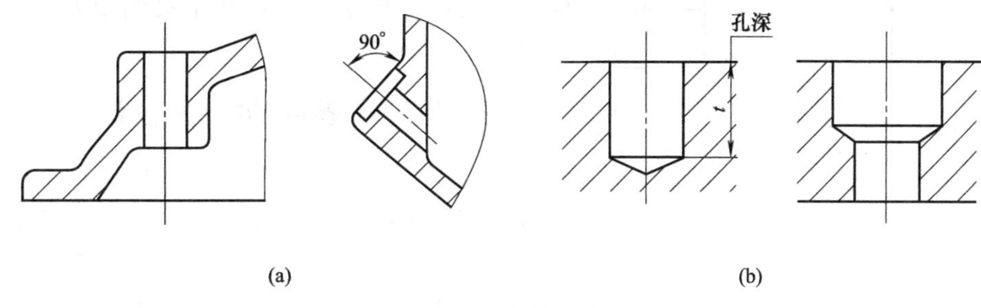

图 4-8 钻孔工艺结构

(6) 骨架式油封结构及画法

① 骨架式油封结构 骨架油封是油封的典型代表，一般说的油封即指骨架油封。油封的作用一般就是将传动部件中需要润滑的部件与出力部件隔离，不至于让润滑油渗漏。油封中的骨架就如同混凝土构件里面的钢筋，起到加强的作用，并使油封能保持形状及张力。

油封按结构形式可分单唇骨架油封和双唇骨架油封。双唇骨架油封的副唇起防尘作用，防止外界的灰尘、杂质等进入机器内部。油封按骨架形式可分为内包骨架油封、外露骨架油封和装配式油封。按工作条件可分为旋转骨架油封和往返式骨架油封。旋转唇形密封圈的设计除截面参数外还有带金属和无金属、有弹簧和无弹簧，骨架油封的剖面结构如图 4-9 所示。

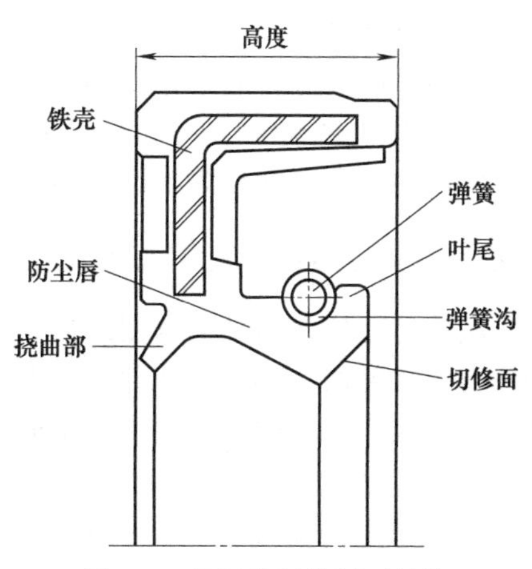

图 4-9 骨架油封的剖面结构

骨架式油封广泛用于汽油发动机曲轴、柴油发动机曲轴、变速箱、差速器、减振器、发动机、车桥等部位。

② 骨架式油封画法 骨架油封已标准化，其结构比较复杂，在图样中难以表示，国标 GB/T 4459.8—2009 和 GB/T 4459.9—2009 规定了骨架油封的简化画法和规定画法，其中简化画法可采用通用画法或特征画法，但在同一图样中只采用一种画法。

a. 尺寸及比例 用简化画法绘制的密封圈，其矩形线框和轮廓应与有关标准规定的密封圈尺寸及其安装沟槽协调一致，并与所属图样采用同一比例绘制。

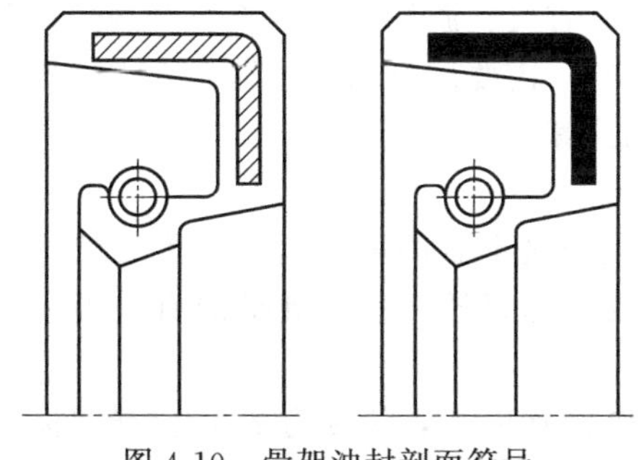

图 4-10 骨架油封剖面符号

b. 剖面符号 在剖视和断面图中，用简化画法绘制的密封圈一律不画剖面符号。用规定画法绘制密封圈时，仅在金属的骨架等嵌入元件上画出剖面符号或涂黑，如图 4-10 所示。

c. 通用画法 在剖视图中，如不需要确切地表示密封圈的外形轮廓和内部结构（包括唇、骨架、弹簧等）时，可采用在矩形线框的中央画出十字交叉的对角线符号的方法表示，如图 4-11 (a) 所示。交叉线符号不应与矩形线框的轮廓线接触。如需要

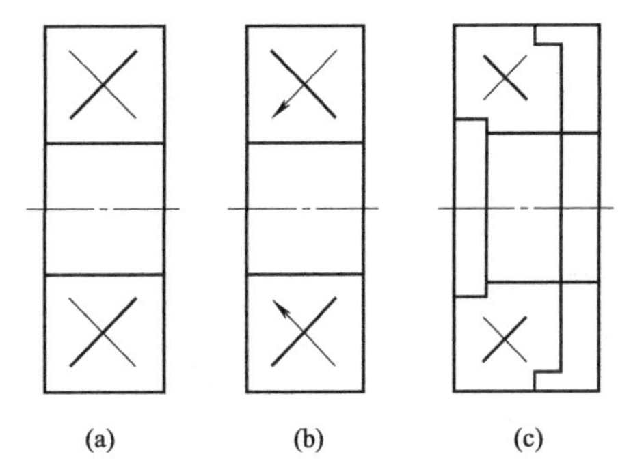

图 4-11 骨架油封通用画法

表示密封的方向，则应在对角线符号的一端画出一个箭头，指向密封的一侧，如图 4-11（b）所示。如需要确切地表示密封圈的外形轮廓，则应画出其较详细的剖面轮廓，并在其中央画出对角线符号，如图 4-11（c）所示。

4.2.2 轴套类零件的视图选择

轴套类零件主要是在车床和磨床上加工的，装夹时它们的轴线水平放置。因此，轴类零件常按装夹位置即把轴线放成水平来选择主视图，并采用断面图、局部剖视图、局部放大图等表达方法表示轴套上键槽、孔、退刀槽等局部结构。

轴的零件图如图 4-12 所示，采用一个基本视图加上一系列尺寸，就能表达轴的主要形状及大小，对于轴上的键槽等，采用移出断面图，既表示了它们的形状，也便于标注尺寸。对于轴上的其他局部结构，如砂轮越程槽采用局部放大图表达。

4.2.3 轴套类零件的尺寸标注

轴套类零件的尺寸分径向尺寸（即高度尺寸与宽度尺寸）和轴向尺寸。径向尺寸表示轴上各回转体的直径，它以水平放置的轴线作为径向尺寸基准，如 ϕ30m6、ϕ32k7 等。重要的安装端面（轴肩），如 ϕ36mm 轴的右端面是轴向主要尺寸基准，由此注出 16、74 等尺寸。轴的两端面一般作为辅助轴向尺寸基准（测量基准）。

4.2.4 轴套类零件的尺寸测量

测绘时，绘制出轴的草图之后，便可根据轴套类零件的实物以及与之相配合的零件，测绘轴套类零件的各部分尺寸并在草图上标注。测量尺寸之前，要根据被测尺寸的精度选择测量工具。线性尺寸的测量主要用千分尺、游标卡尺和钢直尺等，千分尺的测量精度在 IT5～IT9 之间，游标卡尺的测量精度在 IT10 以下，钢直尺一般用来测量非功能尺寸。

轴套类零件应测量的尺寸主要有以下几类。

（1）径向尺寸的测量

用游标卡尺或千分尺直接测量各段轴径尺寸并圆整，参见表 2-1 推荐的尺寸系列，与轴承配合的轴颈尺寸要和轴承的内孔系列尺寸相匹配，如果直径尺寸在 ϕ20mm（不含 ϕ20mm）以下，有 10mm、12mm、15mm、17mm 四种规格，直径尺寸在 ϕ20mm 以上时，为 5 的倍数。

（2）轴向尺寸的测量

轴套类零件的轴向长度尺寸一般为非功能尺寸，用钢直尺、游标卡尺或千分尺测量各段阶梯长度和轴套类零件的总长度，测出的数据圆整成整数。需要注意的是，轴套类零件的总长度尺寸应直接测量，不要用各段轴向的长度进行累加计算。

（3）键槽尺寸的测量

键槽尺寸主要有槽宽 b、深度 t 和长度 L，从键槽的外观形状即可判断与之配合的键的类型。根据测量出的 b、t、L 值，结合键槽所在轴段的公称直径，参见键槽的有关国家标准，确定键槽的标准值及标准键的类型。

例：测得 ϕ32k7 轴颈上双圆头键槽宽度为 9.98，深度为 5.05，长度为 22，根据国标规定，标准键 10×22 的键槽深和测量值最接近，故可确定该段轴颈上键槽宽度为 10，深度为

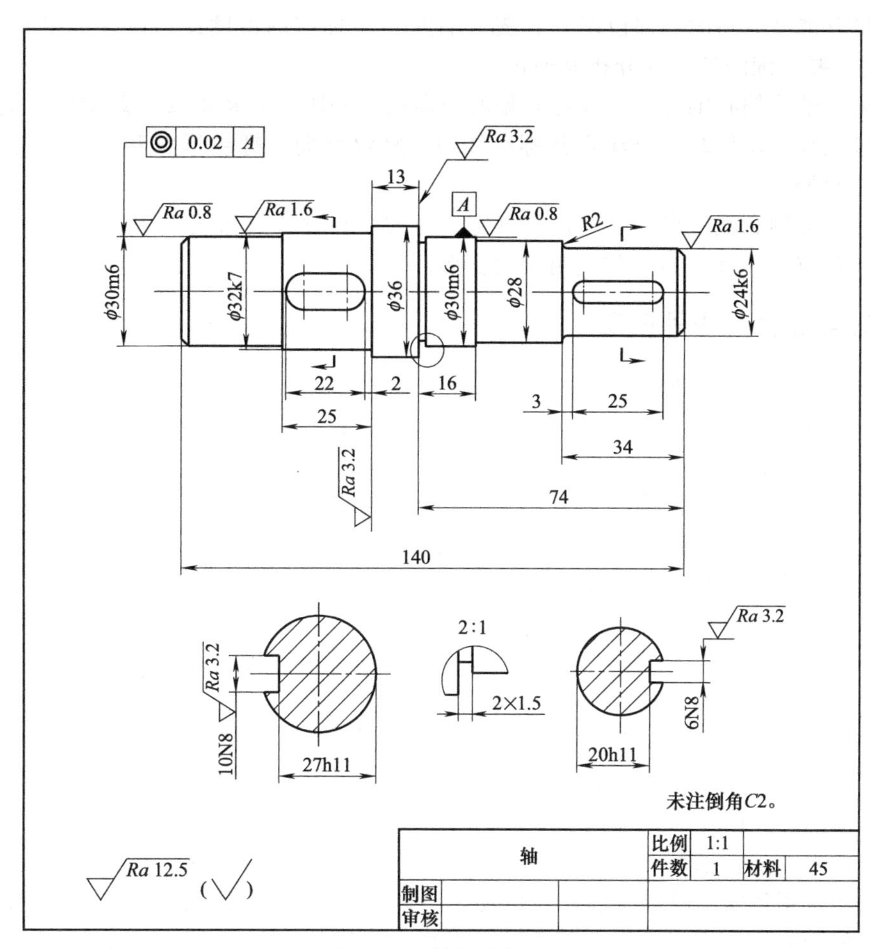

图4-12 轴的零件图

5，长度为22。

(4) 螺纹尺寸的测量

普通螺纹的大径和螺距可用螺纹量规和螺纹样板测量，参见第2章图2-37～图2-40，如果没有螺纹量规和螺纹样板或不能用螺纹量规和螺纹样板测量，可用游标卡尺测量大径，用薄纸拓印法测量螺距，参见第2章图2-66。

4.2.5 轴套类零件测绘时注意事项

① 测量时要正确选择测量基准，尽量避免尺寸换算，对于长度尺寸链的尺寸测量，要考虑装配关系，尽量避免分段测量，分段测量的尺寸只能作为核对尺寸的参考。

② 重要表面的基本尺寸、尺寸公差、形位公差和表面粗糙度以及零件上一些标准结构的形状和尺寸，应查阅国标资料，按标准取值，如倒角、键槽、螺纹退刀槽、砂轮越程槽、顶尖孔、铸造圆角等。

③ 测量磨损零件时，要正确选择测量部位，尽可能选择未磨损或磨损较少的部位，如果整个配合表面已磨损，在草图上应注明，对零件磨损的原因应加以分析，以便在绘制正规零件图时根据所测量表面的配合性质重新确定尺寸和技术要求。

④ 必须同时测量相配合零件的对应尺寸，以核对尺寸的正确性。对已损坏了的工作表面，测量相配零件的对应尺寸尤为重要。

⑤ 测量有锥度或斜度的部位时，首先要看是否是标准的锥度或斜度，如果不是标准的锥度或斜度，要仔细测量，并分析其原因。

⑥ 测量曲轴或偏心轴时，要注意其偏心方向或偏心距离，特别要注意键槽的周向位置。

⑦ 测量螺纹或丝杠时，要注意其螺纹线数、螺纹旋向、螺纹形状和螺距。对于锯齿形螺纹更应注意螺纹方向。

⑧ 测量花键轴和花键套时，应注意其定心方式、花键齿数和配合性质。

⑨ 细长轴应当放置妥当，防止测绘时变形。

4.2.6 轴类零件的内外质量

(1) 轴类零件的外部质量

① 表面粗糙度的选择　一般情况下，支承轴颈的表面粗糙度 *Ra* 为 1.6～0.8μm，其他配合轴径的表面粗糙度 *Ra* 为 6.3～3.2μm。

② 尺寸公差的选择　在有配合要求的部位，应给出尺寸公差，根据轴的使用要求，可用类比法确定。主要轴颈径向尺寸精度一般为 IT6～IT9 级，精密的为 IT5 级。一般情况下，轴上与皮带轮配合处可选择公差带为 k7，与齿轮配合处可选择公差带为 r6，与轴承配合处公差带可选为 k6，键槽处的公差带可选 N9。

③ 几何公差的选择　轴类零件通常用两个轴颈支承在轴承上，这两个支承轴颈是轴的装配基准。对支承轴颈的几何精度（圆度、圆柱度）一般应有要求。对精度要求一般的轴颈，其几何形状公差应限制在直径公差范围内，即按包容要求在直径公差后标注；如要求较高，则可直接标注其允许的公差值，并根据轴承的精度选择，一般 6～7 级。轴颈处的端面圆跳动，花键的径向圆跳动，一般选 7 级，对轴上的键槽等结构应标注对称度。

轴类零件中的配合轴径（装配传动件的轴径）相对于支承轴颈的同轴度是相互位置精度的普遍要求，常用径向圆跳动来表示，以便于测量。一般配合精度的轴径，其支承轴颈的径向圆跳动一般为 0.01～0.03mm，高精度的轴为 0.001～0.005mm，此外，还应注出轴向定位端面与轴心线的垂直度要求等。

(2) 轴类零件的内在质量

① 轴类零件常用的材料有 35、45、50 等优质碳素结构钢，一般进行调质处理，硬度达到 220～260HBW。不太重要或受载较小的轴可用 Q255、Q275 等碳素结构钢。受力较大，强度要求高的轴，可以用 40Cr 钢调质处理，硬度达到 230～250HBW 或淬硬到35～42HRC。

② 若是高速、重载条件下工作的轴类零件，选用 20Cr、20CrMnTi、20Mn2B 等合金结构钢或 38CrMoAlA 高级优质合金结构钢，这些钢经渗碳淬火或渗氮处理后，不仅表面硬度高，而且其心部强度也大大提高，具有较好的耐磨性、抗冲击韧性和耐疲劳强度。

③ 球墨铸铁、高强度铸铁的铸造性能好，又具有减振性能，常用于制造外形结构复杂的轴。特别是我国的稀土镁球墨铸铁，抗冲击韧性好，同时还具有减摩吸振，对应力集中敏感性小等优点，已被应用于汽车、拖拉机、机床上的重要轴类零件。

④ 钢轴常用的热处理方法有调质、正火、淬火等，以获得一定的强度、韧性和耐磨性。对于 7 级精度，表面粗糙度 *Ra*0.8～0.4μm 的传动轴，应进行整体正火和调质处理，以消除内应力、改善切削性能、增加强度和韧性，轴颈及花键连接部位应进行表面淬火，以增加耐磨性。

4.2.7 套类零件的内外质量

(1) 套类零件的外部质量

① 表面粗糙度的选择　有配合要求的外表面粗糙度 *Ra* 一般为 0.4～1.6μm。孔的表面

粗糙度 Ra 一般为 0.8～3.2μm，要求高的精密套可达 Ra0.1μm。

② 尺寸公差的选择　套类零件的外圆表面通常是支承表面，常用过盈配合或过渡配合与箱体机架上的孔装配，外径尺寸公差一般为 IT6、IT7 级，如果外径尺寸不是配合尺寸，按公称尺寸标注。套类零件的孔径尺寸公差一般为 IT7～ IT9 级，精密轴套孔为 IT6 级。

③ 几何公差的选择　有配合要求的外表面其圆度公差应控制在外径尺寸公差范围内，精密轴套孔的圆度公差一般为尺寸公差的 1/2～1/3，对长套筒，除圆度要求外，还应标注孔轴线的直线度公差。

如果套类零件的孔是将套装入机座后进行最终加工的，套的内外圆的同轴度要求可较低，若最终加工是在装配前完成的，则套的内孔对套的外圆的同轴度要求较高，一般为 ϕ0.01～ 0.05mm。

（2）套类零件的内在质量

① 套类零件一般用钢、铸铁、青铜或黄铜制成。直径较小的套筒，一般选择热轧或冷拉棒料，也可用实心铸件，经钻孔制成。孔径大的套筒，常选择无缝钢管或带孔的铸件等。

② 热处理。套类零件根据材料、工作条件和使用要求不同，常用退火、正火、调质、表面淬火等热处理方法。

4.3 盘盖类零件的测绘

盘盖类零件在机器与设备上使用较多，例如齿轮、蜗轮、带轮、链轮以及手轮、端盖、透盖和法兰盘等都属于盘盖类零件。

按使用要求的不同，盘盖主体上常有销孔、键槽、弹簧挡圈槽及加油孔、油沟、退刀槽、砂轮越程槽、倒角等结构。

如图 4-13 所示，盘盖类零件的主体结构为同一轴线的多个圆柱体或圆柱孔腔，直径明显大于轴向（长度或厚度）尺寸，且有与其他零件相结合的较大端面，部分零件由于安装位置的限制和结构需要，常有将某一圆柱切去一部分的不完整结构。盘盖类零件一般为铸件或锻件，加工以车削为主。常有较多的螺孔、光孔、销孔、键槽、轮辐、肋板等结构。

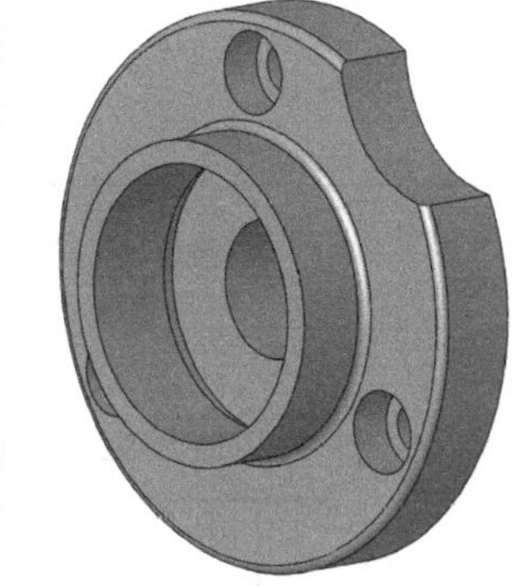

图 4-13　盘盖类零件（泵盖）

4.3.1 盘盖类零件的视图选择

盘盖类零件的主视图仍按零件的加工位置选择，即把轴线放成水平位置。一般采用两个基本视图，主视图常用剖视表示孔槽等结构形状；左视图表示零件的外形轮廓和各组成部分如孔、肋、轮辐等沿径向和周向的相对位置。图 4-14 所示的零件图用一个全剖的主视图表示泵盖的内部结构，用左视图表示泵盖的外形和安装孔的分布情况。

4.3.2 盘盖类零件的尺寸标注

盘盖类零件在标注尺寸时，通常选用通过轴孔的轴线作为径向尺寸基准，由此注出 ϕ60H10、ϕ30H7 等尺寸。长度方向的尺寸基准，常选用重要的安装端面或定位端面，如图

4-14 所示的泵盖就选用表面粗糙度为 $\sqrt{Ra\,3.2}$ 的右端面作为长度方向的尺寸基准，由此注出 $7_{-0.1}^{\ 0}$、20 等尺寸。

盘盖类零件的定形尺寸和定位尺寸都比较明显，尤其是在圆周上分布的安装孔的定位直径是这类零件的典型定位尺寸。多个安装孔一般采用“$n\times\phi$ EQS”形式标注，EQS 表示均布，即 n 个孔均匀分布在圆周上。

盘盖类零件上常带有按规律分布的光孔、螺孔、盲孔（不通孔）、沉孔等，这些孔的尺寸可以按一般标注法标注，也可以简化标注，如表 4-6 所示。

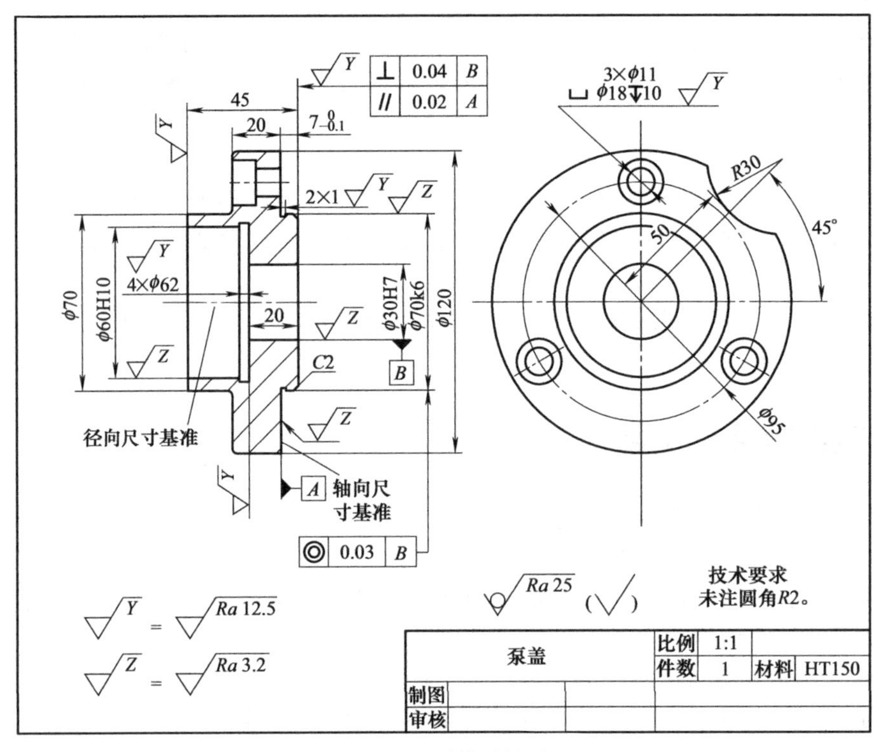

图 4-14 泵盖零件图

表 4-6 零件上常见孔的标注法

零件结构类型		一般标注	简化标注		说明
通孔	螺孔	3×M6-7H	3×M6-7H	3×M6-7H	“3”表示三个尺寸相同的螺孔
	锥销孔		锥销孔2×φ4 配作	锥销孔2×φ4 配作	“φ4”为所配圆锥销的公称直径，“配作”表示与另一相配零件一起加工

续表

零件结构类型		一般标注	简化标注		说　明
通孔	沉孔	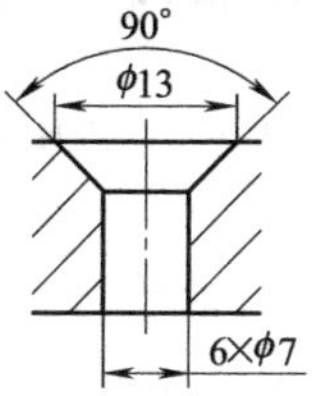 90° φ13 6×φ7	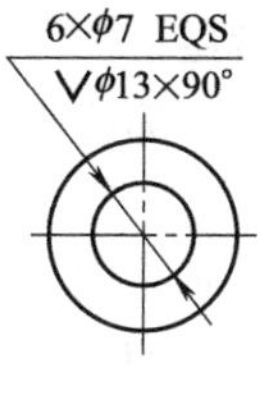 6×φ7 EQS ⌵φ13×90°	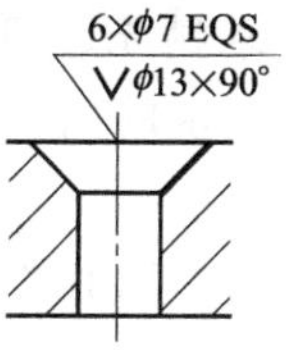 6×φ7 EQS ⌵φ13×90°	锥形沉孔直径 φ13 及锥角 90°均需注出,"EQS"表示 6 组沉孔均匀分布
		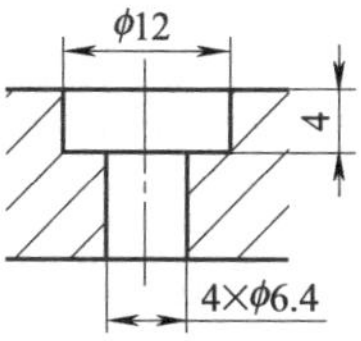 φ12 4 4×φ6.4	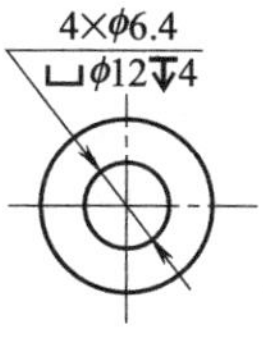 4×φ6.4 ⌴φ12↧4	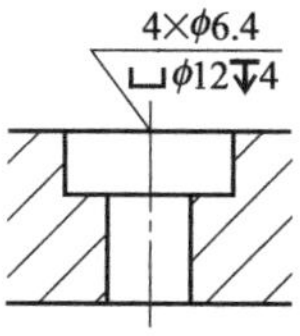 4×φ6.4 ⌴φ12↧4	圆柱形沉孔直径 φ12 及深度 4 均需注出
		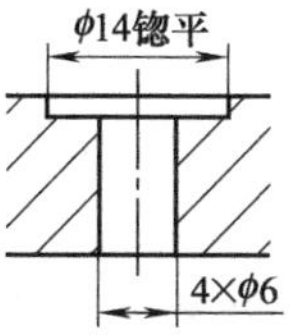 φ14锪平 4×φ6	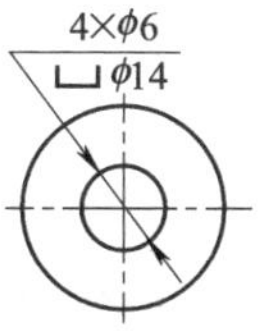 4×φ6 ⌴φ14	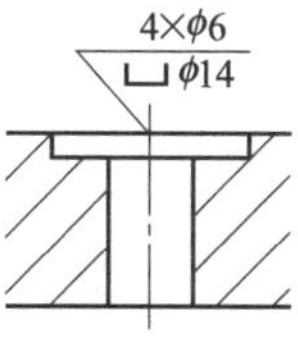 4×φ6 ⌴φ14	锪平深度可以不注,加工时由加工者掌握
不通孔	光孔	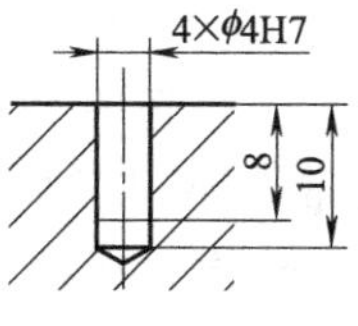 4×φ4H7 8 10	 4×φ4H7↧8 孔↧10	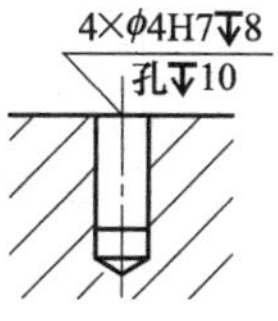 4×φ4H7↧8 孔↧10	钻孔深为 10,钻孔后精加工(如铰孔)至 φ4H7,深 8
	螺孔	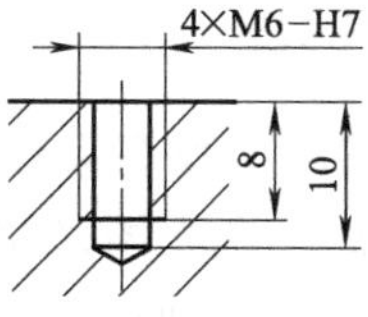 4×M6-H7 8 10	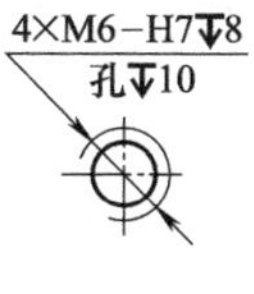 4×M6-H7↧8 孔↧10	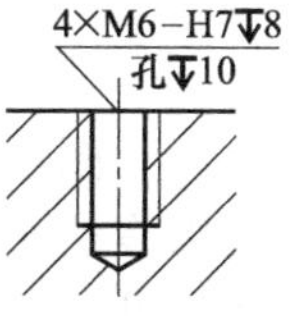 4×M6-H7↧8 孔↧10	螺孔深 8 钻孔深 10

4.3.3 盘盖类零件的尺寸测量

① 用游标卡尺或千分尺测量各段内、外径尺寸并圆整，使其符合国家标准推荐的尺寸系列。

② 用游标卡尺或千分尺直接测量盘盖的厚度尺寸并圆整。

③ 用深度游标卡尺、深度千分尺或钢直尺测量阶梯孔的深度。

④ 测量盘盖端面各小孔孔径尺寸，并用直接或间接测量法确定各小孔中心距或定位尺寸，参见第 2 章 2.3 节。

⑤ 测量其他结构尺寸，如螺纹、退刀槽、越程槽、油封槽、倒角等，查资料确定出标准尺寸。

4.3.4 盘盖类零件的内外质量

(1) 盘盖类零件的外部质量

① 表面粗糙度的选择　配合表面的表面粗糙度要求，一般取 Ra 值为 1.6～6.3μm，精度较高的表面可取 Ra0.8μm，要求抛光、研磨或镀层。

② 尺寸公差的选择　有配合要求的内外圆表面，都应有尺寸公差，一般轴孔取 IT7 级，外圆取 IT6 级。

③ 几何公差的选择　有配合要求的孔和轴的表面之间，以及孔的轴线与定位端面之间，应有相应的几何公差要求。与其他运动零件相接触的表面应有平行度或垂直度要求，外圆柱面与内孔表面应有同轴度要求。

(2) 盘盖类零件的内在质量

盘盖类零件常用的毛坯有铸件和锻件，铸件以灰铸铁居多，一般为 HT100～ HT200；也有采用有色金属材料，常用铝合金。对于铸造毛坯，应进行时效处理，以消除内应力，并要求铸件不得有气孔、缩孔、裂纹等缺陷；对于锻件，则应进行正火或退火热处理。

4.4 箱体类零件的测绘

箱体类零件的功用主要是容纳、支承和安装其他零件，一般为部件的外壳，如各种变速器箱体或齿轮泵泵体等。

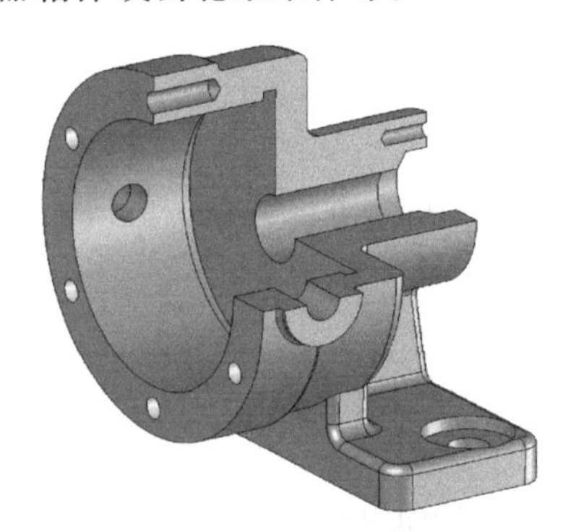

图 4-15　泵体立体图

箱体类零件构形复杂，大多数箱体类零件的毛坯为铸件，少部分为锻件和焊接件。箱体类零件加工工艺流程长，工序种类多，主要加工表面为平面和孔，不但尺寸精度和表面粗糙度要求较高，而且还有较高的几何公差，如图 4-15 所示的泵体，通常需要用三个或三个以上的视图（基本视图、剖视图）来表示其内、外部结构形状。

4.4.1 箱体类零件的视图选择

图 4-16 所示的泵体零件图，主视图采用全剖视图，以表达泵体泵腔的主要结构特点。左视图采用局部剖视，表达泵体上与单向阀体相接的两个螺孔，它们分别位于泵体的前面和后面，是泵体的进出油口。

4.4.2 箱体类零件的尺寸标注

箱体类零件结构复杂，尺寸较多，为了使尺寸标注正确、完整、清晰和合理，确定尺寸基准是关键。一般以重要安装表面、主要孔的轴线和主要端面作为主要或辅助尺寸基准。

在图 4-16 中，以泵体的左端面作为长度方向尺寸基准，注出尺寸 30H10、14，选用泵体的前后对称面作为宽度方向尺寸基准，注出尺寸 74、86。选用泵体底座的底面作为高度方向尺寸基准，注出尺寸 $54^{+0.17}_{0}$、10 等。确定好各部位的定位尺寸后，然后逐个标注定形尺寸。

4.4.3 常见铸件工艺结构

铸造是将金属材料熔成液态浇入预先制好的模具中，待冷却后形成固体形状的一种制造

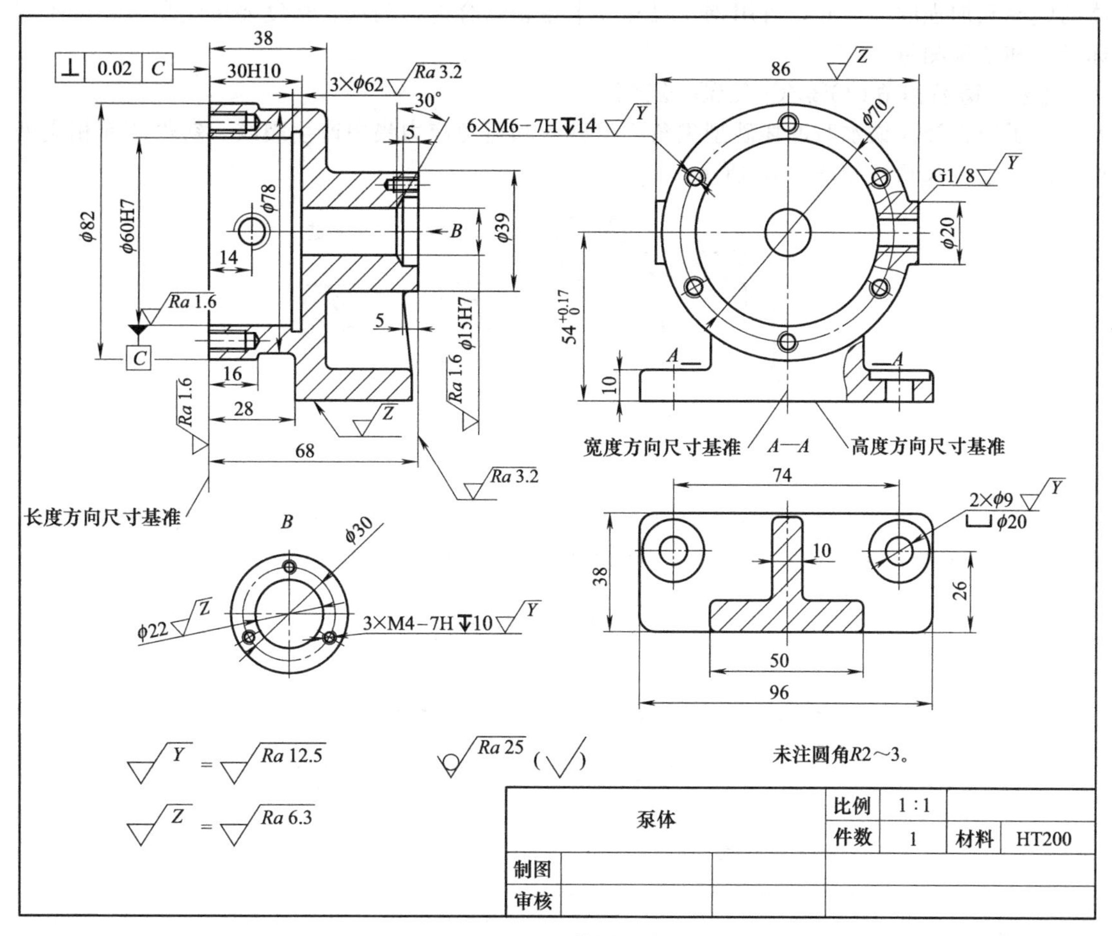

图 4-16　泵体零件图

方法。由于材料在浇铸过程中会混入气体而形成空洞，在从液态向固态转变的过程中会因热胀冷缩而产生裂纹，因此设计时就必须考虑避免或减少这些情况对零件的影响。

（1）铸件壁厚和加强肋（GB/ZQ 4255—2006）

用铸造方法制造零件毛坯时，为了避免浇铸后零件各部分因冷却速度不同而产生残缺、缩孔或裂纹，规定铸件壁厚不能小于某个极限值，且各处壁厚应尽量保持相同或均匀过渡，

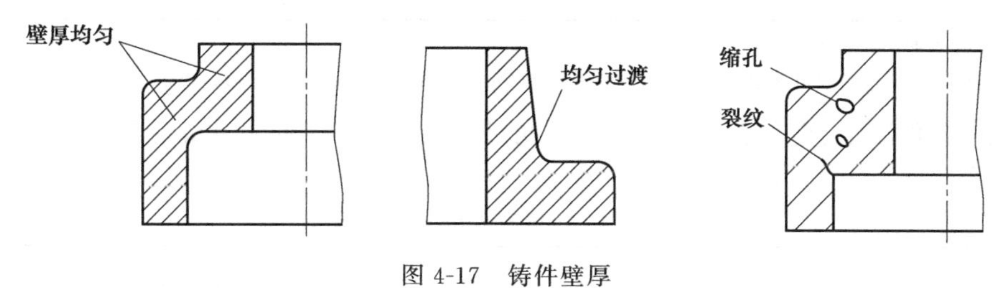

图 4-17　铸件壁厚

当壁厚不同时，应采用逐步过渡的结构，以避免壁厚的突变，如图 4-17 所示。

箱体零件通常采用合理设置隔板和加强肋来保证其具有足够的刚度和强度，这样既有效，又经济合理。加强肋各表面一般都不经过机械加工，因此，在其各表面的相交处均有小圆角光滑过渡，产生了比较复杂的过渡线等，测绘时应注意。

箱体的内壁应比外壁厚度小，加强肋的厚度又应比内壁小，以使各壁冷却速度相近。箱

体的壁厚和加强肋的尺寸，可用钢直尺和外卡钳相结合进行测量。精度要求较高时，可用游标卡尺和垫块测量。

（2）铸造圆角（GB/ZQ 4255—2006）

为了防止浇注铁水时冲坏砂型尖角产生砂孔和避免应力集中产生裂纹，铸件两面相交处均应做出过渡圆角，如图 4-18 所示。

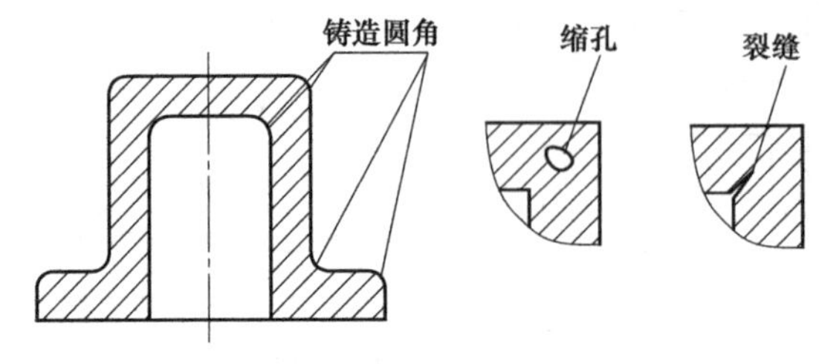

图 4-18 铸造圆角

铸造圆角的测量，一般可用半径样板进行，其实际数值可参照国家有关标准进行确定，表 4-7、表 4-8 列出了铸造圆角有关标准的具体数值，测绘时可供参考。

表 4-7 铸造外圆角半径 R 值 mm

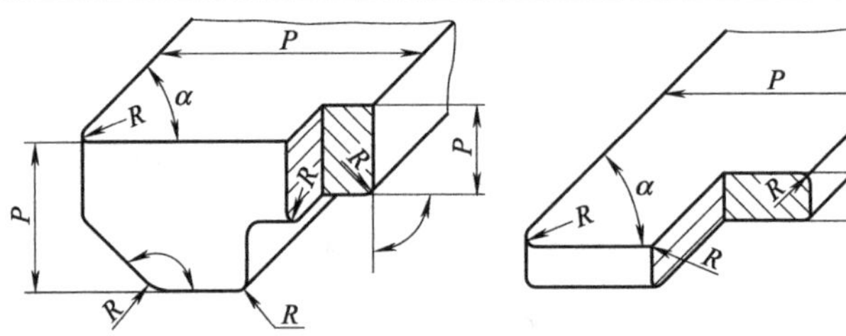

P	外圆角 α					
	<50°	51°～75°	76°～105°	106°～135°	136°～165°	>165°
≤25	2	2	2	4	6	8
>25～60	2	4	4	6	10	16
>60～160	4	4	6	8	16	25
>160～250	4	6	8	12	20	30
>250～400	6	8	10	16	25	40
>400～600	6	8	12	20	30	50

注：1. P 为表面的最小边尺寸。

2. 如果铸件不同部位按表可选出不同圆角 R 值时，应尽量减少或只取一适当的 R 值，以求统一。

铸件内圆角必须与壁厚相适应，通常圆角处内接圆直径不超过相邻壁厚的 1.5 倍。铸造内圆角半径 R 值如表 4-8 所示。

表 4-8 铸造内圆角半径 R 值 mm

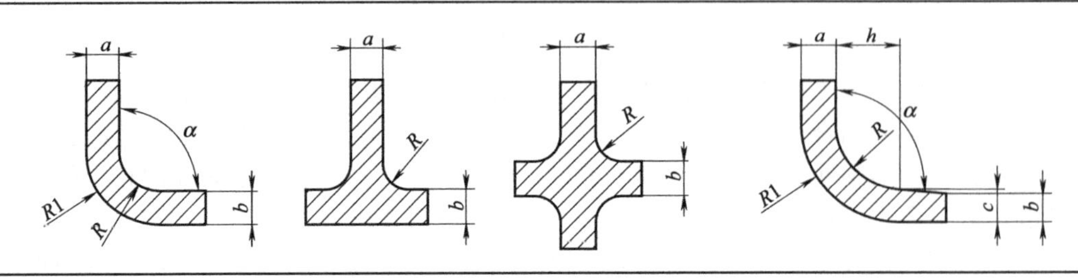

续表

$\frac{a+b}{2}$	内圆角 α											
	<50°		51°～75°		76°～105°		106°～135°		136°～165°		>165°	
	钢	铁	钢	铁	钢	铁	钢	铁	钢	铁	钢	铁
≤8	4	4	4	4	6	4	8	6	16	10	20	16
9～12	4	4	4	4	6	6	10	8	16	12	25	20
13～16	4	4	6	4	8	6	12	10	20	16	30	25
17～20	6	4	8	6	10	8	16	12	25	20	40	30
21～27	6	6	10	8	12	10	20	16	30	25	50	40
28～35	8	6	12	10	16	12	25	20	40	30	60	50
36～45	10	8	16	12	20	16	30	25	50	40	80	60
46～60	12	10	20	16	25	20	35	30	60	50	100	80
c 和 h	b/a			<0.4			0.5～0.65			0.66～0.8	>0.8	
	$c\approx$			$0.7(a-b)$			$0.8(a-b)$			$a-b$		
	$h\approx$	钢		$8c$								
		铁		$9c$								

在零件图上，对于非加工面的铸造圆角均应画出，而铸造表面经过机械加工后，圆角就不存在了，因而不应再画成圆角。

标注铸造圆角的尺寸时，除个别圆角的半径直接在图上注出外，其余可在技术要求中注明，如：未注铸造圆角为 $R3$～5。

（3）起模斜度

为了便于将木模从砂型中取出，在铸件内外壁上沿着起模方向应设计出 1∶20 的斜度，这个斜度称为起模斜度，如图 4-19 所示。零件上的起模斜度一般取为 0°30′～3°，起模斜度的实测数据参照实物并根据铸造工艺的有关标准而定。它可在零件图上画出，也可在技术要求中用文字说明。

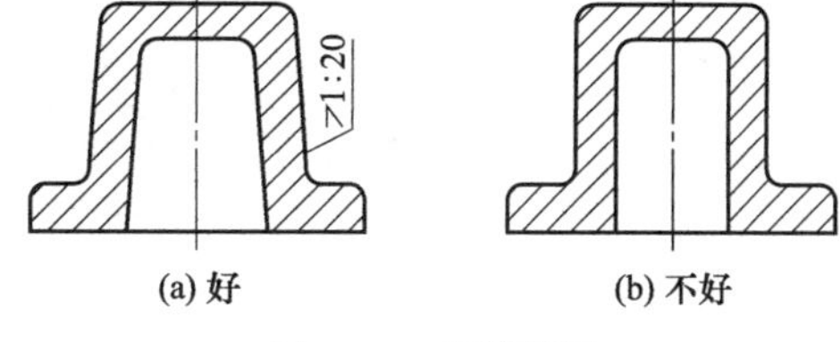

图 4-19 起模斜度

（4）凸台和凹坑

零件上与其他零件接触的接触面，一般都要加工。为了减少加工面积，并保证零件表面之间有良好的接触，常常在铸件上设计出凸台、凹坑。凸台、凹坑结构可减轻零件重量，节省材料、工时，提高加工精度和装配精度，常见工艺结构如图 4-20 所示。

4.4.4 箱体类零件上常见结构测绘

（1）凸缘的测绘

箱体零件上设置有各种各样的凸缘，凸缘与其他零件有形体对应关系，虽然凸缘的形状繁多，但其构型却有一定的规律。大多数凸缘的连接表面基本上都由直线段和圆弧组成，通常可分为内形和外形两部分，内形是核心，包括全部型孔和连接孔，外形则围绕内形而定。图 4-21 所示为凸缘的常见结构形式。

① 凸缘的形状分析　凸缘的连接表面为平面，测绘时，通过对凸缘形状的分析，将其轮廓分解为若干条直线若干段圆弧，对于直线段，一般要确定其长度；对于圆弧，则要确定其曲率半径和圆心所在位置，通常情况下，只要确定了内形连接孔和型孔的中心位置，也就

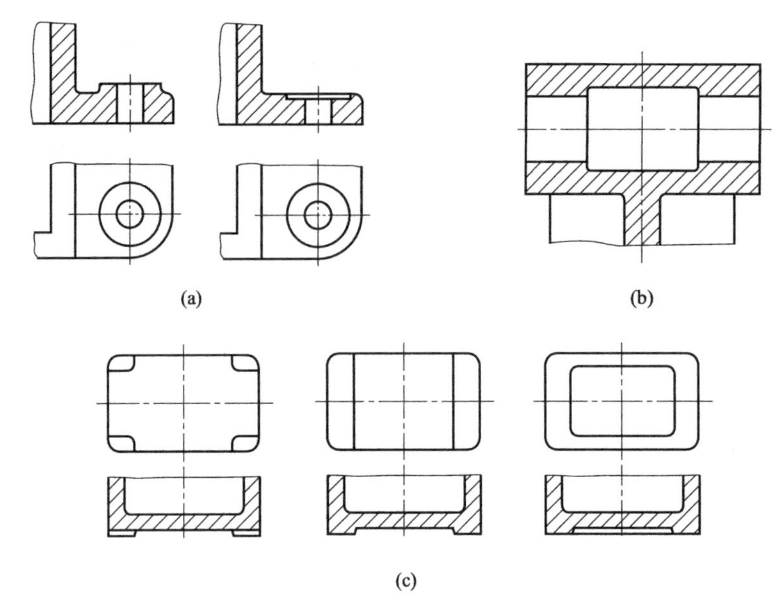

图 4-20 凸台、凹坑常见工艺结构

确定了圆弧的相对位置，如图 4-22 所示。凸缘外形轮廓是不规则的，由七段圆弧和三段直线组成，其中有五段圆弧是已知的，各段圆弧与凸缘内形有着一定的对应关系。在画图时只要确定了型孔和四个小孔的中心位置，圆弧的位置也随之确定。

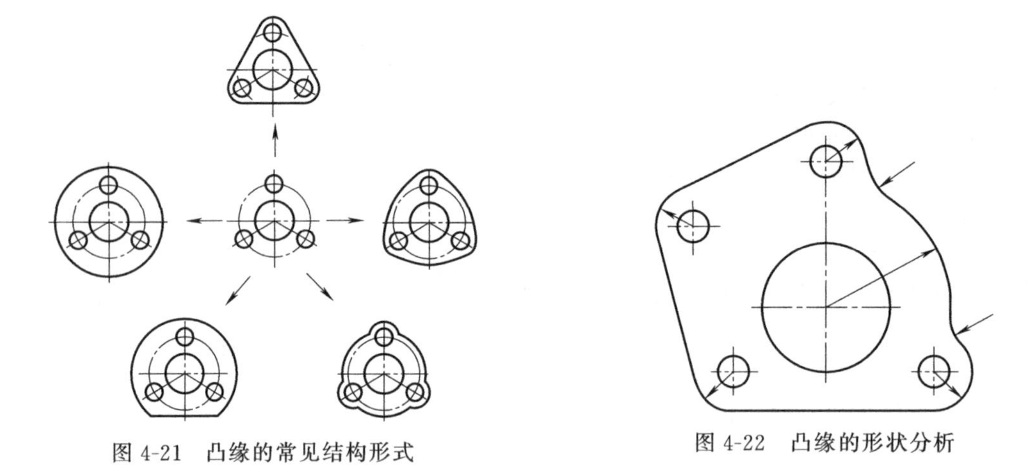

图 4-21 凸缘的常见结构形式

图 4-22 凸缘的形状分析

② 凸缘的测绘方法 凸缘测绘常采用以下几种方法。

a. 拓印法 参见第 2 章图 2-66，凸缘的具体尺寸大小还可以直接在纸上实测，对于测量精度要求不高的凸缘，采用这种方法非常简便。

b. 铅丝法 参见第 2 章图 2-67，对于铸造或锻造箱体，凸缘的轮廓精度要求不高时，也可将软铅丝（如熔丝）紧紧地贴合在凸缘的外轮廓上，使铅丝的形状与轮廓外形完全相吻合，然后将铅丝轻轻地取出（注意保持形状不变），平放在白纸上面，用铅笔描绘出形状即可。

c. 对应法 箱体上的凸缘形状通常与其他零件的形状有着对应关系，如图 4-23 所示，测绘箱体上的凸缘形状，可直接测量中间垫片获得。尤其是在测绘中，遇到箱体凸缘变形、破裂等，为了保证测绘的准确性和测绘方便，经常采用对应法。

d. 直角坐标法　参见第 2 章图 2-68，对于精度要求较高的箱体凸缘，可采用光学投影仪、大型工具显微镜、三坐标测量机及一些专用量仪进行测绘。

（2）箱体零件上过渡线的测绘

① 过渡线的形成　箱体类零件上，由于铸造圆角的存在，使箱体不同表面分界的地方出现光滑过渡的情况，但在绘图过程中，当圆角半径不大时，仍应在原来表面交线的位置上，示意性地画出相贯线或分界线，这种线称为过渡线，如图 4-24 所示。

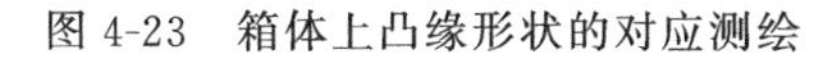

图 4-23　箱体上凸缘形状的对应测绘

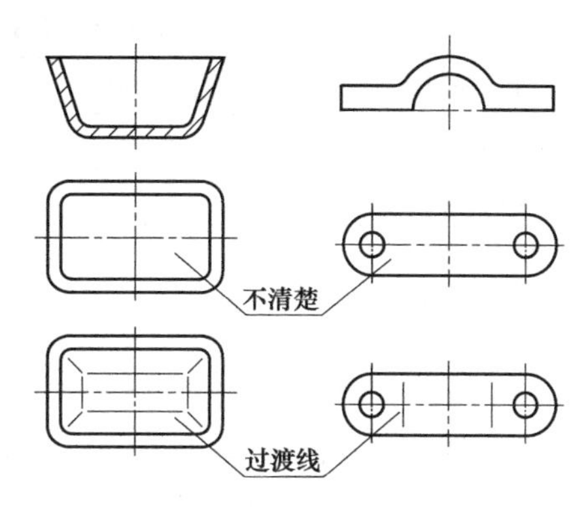

图 4-24　过渡线的画法

② 过渡线的表示　箱体上的过渡线都是制造过程中自然形成的，因而没有必要将它们画得非常精确，无需进行测量，也不需要注出它们的尺寸，测绘箱体类零件时，一般只要把握住交线的性质和走向，就能够比较正确和客观地将其弯曲方向表示出来。

（3）油孔、油槽、油标及放油孔的测绘

在箱体零件上通常设有润滑油孔、油槽以及检查油面高度的油标安装孔和排放污油的放油螺塞孔等。测绘时应弄清箱体上的各孔是通孔还是盲孔，各孔之间的相互连接关系，通常可以采用以下几种方法检查。

① 插入检查法　可用细铁丝或细的硬塑料线等，直接插入箱体孔内，从而进行检查和测绘。

② 注油检查法　将油直接注入待测孔道之中，与其连通的孔道就会有油流出来，而其他不需检查的孔应用堵头或橡皮塞堵住，这样才能保证测绘的准确性。

③ 吹烟检查法　测绘时可借助于塑料管、硬纸制作的卷筒等工具，将烟雾吹进待测孔内，如果是相互间联通的孔，马上就会有烟雾冒出来。然后再堵住这些孔，检查与其他孔之间的关系。

4.4.5　箱体类零件的尺寸测量

箱体类零件尺寸的测量方法应根据各部位的形状和精度要求来选择，对于一般要求的线性尺寸，可用钢直尺或钢卷尺直接量取，如箱体零件的长、宽、高等外形尺寸；对于壳体孔、槽的深度，可用游标卡尺上的深度尺、深度游标卡尺或深度千分尺进行测量。孔径尺寸可用游标卡尺或内径千分尺进行测量，精度要求高时要采用多点测量法，即在三四个不同直径位置上进行测量，求其平均值。对于孔径产生磨损的情况，要选取测量中的最小值，以保证测绘较准确、可靠。在测绘中如果遇到不能直接测量的尺寸，可利用工具进行间接测量。箱体上的大直径、内外螺纹、孔距的测量见第 2 章第 2.3 节相关内容。

4.4.6 箱体类零件的内外质量

(1) 箱体类零件的外部质量

① 表面粗糙度的选择　箱体零件的加工面都应提出表面粗糙度参数值要求，而非加工面如铸造毛坯面等用不加工符号表示。表 4-9 为剖分式减速器箱体的表面粗糙度参数值，可供测绘时参考。

表 4-9　剖分式减速器箱体的表面粗糙度　μm

加工表面	Ra	加工表面	Ra
减速器剖分面	3.2～1.6	减速器底面	12.5～6.3
轴承座孔面	3.2～1.6	轴承座孔外端面	6.3～3.2
圆柱销孔面	3.2～1.6	螺栓孔端面	12.5～6.3
嵌入盖凸缘槽面	6.3～3.2	油塞孔端面	12.5～6.3
视孔盖接触面	12.5	其他端面	>12.5

② 尺寸公差与几何公差的选择　箱体上的重要孔，如轴承孔等，要求有较高的尺寸公差、形状公差及较小的表面粗糙度值，有齿轮啮合关系的相邻孔之间，应有一定的孔距尺寸公差和平行度要求，同一轴线上的孔应有一定的同轴度要求。

箱体的装配基面和加工中的定位基面都要求有较高的平面度和较小的表面粗糙度值。各轴承孔的装配圆柱面应有一定的尺寸公差，轴线与端面应有一定的垂直度要求。箱体上各平面与装配基面也应有一定的平行度或垂直度要求；对于标准圆锥齿轮和蜗杆、蜗轮啮合的两轴线，应有垂直度要求；如果箱体上孔的位置精度较高时，应有位置度要求等，如图 4-25 所示。

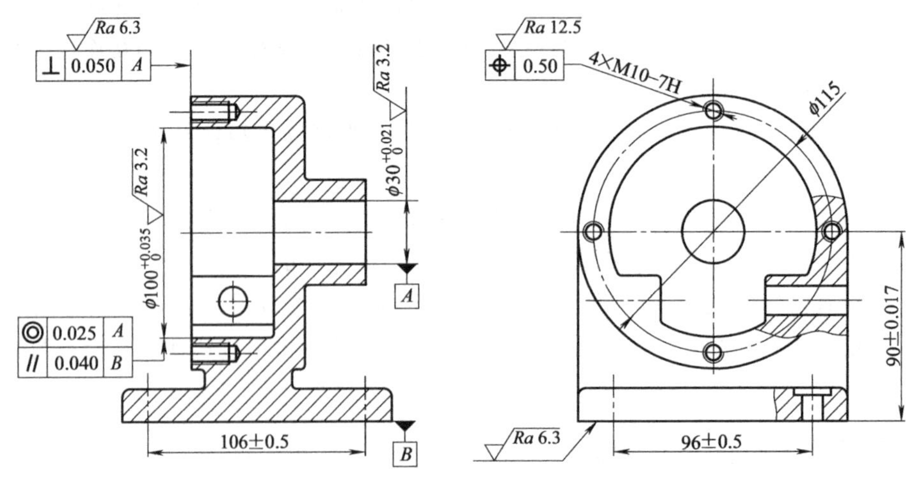

图 4-25　箱体类零件的技术要求

③ 几何公差的测量　在实际测绘中，可采用测量法测出箱体上各有关部位的几何公差，并参照同类零件进行确定，同时注意与尺寸公差和表面粗糙度等级相适应。

a. 箱体上孔的圆度或圆柱度误差　可采用内径百分表或内径千分尺等进行测量。

b. 箱体上孔的位置度误差　可采用坐标测量装置或专用测量装置等测量。

c. 箱体上孔与孔的同轴度误差　可采用千分表配合检验芯轴进行测量。

d. 箱体上孔与孔的平行度误差　可分别用两检验芯轴两端尺寸的差值再除以轴线长度

来表示，即测量时，先用游标卡尺（或量块、百分表）测出两检验芯轴两端尺寸，然后通过计算求得。

e. 箱体上两孔轴线的垂直度误差　对于同一个平面内垂直相交的两孔可按图 4-26 所示的方法进行测量。在检验芯轴 1 上安装定位套和千分表，使千分表指针触及检验芯轴 2 的表面，将芯轴 1 旋转 180°，分别读出千分表上的读数，其差值即为两孔在 L 长度上的垂直度误差。不在同一水平面内的中心线垂直度误差的测量方法如图 4-27 所示。用千斤顶将箱体支承在检验平台上，用 90°角度尺 4 将检验芯轴 2 找正，使其与平台垂直，用千分表测量检验芯轴 1 对平台的平行度误差，即可得出两孔轴线的垂直度误差。

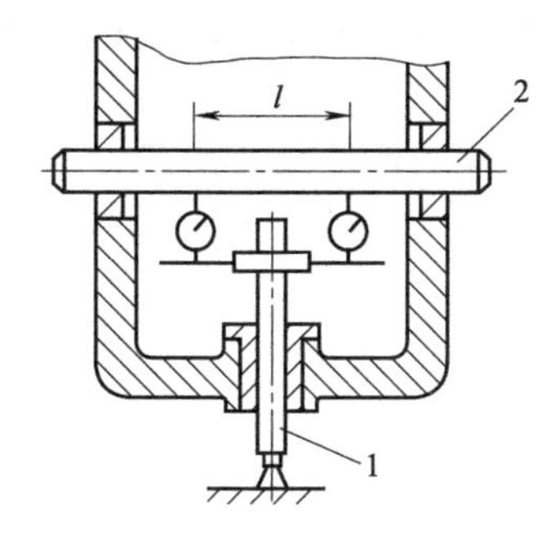

图 4-26　同面两孔垂直度误差的测量

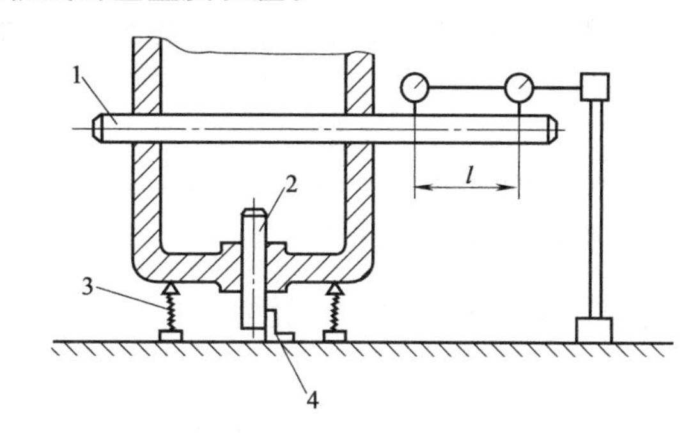

图 4-27　异面两孔中心线垂直度误差的测量

f. 箱体上孔中心线与基面的平行度误差　如图 4-28 所示，在检验平台上用等高垫铁支承好箱体基面，插入检验芯轴，量出芯轴两端距平板的尺寸 h_1 和 h_2，则平行度误差为

$$f=\frac{L_1}{L_2}|h_1-h_2|$$

g. 箱体上孔中心线与孔端面的垂直度误差　可采用塞尺和芯轴配合，也可采用千分表配合检验芯轴进行测量。

表 4-10 所示为剖分式减速器箱体的几何公差及公差等级，可供测绘时参考。

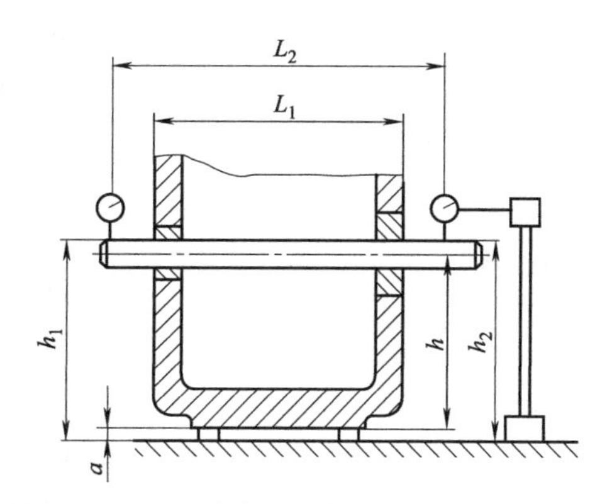

图 4-28　测量孔中心线与基面的平行度误差

表 4-10　剖分式减速器箱体的几何公差及公差等级

几何公差		公差等级
形状公差	轴承孔的圆度或圆柱度	6～7
	剖分面的平面度	7～8
位置公差	轴承孔中心线间的平行度	6～7
	两轴承孔中心线间的同轴度	6～8
	轴承孔端面对中心线的垂直度	7～8
	轴承孔中心线对剖分面的位置度	＜0.3mm
	两轴承孔中心线间的垂直度	7～8

（2）箱体类零件的内在质量

箱体零件的材料以灰铸铁为主，其次有锻件、焊接件。铸件常采用时效处理，锻件、焊接件常采用退火或正火热处理。常见的技术要求如下。

① 铸件不得有裂纹、缩孔等缺陷。
② 未注铸造圆角 R 值、起模斜度等。
③ 热处理要求，如人工时效、退火等。
④ 表面处理要求，如清理及涂漆等。
⑤ 检验方法及要求，如无损检验方法，接触表面涂色检验及接触面积要求等。

4.5 叉架类零件的测绘

叉架类零件常用在变速机构、操纵机构和支承机构中，用于拨动、连接和支承传动零件，如拨叉、连杆、杠杆、摇臂、支架等零件。

如图 4-29 所示，叉架类零件一般由安装部分、工作部分和连接部分组成，多为铸件或锻件，加工面较少。连接部分多是断面有变化的肋板结构，形状弯曲、扭斜的较多。安装部分和工作部分也有较多的细小结构，如油槽、油孔、螺孔等。

4.5.1 叉架类零件的视图选择

由于叉架类零件的结构形状较为复杂，各加工面往往在不同的机床上加工，因此其零件图一般按工作位置放置。若工作位置处于倾斜状态时，可将其位置放正，再选择最能反映其形状特征的投射方向作为主视图。由于叉架类零件倾斜扭曲结构较多，除了基本视图外，还常选择斜视图、局部视图、局部剖视图及断面图等表示方法，如图 4-30 所示。

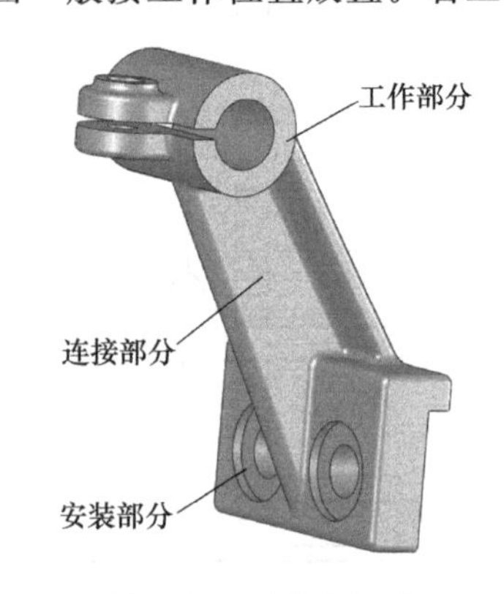

图 4-29 叉架立体图

4.5.2 叉架类零件的尺寸标注

叉架类零件的尺寸标注比较复杂，各部分的形状和相对位置尺寸要直接标注。尺寸基准常选择零件的安装基面、对称平面、孔的中心线和轴线。如图 4-30 所示，叉架选用粗糙度为$\sqrt{Ra\,3.2}$的右端面、下端面，作为长度方向和高度方向的尺寸基准，由此注出尺寸 16、60 和 10、75。选用支架的前后对称面，作为宽度方向的尺寸基准，分别注出尺寸 40、82。上部轴承的轴线作为 $\phi20^{+0.027}_{0}$、$\phi35$ 的径向尺寸基准。

4.5.3 叉架类零件的尺寸测量

叉架类零件的安装部分和工作部分的结构尺寸和相对位置决定零件的工作性能，应认真测绘，尽可能达到零件的原始设计形状和尺寸。

由于叉架的支承孔是重要的配合结构，支承孔的圆心位置和直径尺寸应采用游标卡尺或千分尺精确测量，测出尺寸后加以圆整并参照相配合的零件确定其尺寸公差。其余一般尺寸可直接测量取值。

对于已经标准化的叉架类零件，如滚动轴承座等，测绘时应与标准对照，尽量取标准化的结构尺寸。对于连接部分，在不影响强度、刚度和使用性能的前提下，可以进行合理修整。

4.5.4 叉架类零件的内外质量

(1) 叉架类零件的外部质量

① 表面粗糙度的选择　一般情况下，叉架类零件支承孔表面粗糙度 Ra 为 1.6～

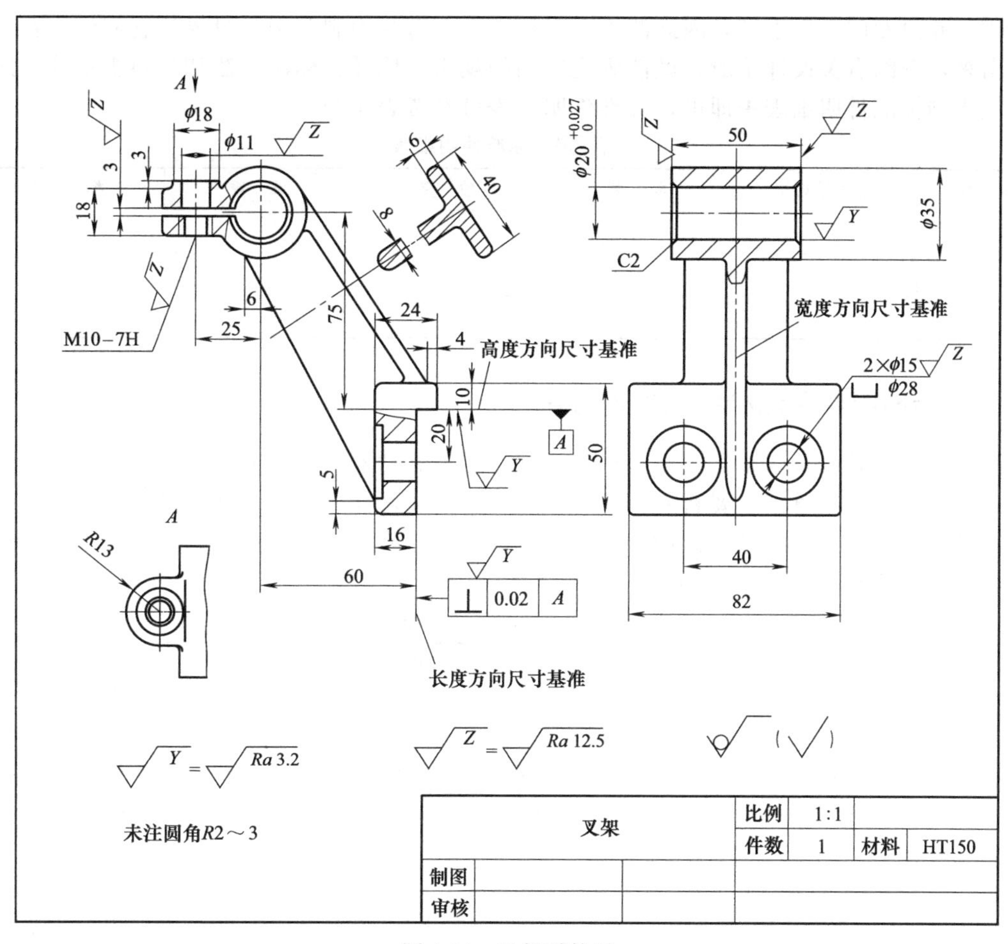

图 4-30　叉架零件图

3.2μm，安装底板的接触表面粗糙度 Ra 为 3.2～6.3μm，非配合表面粗糙度 Ra 为 6.3～12.5μm，其余表面都是铸造面，可不做要求。

② 尺寸公差的选择　叉架类零件工作部分有配合要求的孔要标注尺寸公差，按照配合要求选择基本偏差，公差等级一般为 IT7～IT9 级。配合孔的中心定位尺寸常标注有尺寸公差。

③ 几何公差的选择　叉架类零件工作部分、运动配合表面及安装表面均有较严格的形位公差要求。如安装底板与其他零件接触到的表面应有平面度、平行度或垂直度等要求，支承内孔轴线应有平行度要求，公差等级一般为 IT7～IT9 级。

（2）叉架类零件的内在质量

叉架类零件常用毛坯为铸件和锻件。铸件一般应进行时效处理，锻件应进行正火或退火热处理。铸件毛坯不应有裂纹、缩孔等缺陷，应按规定标注出铸造圆角和斜度。毛坯面应涂漆并进行无损探伤检验等。

4.6　标准件和标准部件的处理方法

4.6.1　标准件在测绘中的处理方法

螺栓、螺钉、螺母、垫圈、挡圈、键和销、三角胶带等，它们的结构形状、尺寸都已经标准化，并由专门工厂生产，因此测绘时对标准件不需要绘制草图，只要将它们的主要尺寸测量出来，查阅有关设计手册，就能确定它们的规格、代号、标注方法和材料重量等，然后将其填入到标准件明细表中即可，标准件明细表可参考表 4-11。

表 4-11 标准件明细表

序 号	名称及规格	材 料	数 量	单 重	标准代号

4.6.2 标准部件在测绘中的处理方法

标准部件包括各种联轴器、滚动轴承、减速器、制动器、气动元件、液压元件等。对标准部件同样也不绘制草图，要将它们的外形尺寸、安装尺寸、特性尺寸等测出后，查阅有关标准部件手册，确定出标准部件的型号、代号等，然后将它们汇总后填入到标准部件明细表中，标准部件明细表如表 4-12 所示。

表 4-12 标准部件明细表

序 号	名 称	规格、性能	数 量	重 量	标准代号

第5章 齿轮及蜗轮蜗杆的测绘

齿轮和蜗轮蜗杆结构较为复杂，因而此类零件的测绘较一般常见零件更为烦琐，是一项细致的工作。本章主要讨论我国最常用的标准直齿圆柱齿轮、标准斜齿圆柱齿轮和标准直齿圆锥齿轮以及蜗轮蜗杆的功用与结构、测绘步骤、几何参数的测量和基本参数的确定等内容。

5.1 齿轮测绘概述

齿轮是组成机器的重要传动零件，其主要功用是通过平键或花键和轴类零件连接起来形成一体，再和另一个或多个齿轮相啮合，将动力和运动从一根轴上传递到另一根轴上。

齿轮是回转零件，其结构特点是直径一般大于长度，通常由外圆柱面（圆锥面）、内孔、键槽（花键槽）、轮齿、齿槽及阶梯端面等组成，根据结构形式的不同，齿轮上常常还有轮缘、轮毂、腹板、孔板、轮辐等结构。按轮齿齿形和分布形式不同，齿轮又有多种形式。常用的标准齿轮可分为直齿圆柱齿轮、斜齿圆柱齿轮、圆锥齿轮等。

齿轮测绘是机械零部件测绘的重要组成部分，测绘前，首先要了解被测齿轮的应用场合、负荷大小、速度高低、润滑方式、材料与热处理工艺和齿面强化工艺等。因为齿轮是配对使用的，因而配对齿轮要同时测量。特别是当测绘的齿轮严重损坏时，一些参数无法直接测量得到，需要根据其啮合中心距 a 和齿数 z，重新设计齿形及相关参数，从这个意义上讲，齿轮测绘也是齿轮设计。

齿轮测绘主要是根据齿轮及齿轮副实物进行几何要素的测量，如齿数 z，齿顶圆直径 d_a，齿根圆直径 d_f、齿全高 h、公法线长度 W_k 等，经过计算和分析，推测出原设计的基本参数，如模数 m、齿形角 α 等，并据此计算出齿轮的几何尺寸，齿轮的其他部分结构尺寸按一般测绘原则进行，以达到准确地恢复齿轮原设计的目的。

齿轮由于精度较高，测量时应该选用比较精密的量具，有条件时可借助于精密仪器测量。齿轮的许多参数都已标准化，测绘中必须与其标准值进行比较；齿轮的许多参数都是互相关联的，需要经过计算获得。下面就我国最常用的标准直齿圆柱齿轮、标准斜齿圆柱齿轮和标准直齿圆锥齿轮的测绘加以讨论。

5.2 圆柱齿轮的测绘

5.2.1 直齿圆柱齿轮的测绘

(1) 几何参数的测量

齿轮几何参数的测量是齿轮测绘的关键工作之一，特别是对于能够准确测量的几何参数，应力求准确，以便为准确确定其他参数提供条件。

① 齿数 z 和齿宽 b　被测齿轮的齿数 z_1 和 z_2 可直接数出，齿宽可用游标卡尺测出。

② 中心距 a　中心距 a 的测量是比较关键的，因为中心距 a 的测量精度将直接影响齿轮副测绘结果，所以测量时要力求准确。测量中心距时，可直接测量两齿轮轴或对应的两箱体孔间的距离，再测出轴或孔的直径，通过换算得到中心距。如图 5-1 所示，即用游标卡尺测量 A_1 和 A_2，孔径 d_1 和 d_2，然后按下式计算

$$a=A_1+\frac{d_1+d_2}{2} \text{ 或 } a=A_2-\frac{d_1+d_2}{2}$$

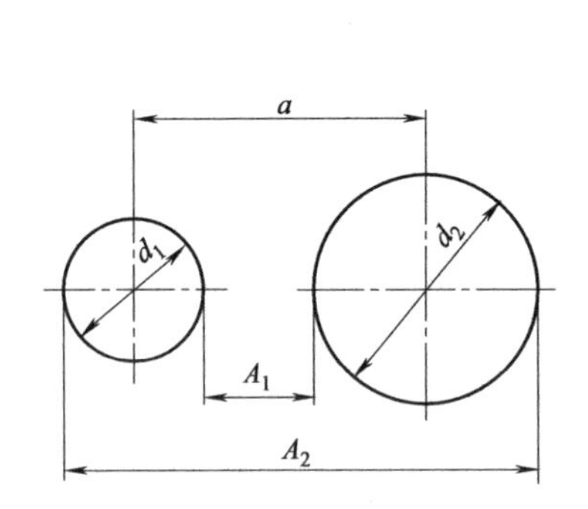

图 5-1　中心距 a 的测量

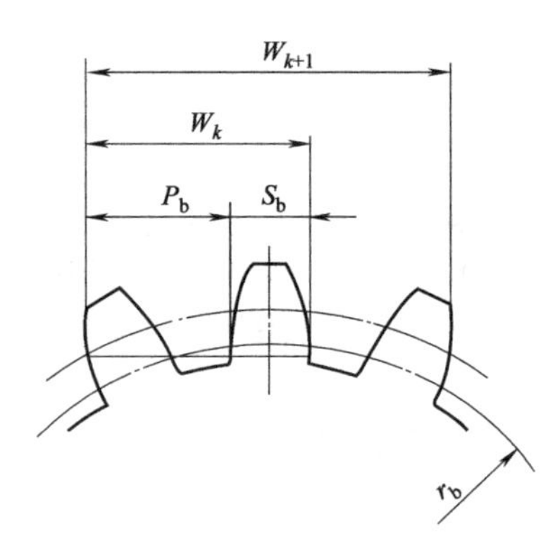

图 5-2　公法线长度 W_k 的测量

以上的尺寸均需反复测量，还要测出轴和箱体孔的圆度、圆柱度及轴线间的平行度，它们对换算中心距都有影响。测轴径或孔径应分别采用外径千分尺和内径千分尺，测轴或孔间距离可采用高精度游标卡尺。

③ 公法线长度 W_k 和基圆齿距 P_b　通过测量公法线长度基本上可确定模数和压力角。在测量公法线长度时，需注意选择适当的跨齿数，一般要在相邻齿上多测几组数据，以便比较选择。

对于直齿和斜齿圆柱齿轮，可用公法线千分尺或高精度游标卡尺测出两相邻齿公法线长度 W_k 和 W_{k+1}（k 为跨测齿数），如图 5-2 所示。依据渐开线性质，理论上卡尺在任何位置测得的公法线长度均相等，但实际测量时，在分度圆附近测得的尺寸精度最高。因此，测量时应尽可能使卡尺切于分度圆附近，避免卡尺接触齿尖或齿根圆角。测量时，如切点偏高，可减少跨测齿数 k；如切点偏低，可增加跨测齿数 k。跨测齿数 k 值可按公式计算或直接查表 5-1。计算公式为

$$k=z\frac{\alpha}{180^\circ}+0.5$$

表 5-1　测量公法线长度时的跨测齿数 k 值

齿形角 α	跨测齿数 k							
	2	3	4	5	6	7	8	9
	被测齿轮齿数 z							
11.5°	9～23	24～35	36～47	48～59	60～70	71～82	83～95	96～100
15°	9～23	24～35	36～47	48～59	60～71	72～83	84～95	96～107
20°	9～18	19～27	28～36	37～45	46～54	55～63	64～72	73～81
22.5°	9～16	17～24	25～32	33～40	41～48	49～56	57～64	65～72
25°	9～14	15～21	22～29	30～36	37～43	44～51	52～58	59～65

从图 5-2 中可以看出，公法线长度每增加一个跨齿，就增加一个基圆齿距 P_b，所以，基圆齿距 P_b为

$$P_b = W_{k+1} - W_k = W_k - S_b$$

S_b可用齿厚游标卡尺测出，考虑到公法线长度的变动误差，每次测量时，必须在同一位置，即取同一起始位置，同一方向进行测量。

④ 齿顶圆直径 d_a 与齿根圆直径 d_f　用高精度游标卡尺或螺旋千分尺测量齿顶圆直径 d_{a1}和 d_{a2}，在不同的径向方位上测几组数据，取其平均值。当被测齿轮的齿数为奇数时，不能直接测量齿顶圆直径，可先测图 5-3 中所示的 D 值，通过计算求得齿顶圆直径 d_a。

$$d_a = \frac{D}{\cos^2\theta}$$

式中，$\theta = \arctan\dfrac{b}{2D}$。

也可通过测量内孔直径 d 和内孔壁到齿顶的距离 H_1来确定 d_a，通过测量内孔直径 d 与从内孔壁到齿根的距离 H_2确定 d_f，如图 5-4 所示。

$$d_a = d + 2H_1$$

$$d_f = d + 2H_2$$

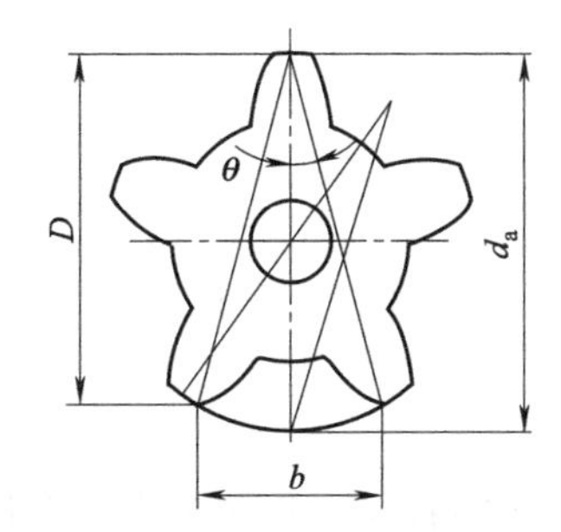

图 5-3　齿顶圆直径 d_a的测量

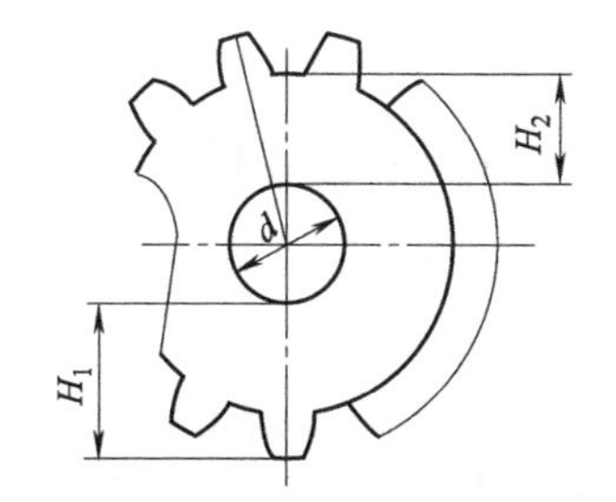

图 5-4　用精密游标卡尺测量 d_a和 d_f

⑤ 全齿高　可用深度尺直接测出全齿高 h，也可以通过测量齿顶和齿根到齿轮内孔的距离（或轴径），换算得到 h，如图 5-4 所示。

$$h = H_1 - H_2$$

⑥ 齿侧间隙及齿顶间隙　为了保证齿轮副能进行正常啮合运行，齿轮副需要有一定的侧隙及顶隙。

理论侧隙 $j = (W_{k1} - W_{k1'}) + (W_{k2} - W_{k2'})$，理论顶隙为 c^*。

齿侧间隙的测量，应在传动状态下利用塞尺或压铅法进行。测量时，一个齿轮固定不动，另一个齿轮的侧面与其相邻的齿面相接触，此时的最小间隙即为齿侧间隙 j。测量时应注意在两个齿轮的节圆附近测量，这样测出的数值较为准确。顶隙的测量，同样是在齿轮啮合状态下，用塞尺或压铅法测出。

⑦ 其他测量

a. 精度。对于重要的齿轮，在条件许可情况下，可用齿轮测量仪器测量齿轮的精度，但应考虑齿面磨损情况，酌情确定齿轮的精度等级。

b. 齿面粗糙度。可用粗糙度样板对比或粗糙度测量仪测出齿面粗糙度。

（2）直齿圆柱齿轮基本参数的确定

齿轮测绘中，有些参数可直接测定给出；有些参数，如模数、压力角、齿顶高系数 h_a^* 和顶隙系数 c^* 等必须通过计算判断及比较后才能合理确定。

① 模数、压力角的确定　模数在测量时无法直接确定，必须经过计算才能确定。我国标准齿轮压力角为20°，根据基圆齿距 P_b 可确定模数 m 的大小。

$$m=\frac{P_b}{\pi\cos\alpha}$$

计算后与标准模数比较，选取相近的标准值。

② 齿顶高系数 h_a^* 和顶隙系数 c^*　我国标准齿轮的齿顶高系数 $h_a^*=1$，顶隙系数 $c^*=0.25$。

③ 其他计算

a. 公法线长度 W_k 及跨齿数 k。

$$k=\frac{z}{180}\arccos\left(\frac{z\cos\alpha}{z+2x}\right)+0.5$$

$$W_k=m\cos\alpha[(k-0.5)\pi+z\ \mathrm{inv}\alpha]+2mx\sin\alpha$$

b. 固定弦齿高 $\bar{h}_c$ 和固定弦齿厚 $\bar{s}_c$。

$$\bar{s}_c=m\cos^2\alpha\left(\frac{\pi}{2}+2x\tan\alpha\right)$$

$$\bar{h}_c=\frac{d_a-d}{2}-\frac{1}{2}\bar{s}_c\tan\alpha$$

测绘齿轮时，除轮齿外，其余部分与一般零件的测绘方法相同，不再赘述。

5.2.2 斜齿圆柱齿轮的测绘

斜齿圆柱齿轮测绘步骤与直齿圆柱齿轮大致相同，主要是增加了齿顶圆螺旋角 β_a 的测量和分度圆螺旋角 β 的计算。

(1) 齿顶圆螺旋角 β_a 的测量

在齿轮的齿顶圆上涂上一层较薄的红丹，将齿轮端面紧贴直尺，顺一个方向在白纸上滚动，可得到较为清晰的压痕，如图5-5所示，用量角器量出螺旋角 β_a。

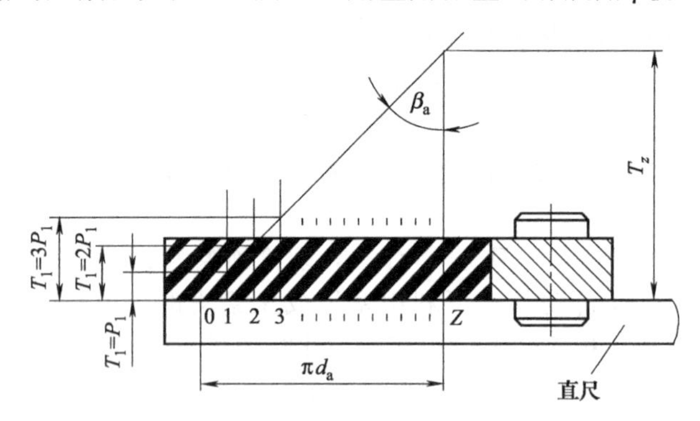

图5-5　滚印法测量螺旋角

$$\tan\beta_a=\frac{\pi d_a}{T_z}$$

(2) 分度圆螺旋角 β 的计算

根据齿顶圆螺旋角 β_a 和齿顶圆直径 d_a 等参数计算分度圆螺旋角 β。

$$\tan\beta_a=\frac{\pi d_a}{T_z}$$

$$\tan\beta=\frac{d}{d_a}\tan\beta_a$$

此外也可用滚珠-轴向齿距法测量 p_x 和 L 后计算求得，如图 5-6 所示，轮齿轴向齿距为

$$p_x=\frac{L-d_p}{n}$$

$$\sin\beta=\frac{\pi m_n}{p_x}$$

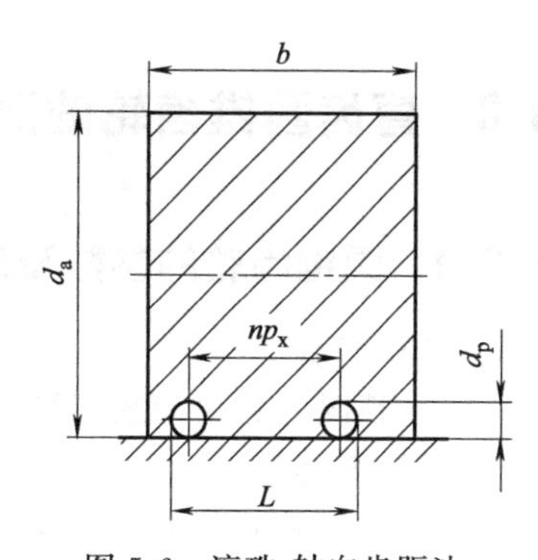

图 5-6 滚珠-轴向齿距法测量螺旋角

上述方法的测量精度较低，只能作为测绘中的粗略估算或参考用。如果需要精确测量，可用专用的精密测量仪器直接测出。

（3）基本参数的确定

① 法面齿顶高系数 h_{an} 和法面顶隙系数 c_n^* 的确定　斜齿轮一般采用标准齿形，我国标准斜齿轮的法面齿顶高系数 $h_{an}=1$，法面顶隙系数 $c_n*=0.25$。

② 法面压力角 α_n 的确定　取标准值 $\alpha_n=20°$。

③ 法面模数 m_n 的确定

a. 根据测定的全齿高 h，计算法面模数 m_n，公式为

$$m_n=\frac{h}{2h_{an}+c_n^*}$$

b. 依据测定的中心距 a，齿数 z_1、z_2 和分度圆螺旋角确定 m_n，公式为

$$m_n=\frac{2a\ \cos\beta}{z_1+z_2}$$

5.2.3 齿轮材料与热处理

齿轮材料与热处理如表 5-2 所示。

表 5-2 齿轮材料与热处理

工作条件	材料和热处理
低速轻载	45，调质，200～250HBS
低速中载，如标准系列减速器齿轮	45，40Cr，调质，220～250HBS
低速重载或中速中载，如车床变速箱中的次要齿轮	45，表面淬火，350～370℃中温回火，齿面硬度 40～45HRC
中速重载	40Cr，40MnB，表面淬火，中温回火，齿面硬度 45～50HRC
高速轻载或中载，有冲击的小齿轮	20、20Cr，20MnVB，渗碳，表面淬火，低温回火，齿面硬度 52～62HRC；38CrMoAl，渗氮，渗氮深度 0.5mm，齿面硬度 50～55HRC
高速中载，无猛烈冲击，如车床变速箱中的齿轮	20CrMnTi，渗碳，淬火，低温回火，齿面硬度 56～62HRC
高速中载，模数>6mm	20CrMnTi，渗碳，淬火，低温回火，齿面硬度 52～62HRC
高速重载，模数<5mm	20Cr、20Mn2B，渗碳，淬火，低温回火，齿面硬度 52～62HRC
大直径齿轮	ZG340～640，正火，180～220HBS

5.3 直齿圆锥齿轮的测绘

5.3.1 圆锥齿轮的参数及尺寸的测量

(1) 齿数 z

正常情况下数出齿数即可。

(2) 外锥距 R

如图 5-7 所示，在原来安装位置或配对模拟位置成对地用卡钳直接量出 $2R'$，这时，$R=R'$。对单个圆锥齿轮，可用一对钢直尺竖立在顶锥面上，从两钢尺交叉点到大端背锥读出 R 值来，测量时应注意使钢直尺通过圆锥齿轮的回转轴线。若锥齿轮大端倒角，则应在大端补齐成尖角后测量。

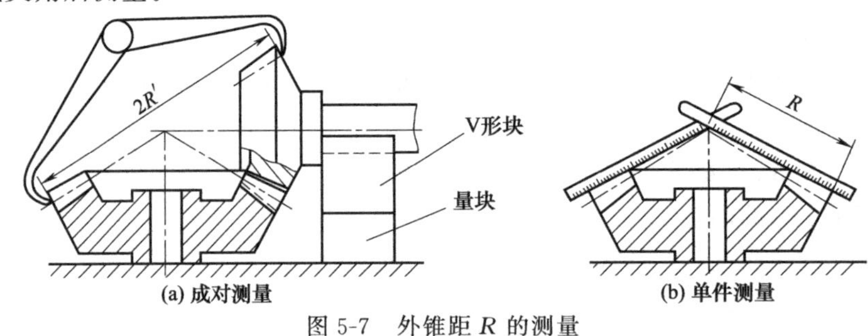

图 5-7 外锥距 R 的测量

(3) 齿宽 b

如图 5-8 所示，用游标卡尺直接量出。

(4) 齿顶圆直径 d_a

在齿轮圆周相互垂直的直径方向上量取 d_a，取平均值至小数点后两位。

偶数齿时：$d_a=d'_a$

奇数齿时：

$$d_a \approx d'_a / \cos \frac{90^\circ}{z}$$

若大端存在倒圆角或者倒角，则 d_a应加补偿量 Δd_a，如图 5-9 所示。

倒斜角，$\phi=90^\circ$时：$\Delta d_a \approx 2\Delta \cos(\phi+\delta)\cos\delta$

倒斜角，$\phi\neq 90^\circ$时：$\Delta d_a \approx \Delta \sin 2\delta$

倒圆角，半径为 r 时：$\Delta d_a \approx 0.83r$

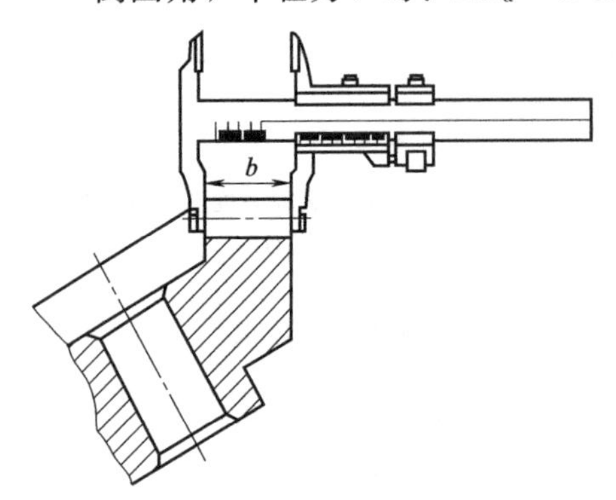

图 5-8 齿宽 b 的测量

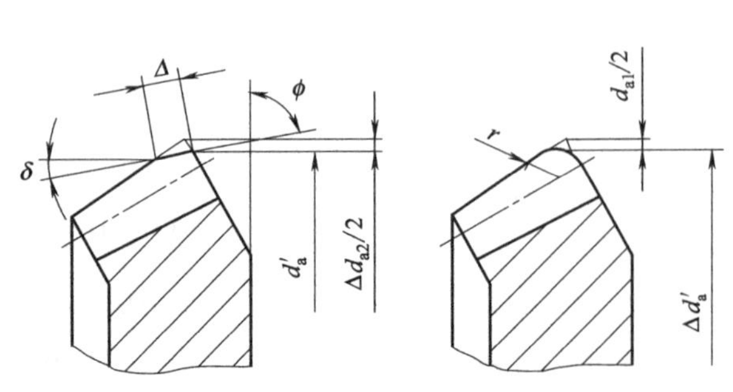

图 5-9 圆锥齿轮倒角和倒圆后齿顶圆直径 d_a 的补偿

（5）全齿高 h

测量齿顶圆直径 d_a 和齿根圆直径 d_f 后通过推算得出：

$$h=\frac{d_a-d_f}{2\cos\delta}$$

也可以用游标卡尺直接量出，如图 5-10 所示。如果大端倒角，则齿高应在大端补齐成尖角后测量。否则，全齿高应加上补偿量 Δh。

$$\Delta h=\Delta\cos(\phi+\delta)$$

倒直角时，上式中 ϕ 取 90°。

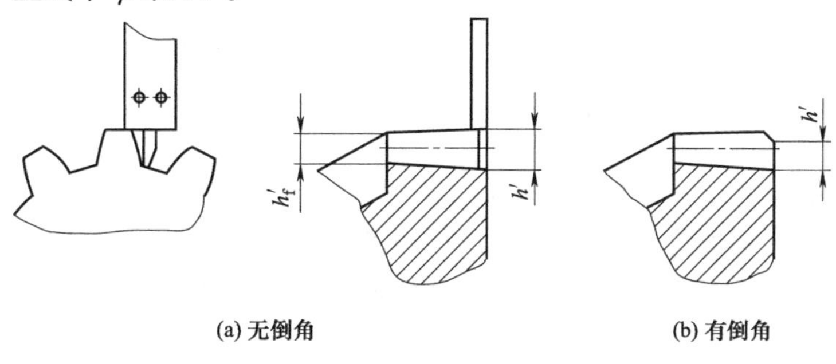

图 5-10 全齿高 h 的测量

（6）法向齿顶厚 s_{an} 和法向齿根槽宽 e_{fn}

如图 5-11 所示，用游标卡尺测量大端、齿宽中点和小端三处，每处取最小值，读数到小数点后一位。

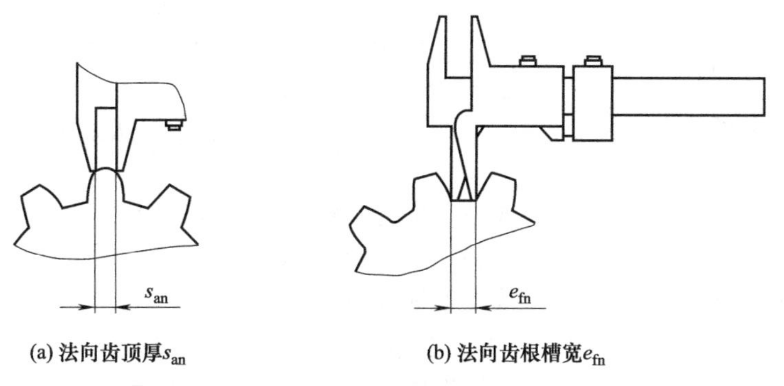

图 5-11 法向齿顶厚 s_{an} 和法向齿根槽宽 e_{fn} 的测量

（7）顶锥角 δ_a 和根锥角 δ_f

测量出齿顶宽 b'_a、齿根宽 b'_f、大端齿顶圆直径 d'_a、小端齿顶圆直径 d'_{a1}、大端齿根圆直径 d'_f、小端齿根圆直径 d'_{f1} 后，按直角三角形关系求出顶锥角 δ_a 和根锥角 δ_f，如图 5-12 所示。

$$\delta_a=\arctan\frac{d'_a-d'_{a1}}{2b'_{a1}}\approx\arcsin\frac{d'_a-d'_{a1}}{2b'_a}$$

$$\delta_f=\arctan\frac{d'_f-d'_{f1}}{2b'_{f1}}\approx\arcsin\frac{d'_f-d'_{f1}}{2b'_f}$$

5.3.2 圆锥齿轮基本齿形参数的确定

（1）大端模数 m_t

圆锥齿轮的模数是其齿形几何尺寸计算的基础，模数的确定是至关重要的。标准圆锥齿

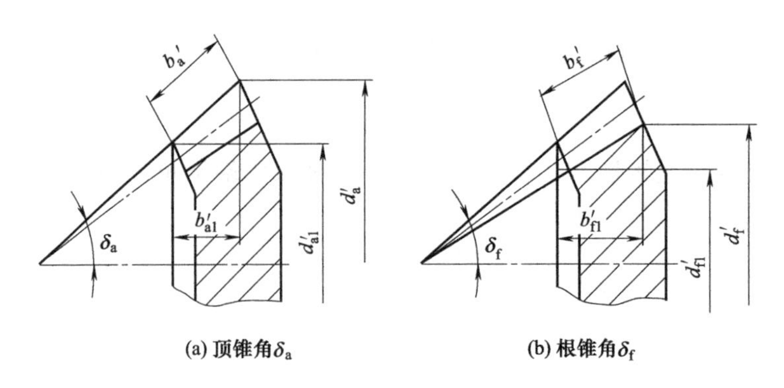

图 5-12　顶锥角 δ_a 和根锥角 δ_f

轮以大端端面模数 m_t作为计算依据，标准直齿圆锥齿轮的大端端面模数 m_t采用标准值，故计算时应将 m_t圆整为标准值，大端模数的确定主要用外锥距法。

① 计算分锥角 δ　一般标准圆锥齿轮多成对测绘，且两轴相交成直角 $\Sigma=90°$时，如图 5-13 所示，则

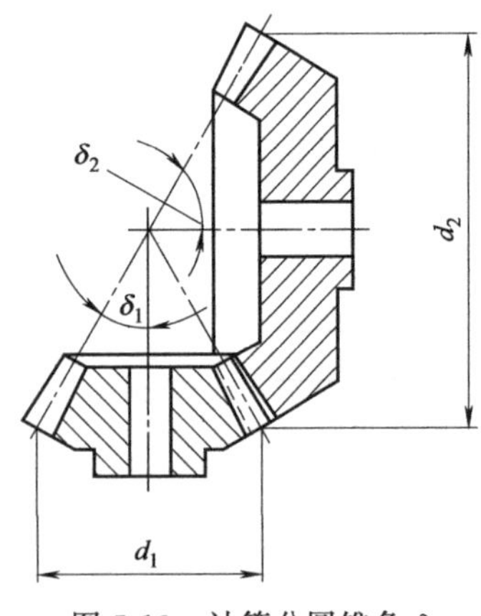

图 5-13　计算分圆锥角 δ

$$\tan\delta_1=\frac{d_1}{2}\bigg/\frac{d_2}{2}=\frac{mz_1}{mz_2}=\frac{z_1}{z_2}$$

$$\delta_1=\arctan\frac{z_1}{z_2}\qquad \delta_2=90°-\delta_1$$

式中，δ_1、δ_2分别为小圆锥齿轮和大圆锥齿轮的分锥角；z_1、z_2分别为小圆锥齿轮和大圆锥齿轮的齿数。

② 计算大端模数 m_t

$$m_t=\frac{2R\sin\delta_1}{z_1}=\frac{2R\sin\delta_2}{z_2}$$

式中，R 为圆锥齿轮的外锥距。

(2) 压力角的确定

按国家标准值取 $\alpha=20°$。

(3) 齿顶高系数 h_a^* 和顶隙系数 c^*

按标准值选取，$h_a^*=1$，$c^*=0.25$。

5.4 蜗轮蜗杆的测绘

5.4.1 普通圆柱蜗杆、蜗轮几何参数的测量

(1) 蜗杆头数 z_1 (齿数)、蜗轮齿数 z_2

目测确定 z_1，并数出 z_2。

(2) 蜗杆齿顶圆 d_{a1}及蜗轮喉圆直径 d_{a2}

可用高精度游标卡尺或千分尺直接测量，用游标卡尺测量蜗轮喉圆直径 d_{a2}的方法如图 5-14 所示。测量时，可在三四个不同直径位置上进行，取其中的最大值。当蜗轮齿数为偶数时，齿顶圆直径就是将卡尺的读数减去两端量块高度之和，当蜗轮的齿数为奇数时，可按圆柱齿轮奇数齿所介绍的方法进行。

(3) 蜗杆齿高 h_1

蜗杆齿高 h_1 可按以下方法测量。

① 用高精度游标卡尺的深度尺或其他深度测量工具直接测量蜗杆齿高，如图 5-15 所示。

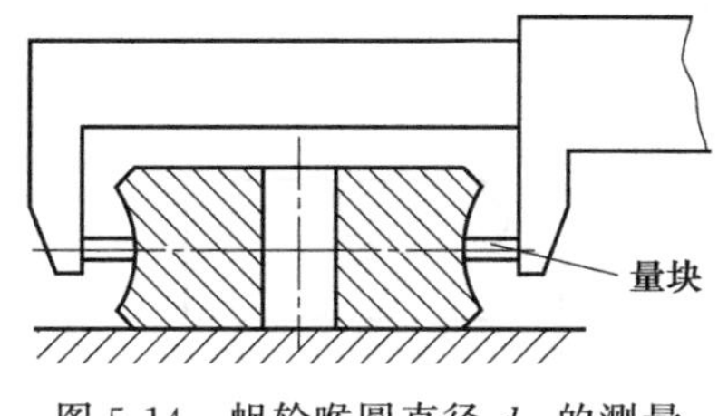

图 5-14 蜗轮喉圆直径 d_{a2} 的测量

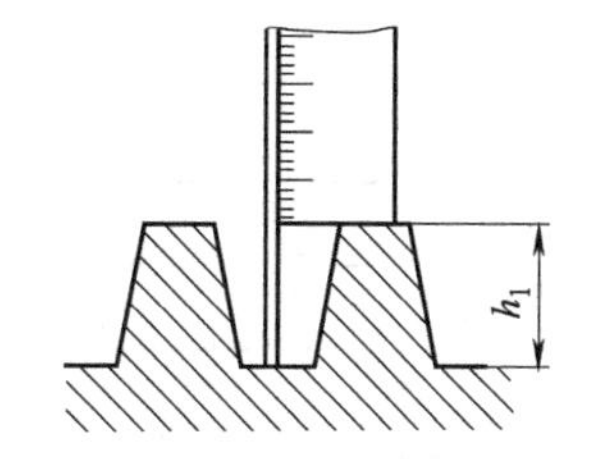

图 5-15 蜗杆齿高 h_1 的测量

② 用游标卡尺测量蜗杆的齿顶圆直径 d'_{a1} 和蜗杆齿根圆直径 d'_{f1}，并按下式计算

$$h_1=\frac{d'_{a1}-d'_{f1}}{2}$$

(4) 蜗杆轴向齿距 p'_z

测量蜗杆轴向齿距 p'_z 可以用直尺或游标卡尺在蜗杆的齿顶圆柱上沿轴向直接测量，如图 5-16 所示。为了精确起见，最好多跨几个轴向齿距，然后将所测得的数除以跨齿数，就是蜗杆的轴向齿距。

(5) 蜗杆齿形角 α

蜗杆齿形角可用角度尺或齿形样板在蜗杆的轴向剖面和法向剖面内测量，将两个剖面的数值都记录下来，作为确定参数时的参考。也可以用不同齿形角的蜗轮滚刀插入齿部做比较来判断。

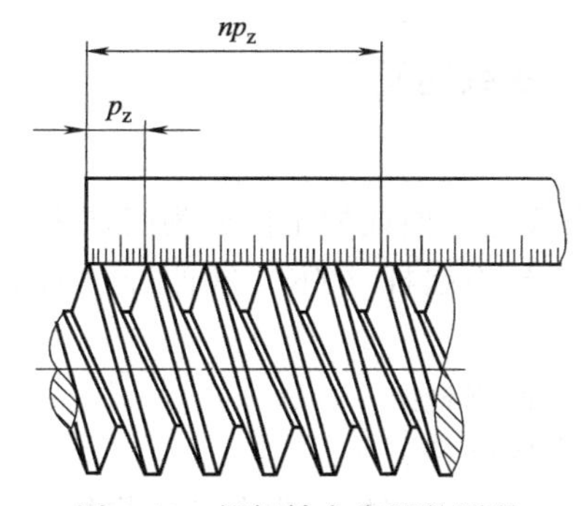

图 5-16 蜗杆轴向齿距的测量

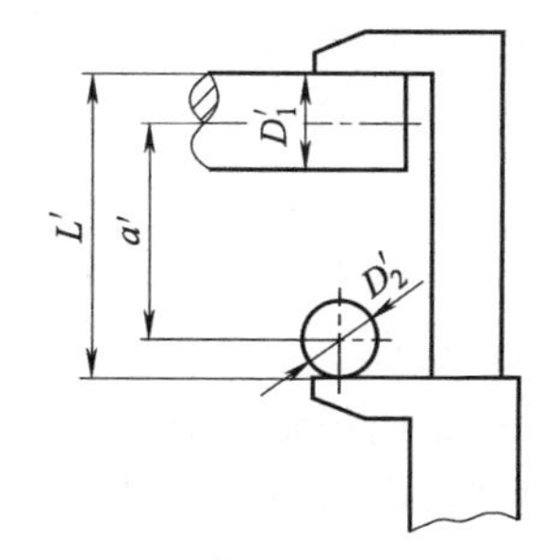

图 5-17 测蜗杆蜗轮轴外侧间的距离 L'

(6) 蜗杆副中心距 a'

蜗杆副中心距的测量对蜗杆传动啮合参数的确定以及对校核所定参数的正确性都是很重要的。因此，应该仔细测量，力求精确。需要注意的是：只有当根据测绘的几何参数所计算出来的中心距与实测的中心距 a' 相一致时，才能保证蜗杆传动的正确啮合。

测量中心距时，可利用设备原有的蜗杆和蜗轮轴，清洗后重新装配进行测量。测量时，首先要测量这些轴的本身尺寸（D'_1，D'_2）与形位公差，以便作为修正测量结果的参考。

常用的测量方法有：

① 用高精度游标卡尺或千分尺，测出两轴外侧间的距离 L'，如图 5-17 所示，并按下式计算中心距。

$$a'=L'-\frac{D_1'+D_2'}{2}$$

② 用内径千分尺测出两轴内侧间的距离 M'，如图 5-18 所示，并按下式计算中心距。

$$a'=M'+\frac{D_1'+D_2'}{2}$$

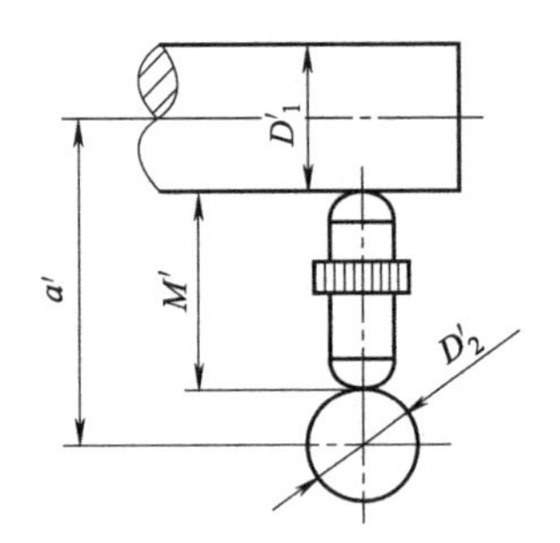

图 5-18 测蜗杆蜗轮轴内侧间的距离 M'

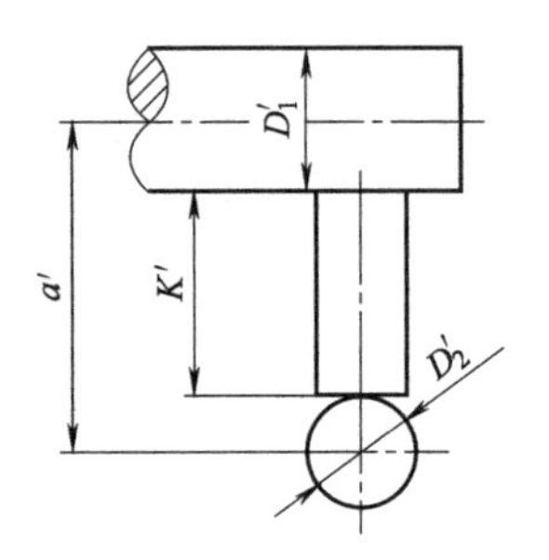

图 5-19 用量块测量两轴内侧间的距离

③ 当中心距不大，用上述方法测量有困难时，可用量块测量两轴内侧间的距离 K'，如图 5-19 所示，并按下式计算中心距。

$$a'=K'+\frac{D_1'+D_2'}{2}$$

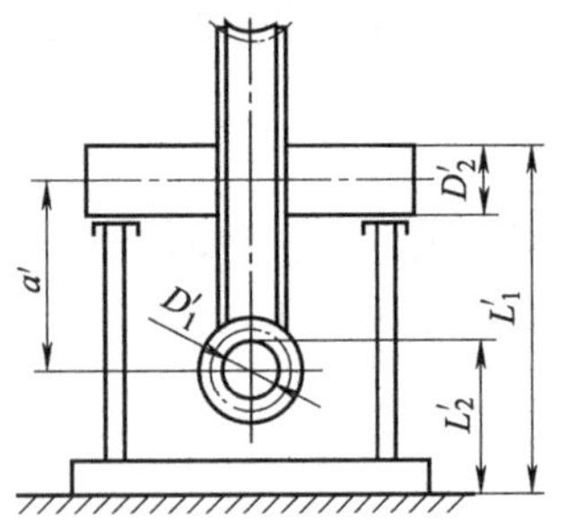

图 5-20 在平台上测蜗轮蜗杆轴线间的距离

在划线平台上测出 L_1' 及 L_2'，如图 5-20 所示，再分别测出蜗杆、蜗轮轴径 D_1、D_2，并按下式计算中心距。

$$a'=L_1'-L_2'-\frac{D_1'}{2}+\frac{D_2'}{2}$$

5.4.2 蜗轮蜗杆基本参数的确定

(1) 蜗杆齿面齿形的判别

普通圆柱蜗杆根据齿面齿廓曲线的不同分为阿基米德蜗杆 (ZA)、法向直廓蜗杆 (ZN)、渐开线蜗杆 (ZI) 和锥面包络蜗杆 (ZK) 等四种。测量时以直廓样板进行试配。

① 当蜗杆轴向齿形是直线齿廓时，该蜗杆为阿基米德蜗杆。

② 当蜗杆法向齿形是直线齿廓时，该蜗杆为法向直廓蜗杆。

③ 当蜗杆在某一基圆柱的切面上剖切齿形是直线齿廓时，该蜗杆为渐开线蜗杆。

④ 当以直廓样板试配的过程中与上述三种类型不符，蜗杆轴向或法向齿廓也不呈中凹，就应该考虑是否属于锥面包络蜗杆。

在缺乏条件的情况下测绘，要准确判断蜗杆齿形是很困难的，所以对要求保证传动精度的蜗杆副的更换，建议采用成对更换的方法。

(2) 模数

确定蜗杆的模数有以下四种方法。

① 可根据测量的蜗杆轴向齿距 p_z，查表 5-3 来确定。

② 根据计算公式 $h=2.2m_a$，则

$$m_a=h/2.2$$

如图 5-15 所示，用游标卡尺的深度尺或其他测量工具直接量得 h，则 m_a 即可算出。

表 5-3 蜗杆轴向齿距 p_z、模数 m 对照表 mm

p_z	m	p_z	m
3.142	1	15.870	5.053
3.175	1.011	15.950	5.080
3.325	1.058	17.460	5.559
3.627	1.155	18.850	6
3.990	1.270	19.050	6.064
4.433	1.411	19.950	6.350
4.712	1.500	20.640	6.569
4.763	1.516	21.990	7
4.987	1.588	22.220	7.074
5.700	1.814	22.800	7.257
6.283	2	23.810	7.580
6.350	2.021	25.130	8
6.650	2.116	25.400	8.085
7.254	2.309	26.500	8.467
7.854	2.500	26.990	8.590
7.938	2.527	28.270	9
7.980	2.540	28.580	9.095
8.856	2.822	29.020	9.236
9.425	3	30.160	9.061
9.525	3.032	31.420	10
9.975	3.175	31.750	10.106
11	3.500	31.920	10.159
11.110	3.537	33.340	10.612
11.400	3.625	34.930	11.117
12.570	4	35.470	11.289
12.700	4.043	36.510	11.622
13.300	4.233	37.700	12
14.140	4.500	38.100	12.127
14.290	4.548	39.900	12.700
15.710	5	41.270	13.138

③ 根据计算公式 $d_{ai}=m_t(z_2+2)$，则

$$m_t=m_a=\frac{d_{ai}}{z_2+2}$$

④ 如图 5-16 所示，用钢直尺测量蜗杆的轴向齿距 p_z，根据计算公式 $p_z=m_a\pi$，则

$$m_a=\frac{p_z}{\pi}$$

以上四种方法求出的 m_a，均应按标准模数系列选取与其相近的标准模数。

如果计算结果与标准的模数不相符，那么这个蜗轮可能是变位的蜗轮，需要进一步确定变位系数 x_2。

（3）压力角 α

国家标准对普通圆柱蜗杆的压力角规定为：阿基米德蜗杆轴向压力角取标准值 $\alpha_a=20°$，法向直廓蜗杆、渐开线蜗杆、锥面包络蜗杆的法向压力角取标准值 $\alpha_n=20°$。

（4）蜗杆分度圆直径 d_1

为使蜗轮滚刀标准化，蜗杆直径 d_1 值必须标准化，测绘时应该注意这一点。具体系列请参看有关手册。

（5）齿顶高系数 h_a^*、顶隙系数 c^*

在测得全齿高 h_1' 和模数 m_a' 后，一般可先试取齿顶高系数 $h_a^*=1$，顶隙系数 $c^*=0.2$，按公式 $h_1=2h_a^*m_a+c^*m_a$ 核算所得数值。如果 $h_1\neq h_1'$，说明齿顶高系数 h_a^* 和顶隙系数 c^* 取值不正确，应当重新确定。

我国规定 $h_a^*=1$，导程角 $\gamma>30°$时，为满足高速重载传动的需要，可采用短齿制，取 $h_{a1}^*=0.8$。对渐开线蜗杆、蜗轮，可分别取为 $h_{a1}^*=1$，$h_{a2}^*=2\cos\gamma-1$。

为保证蜗轮滚刀的寿命，c^* 值可能大于 0.2，某些特殊传动要求 c^* 值小于 0.2，因此国家标准规定 $c^*=0.2$，但还可在 0.15～0.35 之间取值。

重新选取 h_a^* 和 c^* 后，再用 h_1 的计算公式核算，直到测得的值 h_1' 与计算值 h_1 相符，即可最后确定 h_a^* 和 c^*。

5.4.3 蜗杆的材料与热处理

蜗杆的材料与热处理如表 5-4 所示。

表 5-4 蜗杆的材料与热处理

工作条件	材料与热处理
低速中载或不太重要的蜗杆	45，调质，220～250HBS
高速重载	20Cr，900～950℃渗碳，800～820℃油淬，180～200℃低温回火，齿面硬度 56～62HRC；40、45、40Cr，表面淬火，中温回火，齿面硬度 45～50HRC
要求耐磨性尺寸大的蜗杆	20CrMnTi，渗碳，油淬低温回火，齿面硬度 56～62HRC
要求高硬度和最小变形的蜗杆	38CrMoAlA，正火（调质），渗氮，齿面硬度＞850HV

5.5 CNC 齿轮测量中心

CNC 齿轮测量中心是近年来国际上迅速发展起来的机、电结合的新一代齿轮测量仪。它集先进的计算机技术、微电子技术、精密机械制造技术、高精度传感技术、信息处理技术与精密测量理论于一体，以四轴齿轮测量技术最大限度满足齿轮检测的需求，适用于渐开线圆柱齿轮、斜齿圆柱齿轮的齿廓偏差、螺旋线偏差、齿轮误差、径向跳动等参数，以及齿轮刀具（滚刀、剃齿刀、插齿刀等）等工件高精度、自动、快速、全面检测，具有锥齿轮、蜗轮蜗杆、凸轮轴、圆回转体等工件的扩展测量功能。

（1）CNC 齿轮测量中心的组成

CNC 齿轮测量中心由机械系统、数控系统和计算机软件三大部分组成，机械系统部分由切向（T 轴）、轴向（Z 轴）和径向（R 轴）三个方向的直线导轨和一个回转主轴（θ 轴）组成。四个坐标轴分别由各自的伺服电动机驱动，通过数控系统实现四轴联动。三个直线导轨上分别装有长光栅，主轴上同轴安装一个圆光栅，用来实时测量各轴的位置。工件安装在主轴上，随主轴一起转动。测头（微位移传感器）安装在 R 轴滑台上，如图 5-21 所示。

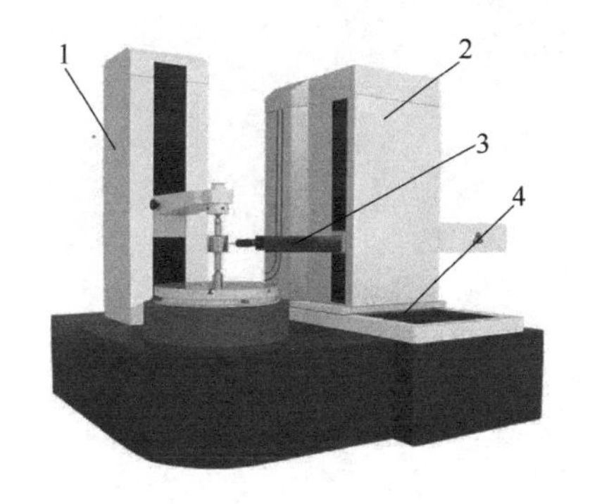

图 5-21 CNC 齿轮测量中心

1—顶尖支架；2—垂直导轨；3—测量探针；4—电源

（2）CNC 齿轮测量中心的工作过程

在测量中心上，计算机根据测量项目的要求，通过数控系统控制各轴运动，使测头相对应于被测工件产生所要求的测量运动。运动过程中，计算机实时采集测头的示值和同一时刻各坐标轴光栅的计数值，然后经过分析处理，输出测量结果。由于各坐标轴装有光栅，当数控系统控制测头相对工件运动时，无论运动轨迹是否偏离理论轨迹，计算机把实时采集到的一系列测头示值和光栅读数，经过适当的坐标变换，得到被测工件实际廓形上的一系列坐标点（实测曲线），再将这些坐标点与理论曲线比较，最后得到被测廓形的误差曲线，其工作过程如图 5-22 所示。

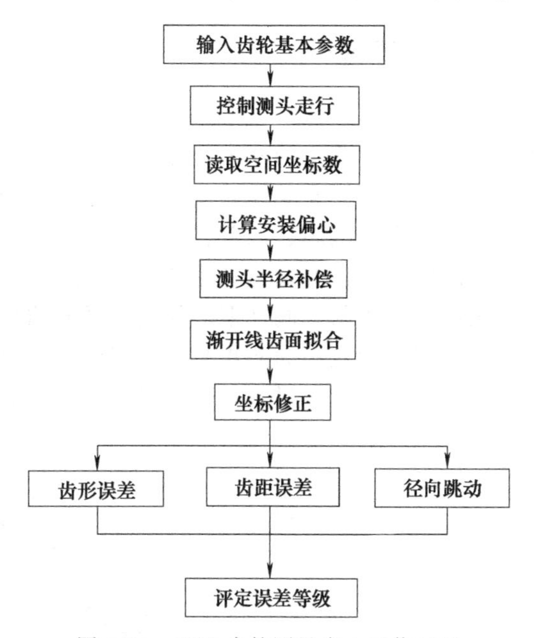

图 5-22 CNC 齿轮测量中心工作过程

（3）CNC 齿轮测量中心的特点及应用

① 测量精度高，效率高　CNC 齿轮测量中心上使用了大量的位移传感器，能够准确实时地采集测头示值及各运动轴的坐标值，CNC 控制、四轴联动、被测齿轮件装夹好后仅调整一次仪器，可全自动完成齿形、齿向、周节、整体误差等所有项目的测量。

② 功能强大，应用面广　CNC 齿轮测量中心可以实现多坐标联动。因此几乎可以完成任意复杂型面的测量。不仅能够测量渐开线圆柱齿轮，还可以测量齿轮刀具、锥齿轮、凸轮、螺杆、曲轴等。并采用人机对话形式可自动选定各种测量项目，自动处理数据、自动绘制误差曲线，打印检测报告等。

第6章 机械部件测绘实例

本章通过球阀、齿轮油泵、机用虎口钳的测绘，进一步说明机械零部件的测绘方法和步骤。

6.1 球阀测绘

6.1.1 了解球阀的结构及工作原理

（1）球阀的主要结构

球阀是输送水、油或者其他液体管路中的一个部件，用以控制介质的通过或阻断，因阀芯为球形而得名，按与管道连接方式不同有螺纹连接和法兰连接两种。图 6-1 所示为法兰连接球阀，它主要由阀体、阀芯密封圈、阀芯、阀盖、阀杆、填料、压盖、手把等组成。阀芯装在阀体中间的球形空间内，用阀盖压住并通过四个螺栓将阀体、阀芯、阀盖固定在一起；为防止介质渗漏，阀芯两端用密封圈密封；阀杆下端的扁平部分插在阀芯的槽中，上部的四棱柱端头用以安装手把，并用开口销固定；为防止介质从阀杆处渗漏，在阀杆和阀体之间加了填料，用压盖压紧并用螺钉固定，同时通过螺钉还可以调整填料的松紧程度。限位块用来限制手把的转动范围。

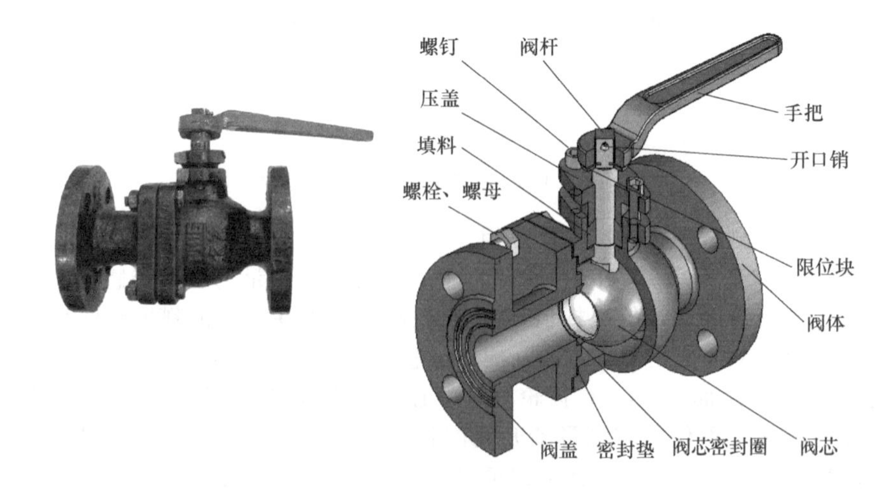

图 6-1 法兰连接球阀结构

（2）球阀的工作原理

工作时，当手把与阀体孔轴线平行时，阀芯的通孔完全与管路的通径重合，阀门完全打开，流量最大（图 6-1 所示的位置）；当手把与阀体孔轴线垂直时，阀芯的通孔完全与管路的通径垂直，阀门完全被截断，介质不能通过；当手把处于与阀体孔轴线平行和垂直中间的任何位置时，管路处于半开半闭状态，可以调节介质流量。

6.1.2 拆卸球阀及画装配示意图

（1）球阀的拆卸

拆卸球阀所用的主要工具有钳子、呆扳手或梅花扳手、内六角扳手。

球阀有两个装配干线：一个沿着阀体轴线，阀体—阀芯—阀盖；另一个沿着阀杆，开口销—手把—压盖—填料。拆卸时首先用钳子拔出开口销，取下手把，内六角扳手旋出螺钉，拿掉压盖，拔出阀杆并带出填料；接下来用扳手拧下螺母、螺栓，即可拆下阀盖，取出阀芯密封圈、阀芯。

（2）画装配示意图

装配示意图用来表示组成球阀各零件的结构形状和装配关系，如图 6-2 所示。

6.1.3 测绘球阀并绘制零件草图

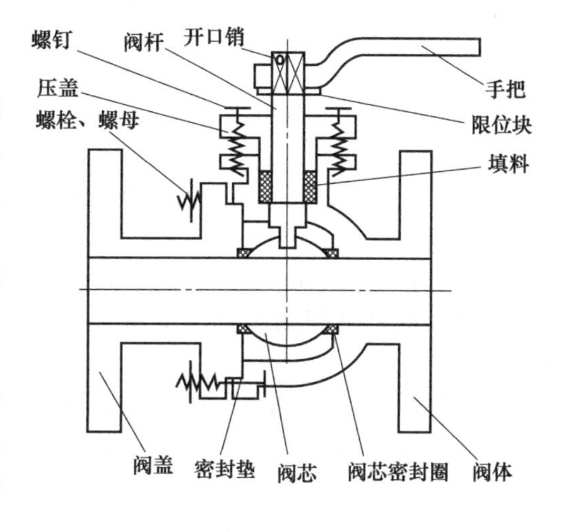

图 6-2 球阀装配示意图

球阀中螺栓、螺母、螺钉、开口销为标准件，不需要绘制零件图，只需要根据相关尺寸，写出标记即可；密封垫、填料也不需要零件图，其他为专用件，都需要测绘并绘制零件草图，下面主要介绍阀体、阀芯、阀盖、阀杆、阀芯密封圈的测绘过程。

（1）测绘阀体

① 选择表达方案并绘制阀体草图　测绘的阀体如图 6-3 所示，它属于箱体类零件，一般按工作位置放置。主视图采用全剖以表达内部架构，阀体轴线水平，阀杆安装孔向上；俯视图表达球阀外形及上端凸台形状；左视图采用局部剖，既表达阀体左端面形状，又表达上端凸台螺纹孔的深度和阀体内部结构；采用 B 向视图表达阀体与管路连接端面的形状；用局部放大图表达密封槽的结构形状，如图 6-3 所示。

② 测量并标注尺寸　阀体结构比较简单，采用一般的测量工具和方法即可完成各尺寸的测量。合理地选择尺寸基准是测量和标注尺寸首先要考虑的重要问题，为保证阀体、阀芯密封垫、阀盖、阀杆之间的装配精度及球阀的工作性能，选择阀体上部 $\phi30$ 轴线（过球心）为长度方向尺寸基准，测量并标注尺寸 27 和 24 以及阀杆安装孔尺寸 $\phi30$、$\phi40$；其中 27 可以通过测量 $\phi30$ 直径及该孔到左端面距离计算出来，24 可以通过测量尺寸 51，减去 27 得出。左端 $\phi40$ 轴线为高度方向尺寸基准，测量并标注尺寸 65 及尺寸 $\phi82$、$\phi40$、$\phi32$、$\phi50$、$\phi135$ 等，65 可以通过测量 $\phi82$ 直径及该孔到上端面距离计算出来。阀体前后对称面为宽度基准，测量并标注尺寸 50 等。关于球面内外表半径 $SR35$、$SR45$，可以通过测量与之相切的圆柱面直径 $\phi70$、$\phi90$ 推算出来。铸造圆角可以按常用的数值直接确定，也可以用 R 规测量得出。其余的尺寸可以用游标卡尺或千分尺用形体分析法进行标注和测量，完成的阀体草

图尺寸标注如图 6-3 所示。

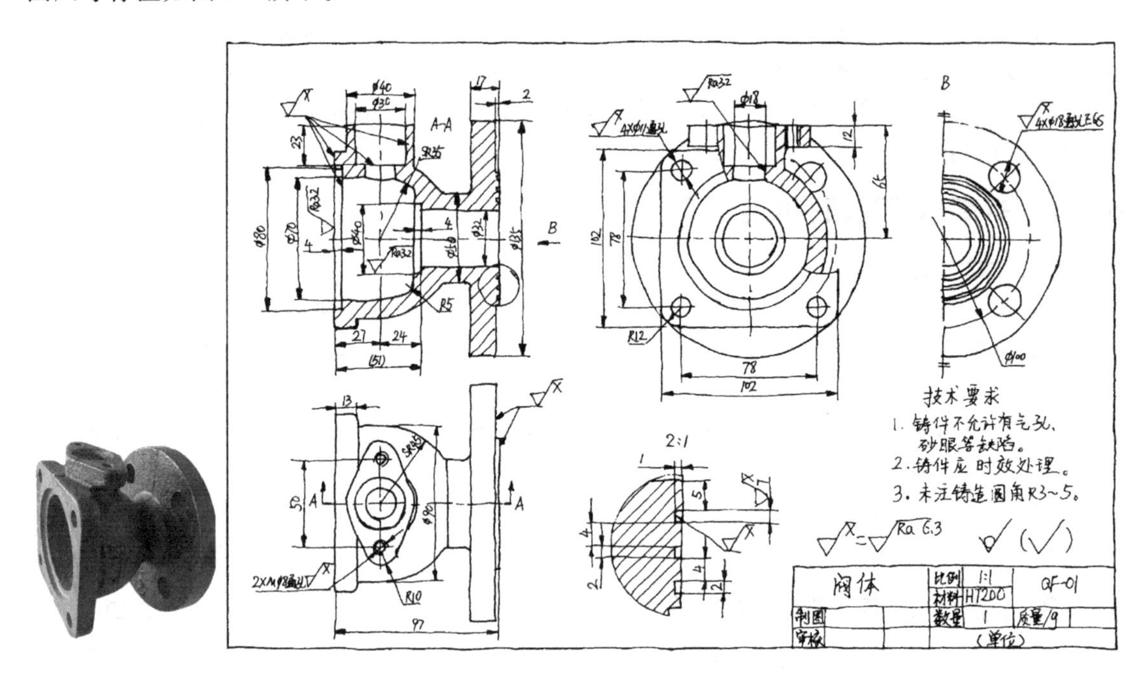

图 6-3 阀体及阀体零件草图

③ 技术要求的确定 由于阀体为铸件，所以除与其他零件的接触面需要机加工，有表面粗糙度要求之外，不加工面为毛坯面。装密封圈的圆柱面以及阀杆通过的圆柱面要求最高，其参数值建议选取 $Ra3.2\mu m$。装阀盖的配合外圆及端面可选取 $Ra6.3\mu m$。阀体与密封圈、阀盖、阀杆之间的配合面应有尺寸公差，可以在装配图完成之后根据配合尺寸再来确定。

④ 材料的确定 阀体为铸件，工作中受力不大，一般选用中等强度的灰色铸铁 HT200 即可，也可以参考类似零件进行选择。

(2) 测绘阀芯

① 选择表达方案并绘制阀芯草图 阀芯主体结构为球形，为先铸造再机加工零件，可以按照主要的加工位置（也是工作位置）放置。主视图采用全剖表达出上部凹槽长度和内部凸台的高度；左视图用全剖表达上部凹槽宽度及阀芯内部圆柱形通孔形状特征，以及阀芯内部凸台与内部球面的关系；俯视图用视图表达上部凹槽及内部凸台（虚线表示）的形状特征，如图 6-4 所示。

② 测量并标注尺寸 阀芯结构简单，所有尺寸用游标卡尺或千分尺可以直接测量。阀芯为球阀中的关键零件，故尺寸基准以球心为中心选择，长度方向的尺寸基准选择左右对称面，测量并标注尺寸 42、8；宽度方向的尺寸基准选择前后对称面，测量并标注尺寸 20；高度方向的尺寸基准选择 $\phi30$ 圆柱面轴线（过球心），为了便于测量标注尺寸 45.5，尺寸 5 可以通过测量其他尺寸换算出来，也可以考虑铸件壁厚的均匀性直接由阀芯内外球面间的厚度直接标出。完成的阀芯草图尺寸标注如图 6-4 所示。

③ 材料的确定 对于表面粗糙度的要求，外球面要求最高，不但有转动还要有密封性，参数值建议选取 $Ra0.8\mu m$，其余加工面建议选取 $Ra6.3\mu m$，非加工面为毛坯面。阀芯外表面要求有一定的耐磨性，要求热处理达到一定的硬度。阀芯与阀杆相配处应有尺寸公差，可以根据配合要求再来确定。

④ 技术要求的确定 阀芯为铸件，工作时要求有一定的耐磨性，因此选择灰色铸铁 HT200。

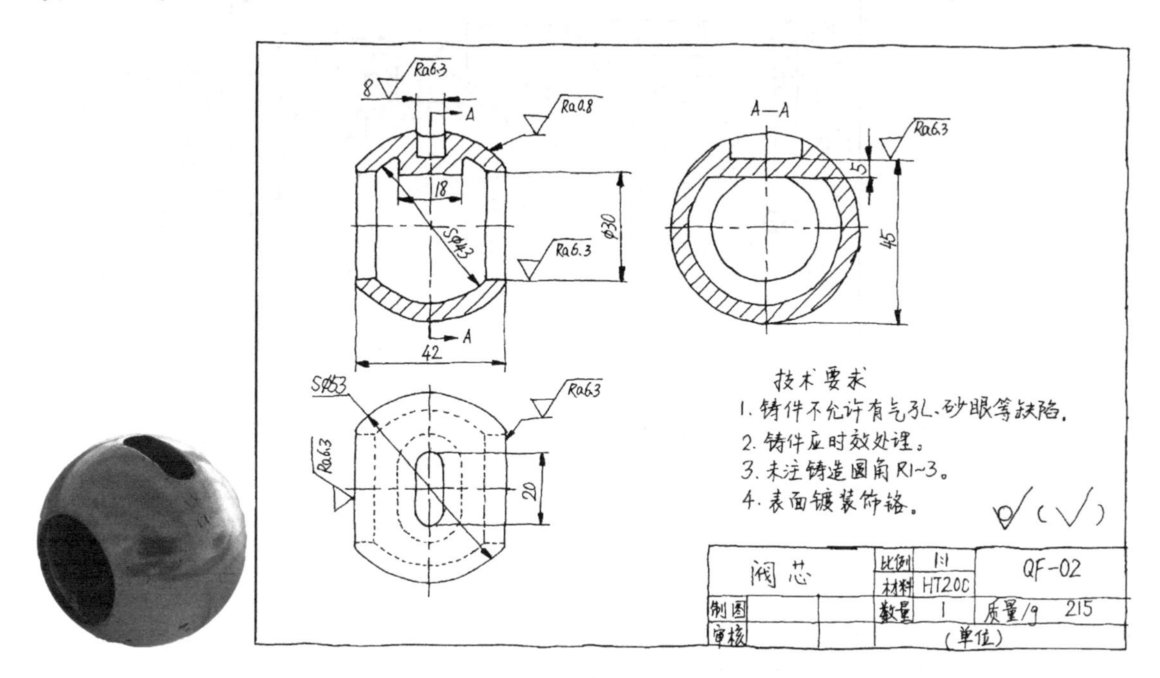

图 6-4 阀芯及阀芯零件草图

（3）测绘阀盖

① 选择表达方案并绘制阀盖草图 阀盖属于盘盖类零件，主视图采用工作位置放置并全剖，表达内部结构及各部分相互位置；左视图表达左边法兰形状特征（采用简化画法），同时采用局部放大图表达法兰上的密封槽形状并便于尺寸标注；为了表达右边法兰的形状，增加了一个 B 向视图；完成的零件草图如图 6-5 所示。

② 测量并标注尺寸 阀盖结构较简单，采用一般的测量工具和方法即可完成各尺寸的测量。为保证阀体、阀芯、阀盖之间的连接及装配精度，选择回转轴为径向尺寸基准（ϕ32 轴线），用游标卡尺测量并标注直径尺寸 ϕ32、ϕ77、ϕ135、ϕ50、ϕ40、ϕ56、ϕ80 等；以 ϕ80 圆右端面为长度方向尺寸基准，测量并标注尺寸 4、76、2、15 等；左右法兰上的孔及定位尺寸可以用游标卡尺测量。

③ 技术要求的确定 由于阀盖为铸件，所以除与其他零件的接触面需要机加工，有表面粗糙度要求之外，不加工面为毛坯面；其中阀体与阀芯密封圈配合表面（ϕ40 内表面）需要较低的粗糙度值，建议选取 Ra 3.2μm。所有尺寸中内径为 ϕ40 的孔与阀芯密封圈有配合，可以在装配图完成之后根据测量的尺寸及配合尺寸再来确定尺寸公差。

④ 材料的确定 与阀体一样，选用中等强度的灰色铸铁 HT200 即可。

（4）测绘阀杆

① 选择表达方案并绘制阀杆草图 阀杆属于轴类零件，故主视图采用加工位置，用断面图表达轴上的通孔和凹槽，为了表达右端部分（插入阀芯部分）的形状，采用 C 向视图；完成的零件草图如图 6-6 所示。

② 测量并标注尺寸 阀杆结构较简单，用游标卡尺、钢板尺即可完成各尺寸的测量。以 ϕ18 圆柱轴线为径向尺寸基准，测量并标注尺寸 ϕ16、ϕ18 及尺寸 8、12；轴向尺寸基准

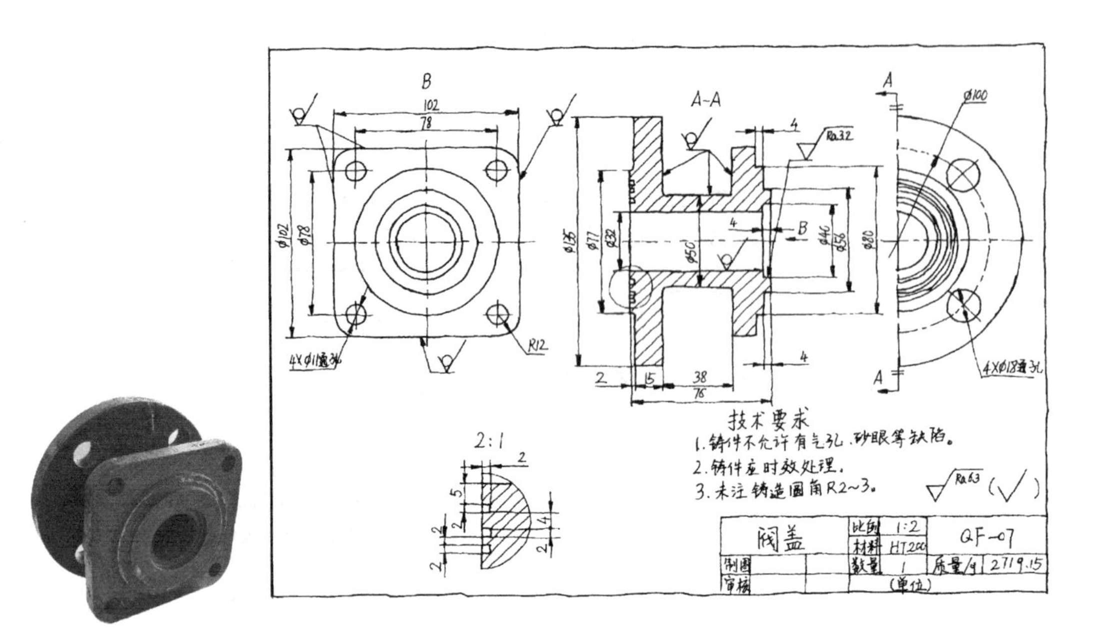

图 6-5　阀盖及阀盖零件草图

可选择右端面（与阀芯接触面），测量并标注尺寸 12、96、72、20、4、2、1.5；断面 $B—B$ 上的尺寸 ϕ3.3 可根据相关的开口销规格直接选择。

③ 材料的确定　阀杆在阀门开启和关闭进程中，主要承受扭矩，同时和填料之间还有相对的摩擦运动，所以阀杆材料必须保证在给定温度下有足够的强度和韧性，有一定的耐侵蚀性、抗擦伤性和优秀的工艺性。由于该球阀用于低压和介质温度不超过 300℃的水、蒸汽介质，一般选用 45 普通碳素钢。

④ 技术要求的确定　阀杆与阀体接触的直径（ϕ18）精度可根据阀门压力等级定为 IT11，其圆柱表面粗糙度 Ra 可选择为 3.2μm，其余表面粗糙度 Ra 可选择为 6.3μm。

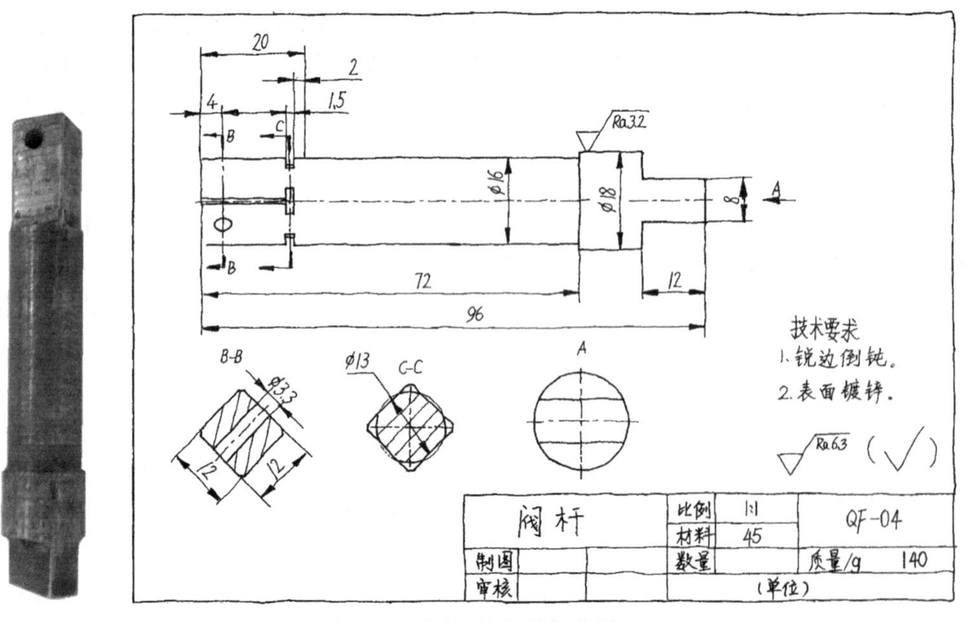

图 6-6　阀杆及阀杆零件草图

（5）阀芯密封圈的测绘

① 选择表达方案并绘制阀芯密封圈草图　阀芯密封圈可归于盘盖类零件，故主视图采用加工位置放置且取全剖，表达内部孔的结构，左视图表达外形，完成的零件草图如图 6-7 所示。

② 测量并标注尺寸　在阀芯密封圈的尺寸中，除了厚度尺寸 6 之外，其余尺寸需要根据已测绘的阀体、阀芯上的相关尺寸确定。

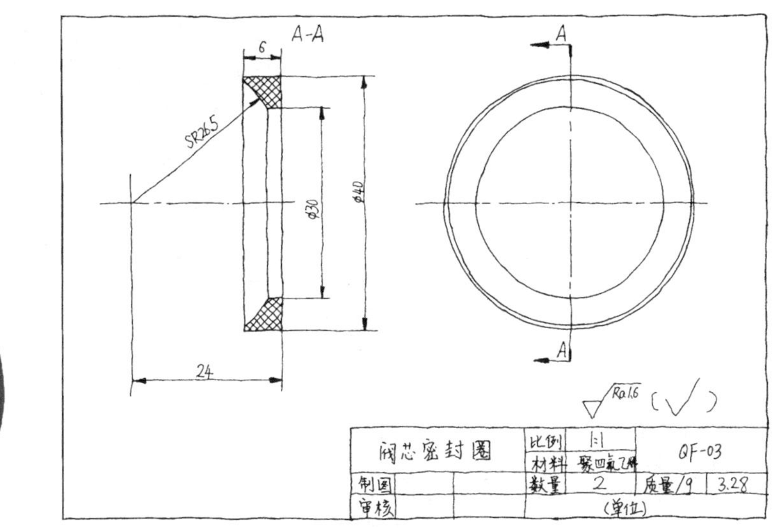

图 6-7　阀芯密封圈及零件草图

③ 技术要求的确定　为保证球阀工作时阀芯密封圈固定，阀芯密封圈外圆柱面（$\phi40$）与阀体（阀盖）之间可采用过盈配合。由于密封圈与相邻零件接触面较多，且中间有介质流通，所以整个阀芯密封圈表面粗糙度值选择 1.6μm。

④ 材料的确定　阀芯密封圈在工作时，主要起密封作用，同时承受与阀芯之间的摩擦运动，所以材料需保证在给定温度下有一定的耐侵蚀性和抗擦伤性，故选用常用的密封材料聚四氟乙烯。

其他零件测绘从略。

6.1.4　绘制球阀装配图

零件草图完成之后，可根据装配示意图和零件草图绘制球阀装配图。在画装配图的过程中，对草图中存在的零件形状和尺寸不妥之处做必要的修正，特别是相邻零件之间的尺寸。

（1）确定球阀装配图的表达方案

球阀有两条装配线，一条沿阀体、密封圈、阀芯、阀盖装配，另一条沿阀芯、阀杆、填料、压盖、连接螺钉、限位块、手把、开口销装配，整个球阀前后对称。因此，主视图通过前后对称平面取全剖视。这样不但表达了各个零件之间的装配关系、相对位置，同时把进口、出口之间的关系也清晰地表达出来，其工作原理一目了然。左视图采用过阀杆轴线的平面剖切画出半剖视图，一半表达装配关系，如阀杆与阀芯、压盖与阀体之间的螺钉连接等，一半表达零件的外部形状。俯视图采用局部剖视图画法，一方面清楚表达球阀的外形以及手把相对阀体的位置，另一方面采用局部剖清楚表达螺栓的连接关系。完成的球阀装配图如图 6-8 所示。

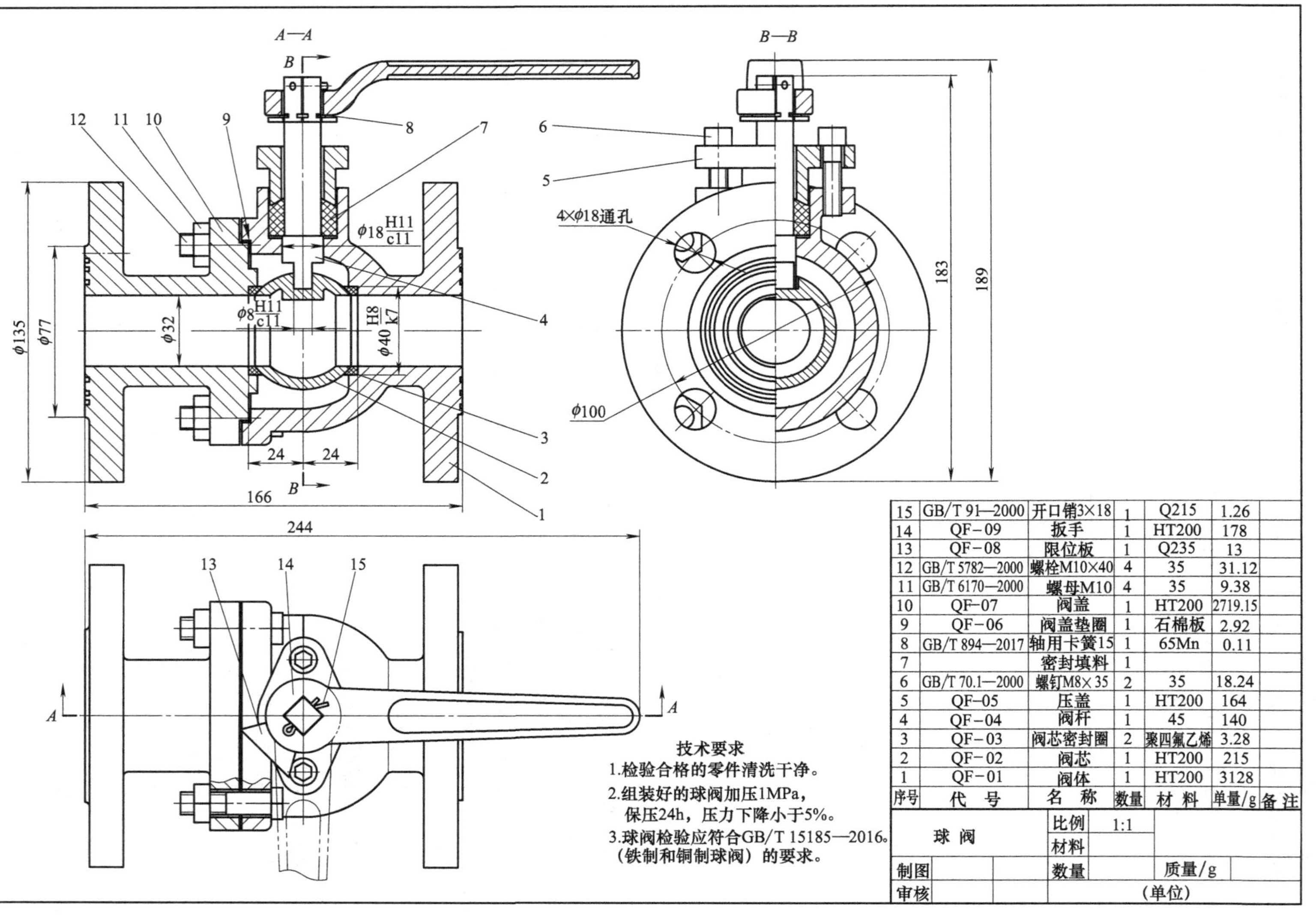

序号	代　号	名　称	数量	材　料	单量/g	备注
15	GB/T 91—2000	开口销3×18	1	Q215	1.26	
14	QF-09	扳手	1	HT200	178	
13	QF-08	限位板	1	Q235	13	
12	GB/T 5782—2000	螺栓M10×40	4	35	31.12	
11	GB/T 6170—2000	螺母M10	4	35	9.38	
10	QF-07	阀盖	1	HT200	2719.15	
9	QF-06	阀盖垫圈	1	石棉板	2.92	
8	GB/T 894—2017	轴用卡簧15	1	65Mn	0.11	
7		密封填料	1			
6	GB/T 70.1—2000	螺钉M8×35	2	35	18.24	
5	QF-05	压盖	1	HT200	164	
4	QF-04	阀杆	1	45	140	
3	QF-03	阀芯密封圈	2	聚四氟乙烯	3.28	
2	QF-02	阀芯	1	HT200	215	
1	QF-01	阀体	1	HT200	3128	

球　阀		比例	1:1	
		材料		
制图		数量		质量/g
审核		（单位）		

图 6-8　球阀装配图

（2）球阀装配图上应标注的尺寸

① 性能尺寸　阀体、阀盖进出孔的直径 φ32 可决定阀门的流量大小，表示球阀的规格，需要标注。

② 配合尺寸　阀杆直径 φ18 处与阀体接触，且它们之间有相对转动，为了保证转动灵活且平稳，需要设定配合尺寸；可根据实际测量的尺寸，经过计算（参阅第 2 章 2.6 节）并参考类似部件进行设置，这里选择基孔制间隙配合 φ18H11/c11。阀门的启闭是通过阀杆带动阀芯实现的，为了阀杆带动阀芯转动平稳且便于装配，阀杆与阀芯之间的配合也采用基孔制间隙配合 H11/c11。阀芯密封圈与阀体、阀盖之间要有一定的密封性，所以采用过渡配合 φ40H8/k7。

③ 外形尺寸　总宽为阀体的宽度 φ135，总长、总高可通过计算标注，如图 6-8 中的 244、189。球阀在包装运输时常常将手把拆卸下来，所以图中标注了拆掉手把后的长 166，高 183。

④ 安装尺寸　应标注出球阀两端与管道连接的法兰盘尺寸，即 4×φ18、φ100 及 φ77、φ135。

⑤ 其他重要尺寸　为保证装配精度，阀芯的中心到阀体和阀盖相应结构之间的尺寸要标注，如尺寸 24。

（3）球阀的技术要求

球阀装配完成后，经压力试验不得有渗漏现象。制造和验收技术条件应符合国家标准要求。

6.1.5 绘制球阀零件工作图

根据装配图对零件草图进一步进行校核，然后绘制正规的零件工作图，根据各个零件的作用及与相关零件之间的关系，参考部件使用说明书及同类产品的有关要求，标注相互配合

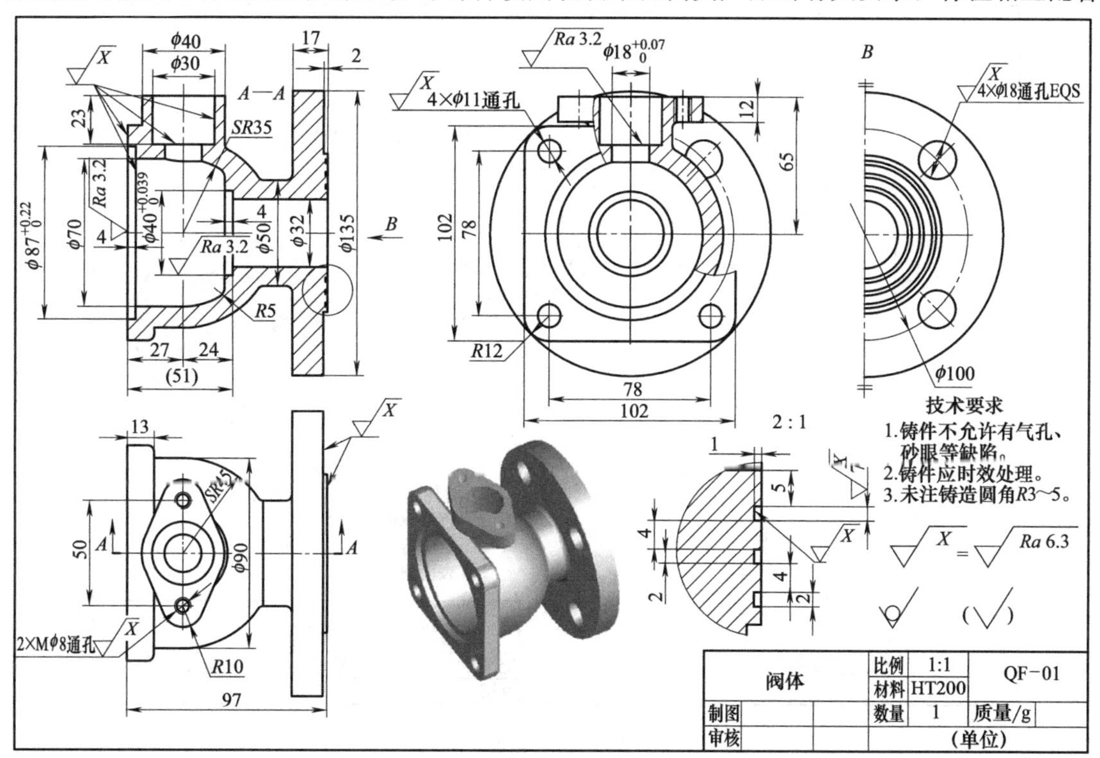

图 6-9　阀体

零件的尺寸公差。球阀中主要非标准件的零件如图 6-9～图 6-15 所示，其中阀芯及阀芯密封圈的内孔直径尺寸根据装配图结合阀体尺寸进行了调整。

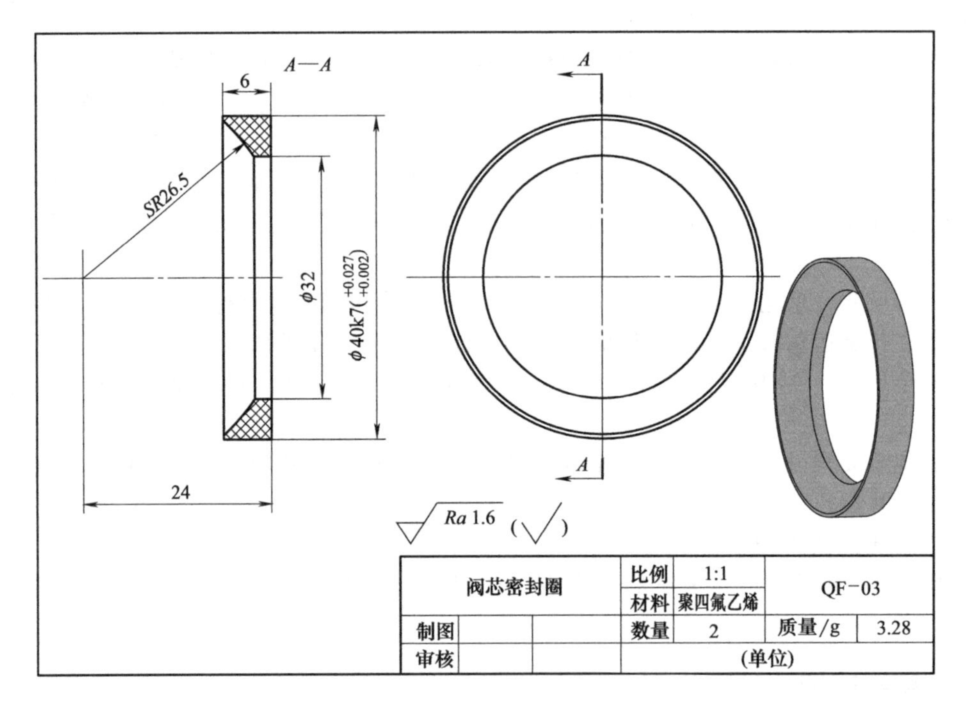

图 6-10 阀芯密封圈

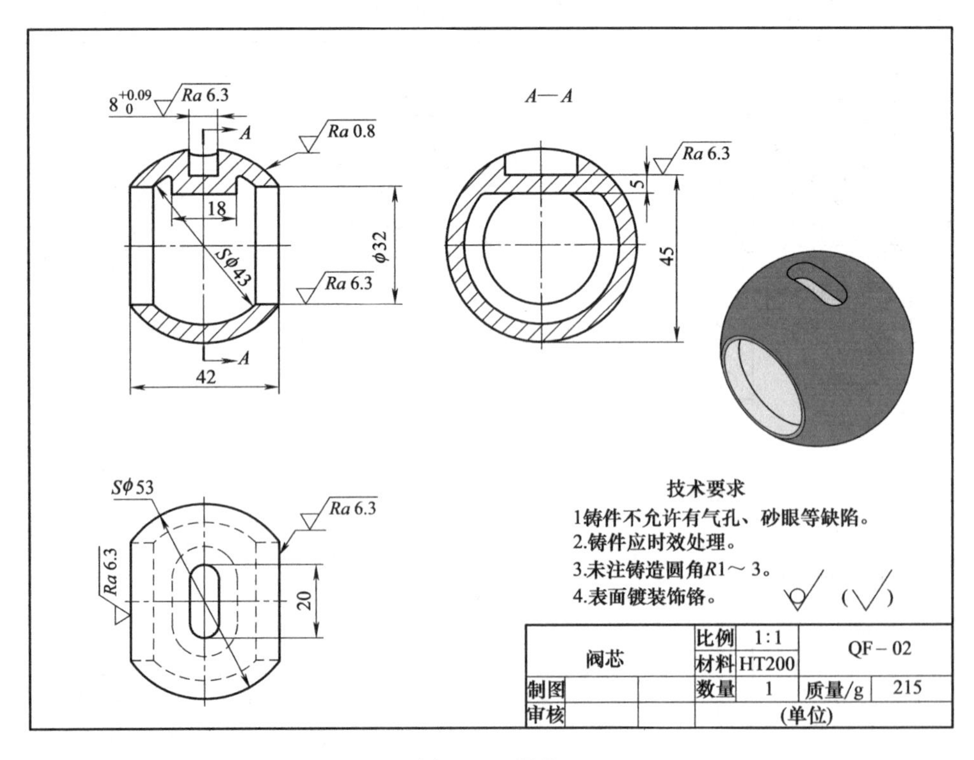

图 6-11 阀芯

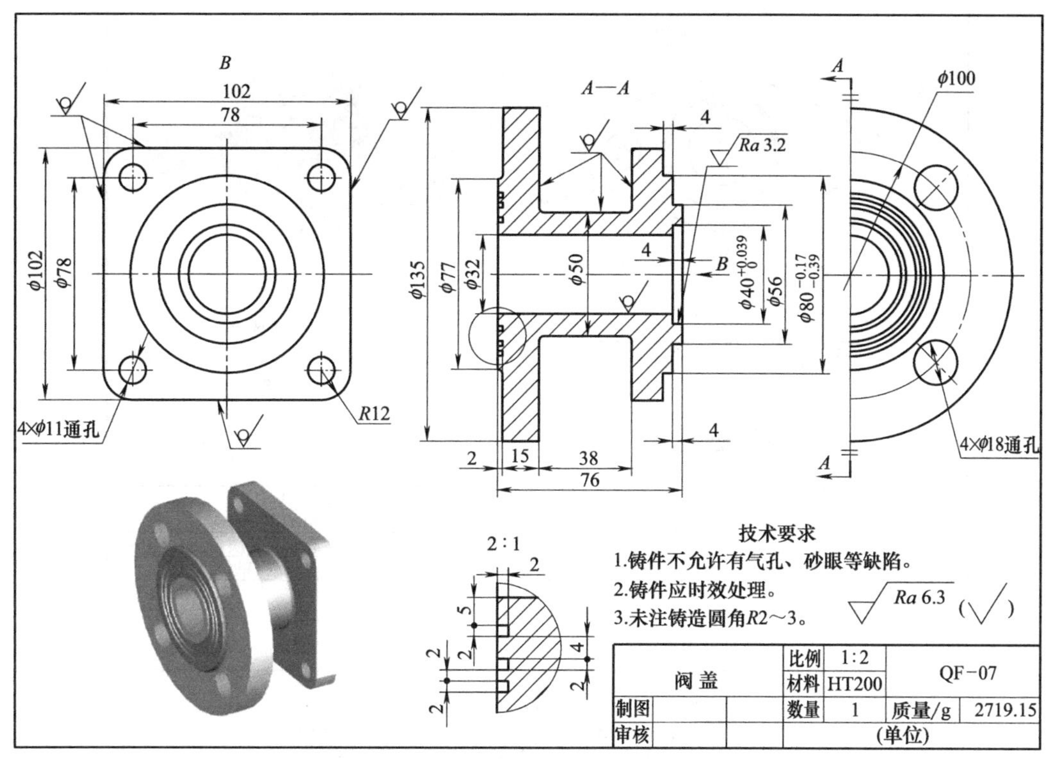

图 6-12　阀盖

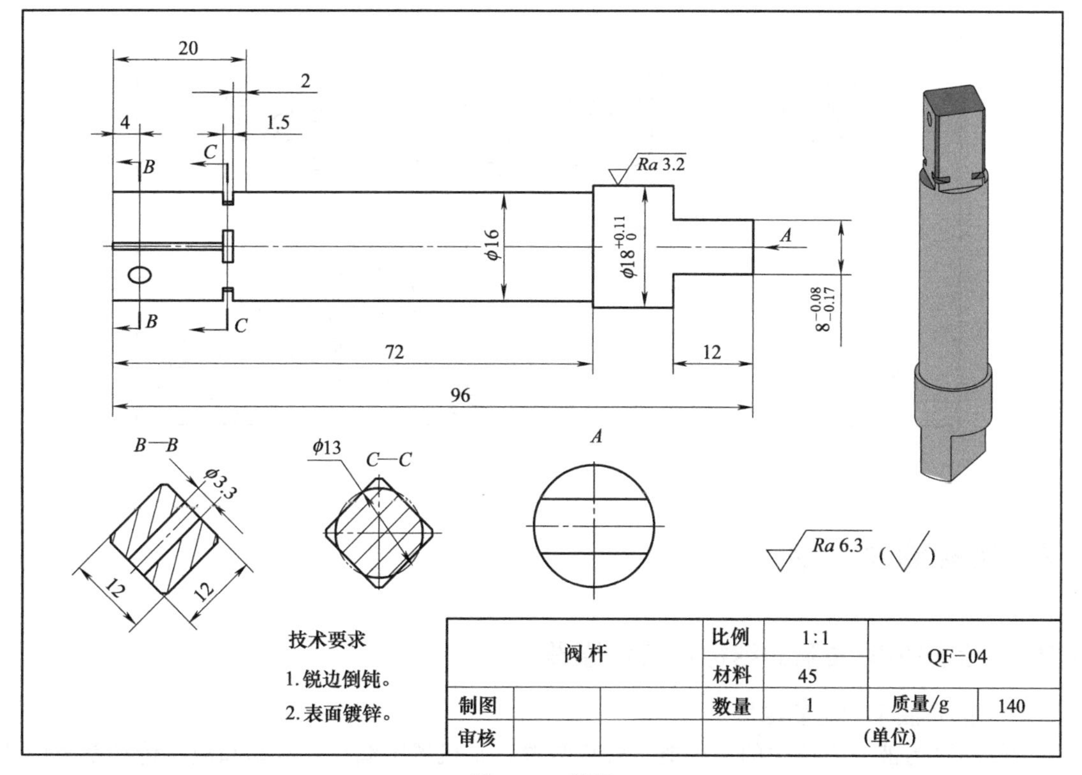

图 6-13　阀杆

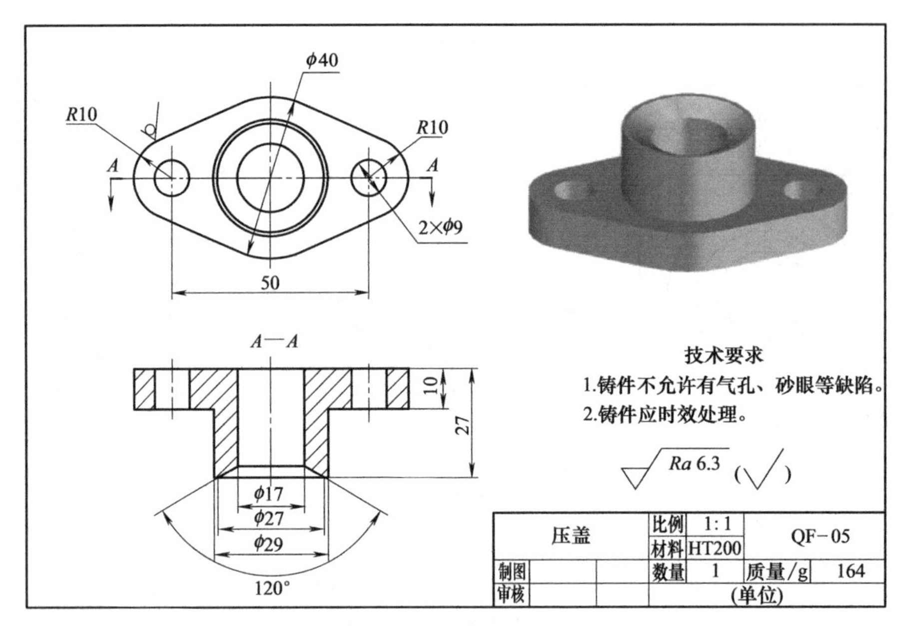

图 6-14 压盖

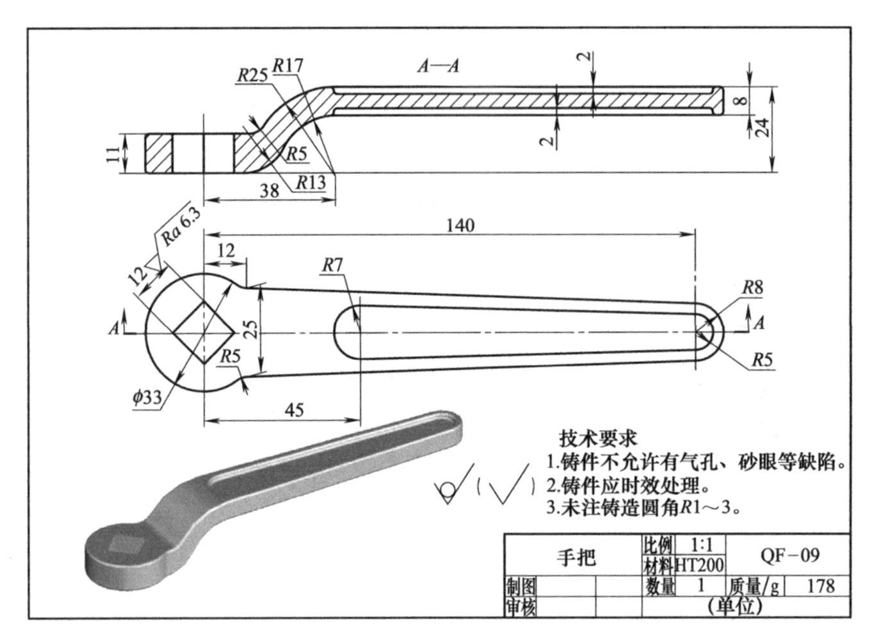

图 6-15 手把

6.2 齿轮油泵测绘

6.2.1 了解齿轮油泵的结构及工作原理

（1）齿轮油泵的主要结构

齿轮油泵为液压系统中的一种能量转换装置，是机器中润滑、冷却和液压传动系统中获取高压油的主要设备。如图 6-16 所示的齿轮油泵共有 13 种零件，由四个螺钉将其所有零件连接在一起。主动齿轮轴和从动齿轮轴是一对啮合齿轮，两边各有一个齿轮支座，齿轮支座中镶有轴套，它们一起被装入泵体中。为防止漏油，在齿轮支座和泵体两端有密封圈，在主动齿轮轴和前泵盖之间安装有骨架式油封。

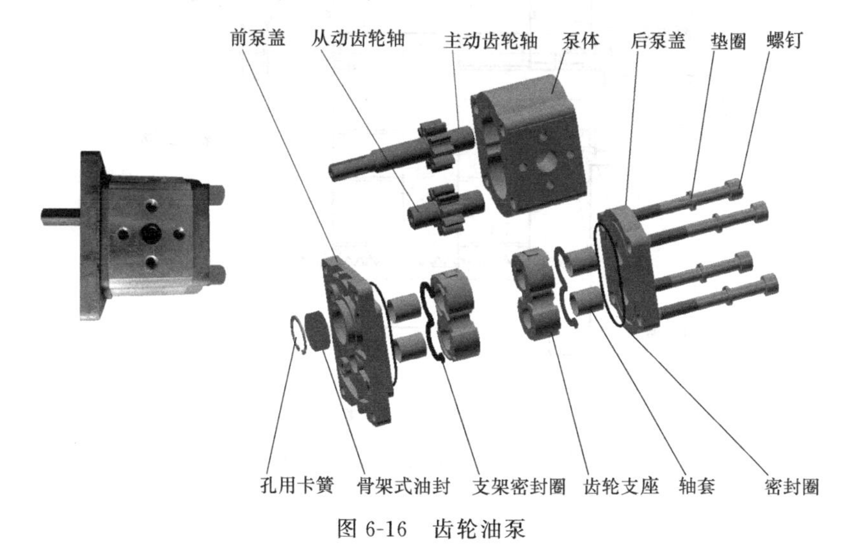

图 6-16　齿轮油泵

（2）齿轮油泵的工作原理

齿轮油泵工作原理如图 6-17 所示，当电动机带着主动齿轮旋转时，从动齿轮一起转动，此时右边的轮齿逐渐分开，空腔容积逐渐扩大，油压降低，因而油箱中的油在大气压力的作用下进入泵腔中。齿槽中的油随着齿轮的继续旋转被带到左边；而左边的各对轮齿又重新啮合，空腔容积缩小，使齿槽中不断挤出的油成为高压油，并由出油口排出。

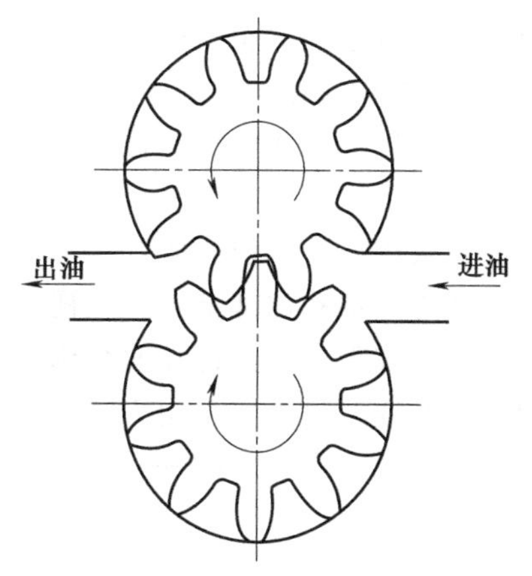

图 6-17　齿轮油泵工作原理

6.2.2 拆卸齿轮油泵及画装配示意图

（1）齿轮油泵的拆卸顺序

用内六角扳手拧下四个内六角头螺钉和弹簧垫圈，即可将前后泵盖与泵体分开，取下密封圈。通过拉出主动齿轮轴将泵体中前泵盖一侧的齿轮支架取出，从而拆卸出从动齿轮轴及后泵盖侧的齿轮支架；孔用卡簧需要使用专用的卡簧钳才能取下（图 1-20）。对于本例所示齿轮油泵，轴套与齿轮支架之间没有相对运动，如果能够拆开说明它们之间实际上有间隙，如果很难拆开说明实际有过盈，一般不再拆除。为保证在装配之后的工作性能，骨架式油封一般也不拆卸。

装配顺序与拆卸顺序相反。

（2）画出装配示意图

装配示意图如图 6-18 所示。

6.2.3 测绘齿轮油泵各组成零件并绘制零件草图

齿轮油泵中螺钉、弹簧垫圈、骨架式油封、孔用卡簧、密封圈为标准件，不需要测绘，其余零件全部为专用件，需要测绘，下面主要介绍泵体、前后泵盖、齿轮支架、主动齿轮轴的测绘过程。

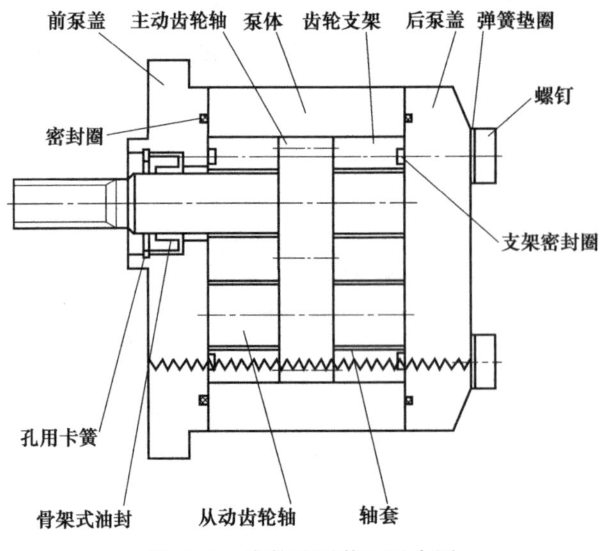

图 6-18 齿轮油泵装配示意图

（1）泵体的测绘

泵体是齿轮泵的主要零件，由它将齿轮支架、轴套、主从动齿轮轴等零件组装在一起，使它们具有正确的相互位置，从而达到所要求的运动关系和工作性能。

① 泵体的结构特点及表达方法确定　泵体为箱体类零件，不但要容纳齿轮支架、轴套、主从动齿轮轴，还要有高低压油的进出通道及连接前后泵盖的螺钉孔。外表面主要由圆柱面、平面围成，内部有两个轴线平行的孔系，用于安装齿轮支架、主从动齿轮轴。在表达方法上将泵体按工作位置放置，选择表达内外形状特征的方向为主视图投射方向，并采用局部剖表达进出油孔内部结构；左视图主要表达进油孔形状特征及连接进油管的螺钉孔位置，同时采用局部剖表达螺钉孔的结构；右视图采用全剖表达泵体内腔结构特征；为了表达出油孔的形状及连接尺寸，采用 B 视图表达，如图 6-19 所示。

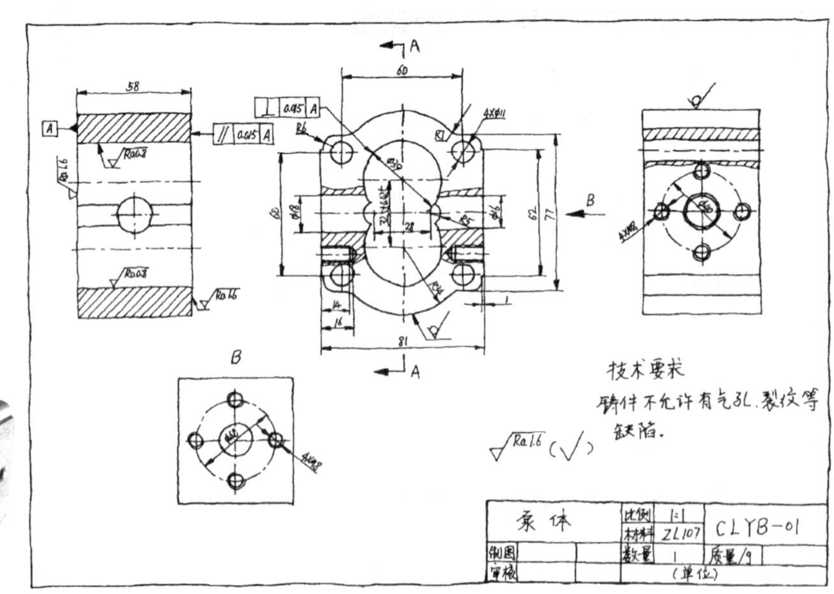

图 6-19 泵体及泵体草图

② 测量并标注尺寸　首先分析并确定尺寸基准。泵体除进出油孔直径不同之外，其余结构左右对称，故选择两个轴线平行的孔的平面作为左右（长度）方向尺寸基准，宽度方向尺寸基准选择与泵盖的结合面，高度方向尺寸基准选择上下对称面。

测量并标注尺寸。测量工具主要为游标卡尺或各种千分尺及测量半径的 R 规。泵体内腔齿轮和齿轮支架安装孔可直接测量，也可以用测量齿轮支架外径的方法测出；中心距可通过测量内腔总的高度，然后利用测得的安装孔直径计算得出，也可通过测量齿轮支架两中心孔距得出。泵体外圆柱面半径可以通过测量泵体厚度计算得出，小直径的圆弧可以用 R 规测得。8个螺纹孔应测出螺孔轴线分布圆的直径尺寸，而螺纹孔的直径尺寸应通过测量后查阅相应的国家标准确定，深度尺寸通过测量并根据螺纹孔的常见结构确定。其余结构的尺寸测量不再赘述。泵体内腔中心距、直径尺寸是齿轮油泵的主要参数，应根据装配图及工作要求进行尺寸公差设置，其公差带代号为H8。

③ 泵体的技术要求　泵体内腔中心距、直径尺寸是齿轮油泵的主要参数，内腔中心距应与齿轮支架中两孔中心距一致，可通过测量计算或用类比法给出尺寸公差；而内腔直径尺寸应根据装配图及工作要求进行尺寸公差设置。与泵盖结合的两个表面之间应该有平行度几何公差要求，且与安装齿轮的孔轴线之间应有垂直度几何公差要求，这些几何公差可依据常用的要求设置，也可以参照相似的油泵进行设置。

表面粗糙度要求。各主要加工表面可选用 $Ra1.6\sim0.8\mu m$，其余加工表面选用 $Ra3.2\mu m$，不加工的表面为毛坯面。

④ 泵体材料的确定　从泵体的外观可以看出其材质为铝合金，由于为铸件，故选用常用的ZL107。

（2）前后泵盖的测绘

前后泵盖在油泵中用以保证连接件的安装和改善密封条件，同时前泵盖在齿轮泵工作时起安装固定作用。

① 前后泵盖的结构特点及表达方法确定　前后泵盖属于盘盖类零件，所测前泵盖如图6-20所示。由于泵盖左右两表面的形状特征区别较大，所以选择全剖的主视图加上左右两个视图表达。图6-21所示为前泵盖草图，对于泵盖上的安装孔等结构可采用局部剖表达。

② 测量并标注尺寸　下面主要介绍前泵盖尺寸的测量和标注，后泵盖与前泵盖相似。首先选择尺寸基准，由于主动齿轮轴一端从前泵盖穿出，所以高度（上下）方向上应以主动齿轮轴穿过的孔轴线为基准，长度（左右）方向上应以与泵体的结合面为基准，即主视图的左面，宽度方向尺寸基准则选择对称面。

图6-20　前泵盖

测量并标注尺寸。与泵体相同，利用游标卡尺或各种十分尺及测量半径的 R 规就可以测量出所需尺寸，但是要注意与标准件结合处的结构尺寸应查阅相应的国家标准，如安装卡簧的卡簧槽尺寸 $\phi31$、1.3，骨架式油封处的结构尺寸 $\phi30$、9.7（16－5－1.3），及倒角尺寸等。

标注尺寸时应注意相关联尺寸的注法，如四个螺钉孔的定位尺寸应与泵体一致，螺纹孔的直径应与连接螺钉相同。

③ 前后泵盖的技术要求　泵盖与其他零件之间没有配合关系，所以所有尺寸没有公差要求；但是主动齿轮轴穿过的孔的轴线与前泵盖中与泵体的结合面之间应设置垂直度几何公

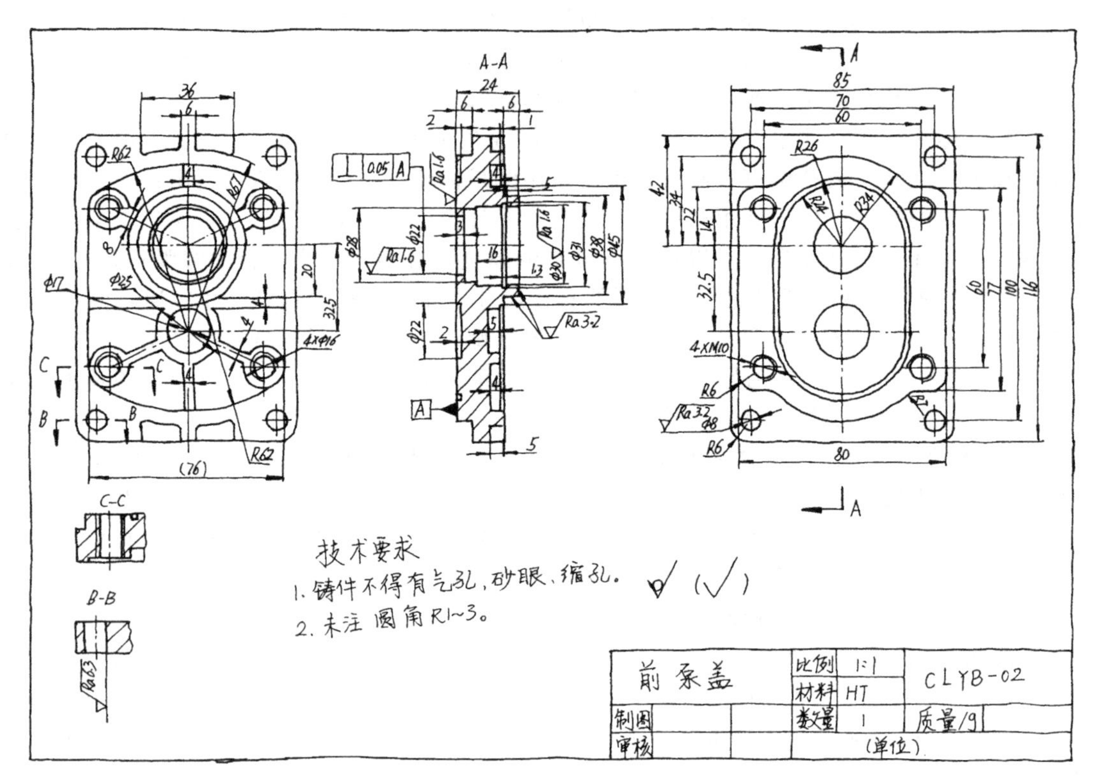

图 6-21　前泵盖草图

差；各主要加工表面粗糙度可选用 $Ra1.6$～$6.3\mu m$，不加工的表面为毛坯面。

④ 前后泵盖材料的确定　选择与泵体一样的材料。

（3）齿轮支架的测绘

齿轮支架主要起支撑和密封作用，提高油泵的效率。

① 齿轮支架的结构特点及表达方法确定　齿轮支架属于叉架类零件，为了起到支撑和密封功能，其表面设置了安装密封圈的沟槽以及导油槽，如图 6-22 所示。选择表达方法时，可将支架按工作位置放置，主视图全剖表达支撑孔的内部结构及表面沟槽的深度，选择左右两个视图分别表达表面沟槽的形状特征，对于在主视图中未表达出深度的沟槽可根据结构特点采用全剖或局部剖，如图 6-23 所示。

② 测量并标注尺寸　与泵体相同，利用游标卡尺或各种千分尺、角度游标卡尺、测量半径的 R 规就可以测量出所需尺寸，由于沟槽较多、形状比较复杂，测量时不要漏掉尺寸，安装齿轮轴的两孔中心距应与泵体一致。

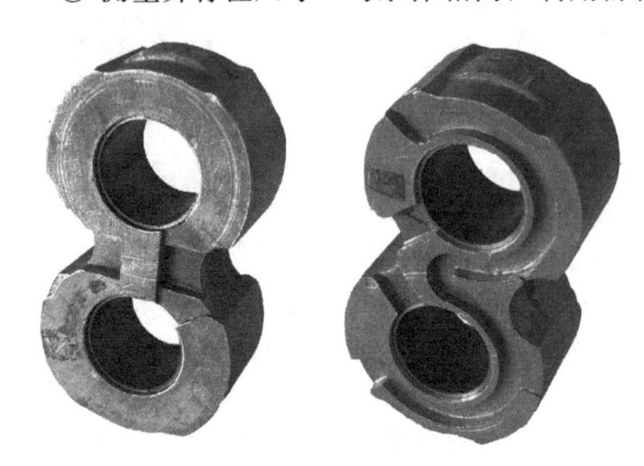

图 6-22　齿轮支架零件

③ 齿轮支架的技术要求　齿轮支架主要支撑两齿轮轴，但中间有轴套隔开，所以在尺寸上应保证轴孔与轴套之间的过盈配合。各加工表面粗糙度可选用 $Ra1.6$～$6.3\mu m$，不加工的表面为毛坯面。

④ 确定齿轮支架材料　选择与泵体一样的材料。

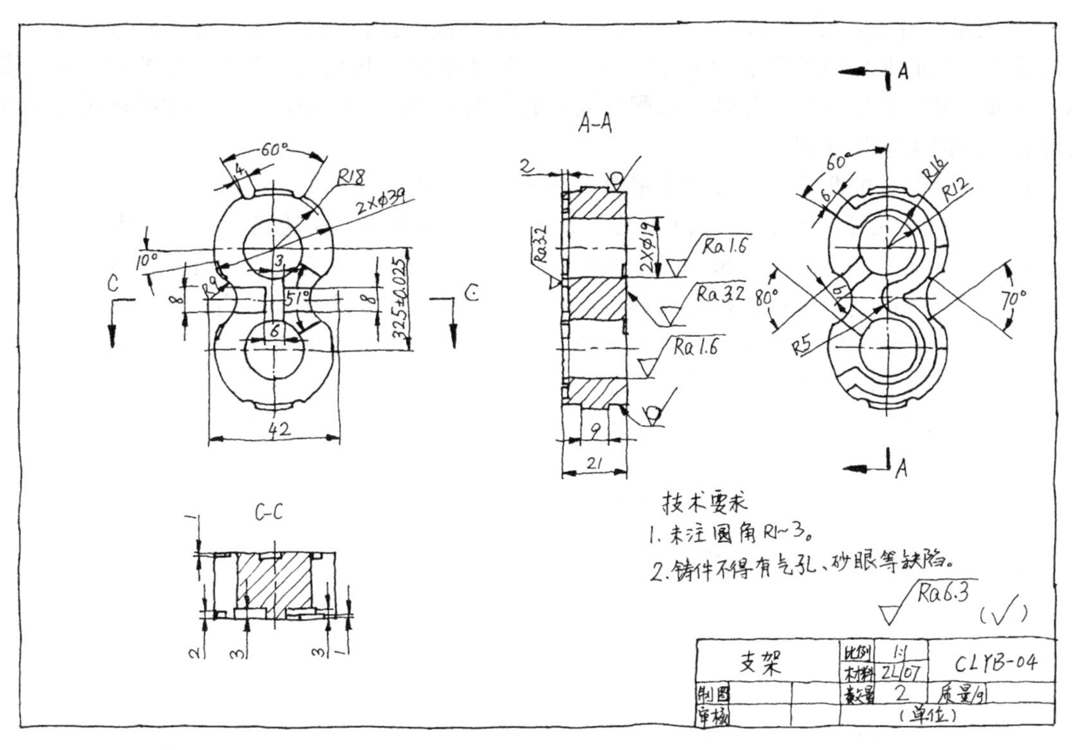

图 6-23 齿轮支架草图

(4) 主动齿轮轴的测绘

① 主动齿轮轴的结构特点及表达方法确定　主动齿轮轴是齿轮泵的主要零件，不但要传递运动和扭矩，还要通过齿轮传动使油具有一定的压力，故其尺寸精度、几何公差、表面质量直接关系到齿轮泵的传动精度和工作性能。齿轮轴在结构上既具有轴类零件特点，又具有齿轮的结构特点，由于齿轮直径较小，在表达方法上采用轴类零件的表达方法，如图6-24所示。绘图时应注意齿轮两端面与轴之间的砂轮越程槽为标准结构，需要查阅国家标准，轴两端中心孔也要符合国家标准，可以用局部放大图表示，也可以直接标注。

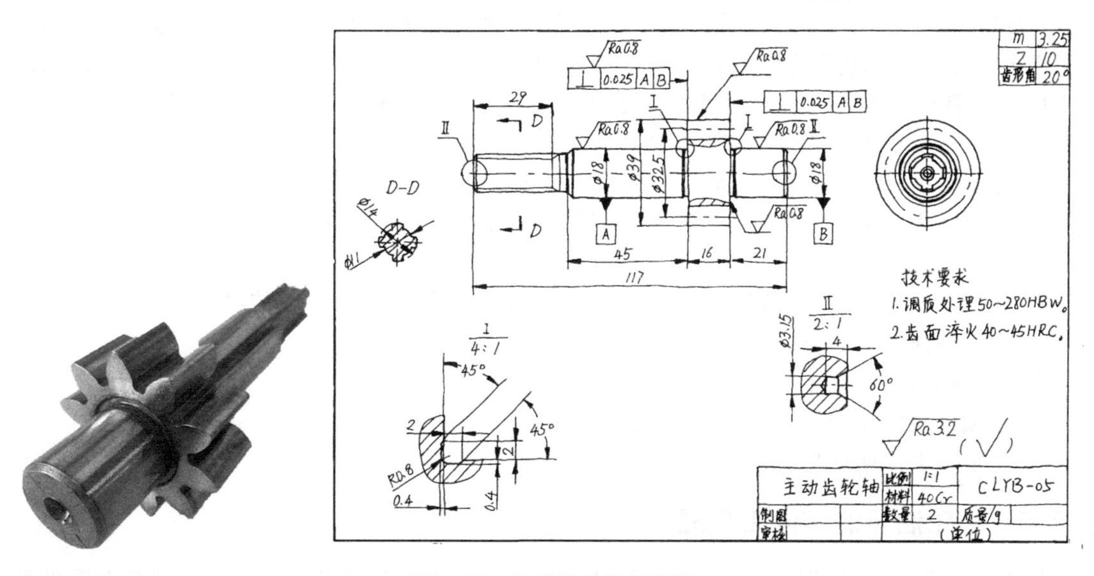

图 6-24 主动齿轮轴及草图

② 测量并标注尺寸　确定尺寸基准。为了保证两齿轮的正确啮合，选择齿轮的端面为主要基准，轴的非伸出端为辅助尺寸基准，径向尺寸基准为其轴线。对于轴的测量，可用游标卡尺或千分尺直接量取。凡轴、孔配合处，它们的基本尺寸应相同，测出的径向尺寸应该与配合零件的关联尺寸相一致。

对于齿轮部分的测绘，请参阅本书第 5 章相关部分内容。

③ 轴的技术要求　齿轮轴与轴套配合部分应为间隙配合；齿轮齿顶与泵体内腔之间既有相对转动，又不能间隙过大影响油泵效率，故它们之间也应该有配合尺寸；这些配合尺寸可参阅相似部件确定，也可以根据测得的实际尺寸计算给出。为保证两齿轮啮合平稳，齿轮两端面与齿轮轴的轴线之间应控制垂直度公差。齿轮轴为机加工零件，主要配合表面可选用 $Ra\,0.8\mu m$，其他加工表面选用 $Ra\,3.2\mu m$。

④ 齿轮轴的材料确定　齿轮轴在工作工程中受力较大，所以要求材质具有一定的强度，可考虑选择 40Cr 钢。

从动齿轮轴的测绘与主动齿轮轴相似。

6.2.4 绘制齿轮油泵装配图

(1) 齿轮油泵装配图的表达方案

主视图采用通过两齿轮轴线的全剖视图表达出内部各零件之间的装配关系，画出左视图用来表达齿轮油泵在系统中的安装尺寸及前泵盖外形；由于齿轮支架安装具有方向性（支架密封圈开口应朝向进油口），因此选择沿前泵盖与泵体的结合面进行剖切，画出剖视图来表达，并在此视图上再用局部剖表达出进出油孔内部结构及连接进油管的螺钉孔深度；用 C、D 两个局部向视图表达进出油孔形状特征及连接进油管的螺钉孔位置，如图 6-25 所示。

(2) 齿轮油泵装配图上应标注的尺寸

① 性能尺寸　两齿轮中心距影响油泵的工作性能，需要标注，可根据测绘数据计算或参考类似部件给出尺寸公差（32.5±0.025）；进出油口直径与油泵流量相关，应注出，进油口 ϕ18、出油口 ϕ16。

② 配合尺寸　齿轮相对于泵体在做回转运动，但齿顶与泵体之间又要求有很好的密封，因此齿顶与泵体之间应为间隙配合，根据实际测量的尺寸经过计算并参考类似部件进行设置为 ϕ39H8/h7；同理轴套与齿轮轴之间的配合尺寸设置为 ϕ18H8/h7。由于齿轮支架在油泵中不但要支撑齿轮轴还要有一定的密封作用，因此根据测量的实际尺寸经过计算并考虑装配的方便，支架与泵体之间的配合尺寸设置为 ϕ39H8/h7。根据对一批齿轮油泵拆卸的实际情况分析，轴套与支架之间应为过渡配合，故选择 ϕ19H7/m6；

③ 外形尺寸　总高总宽为前泵盖高和宽 116、85，总长通过计算标注，如图 6-25 中的 144。

④ 安装尺寸　进出油管的安装尺寸 4×M8、ϕ40；油泵在系统中的安装尺寸 100、70、4×ϕ8、34。

⑤ 其他重要尺寸　动力输入的花键尺寸，主动齿轮轴伸出前泵盖的尺寸。

(3) 齿轮泵的技术要求

① 组装的齿轮油泵不允许有渗漏现象。

② 测试油泵的压力、排量应达到规定要求。

③ 在泵体上注明转向。

6.2.5 齿轮油泵的零件工作图

根据装配图对零件草图进一步进行校核，然后绘制正规的零件工作图，根据各个零件的

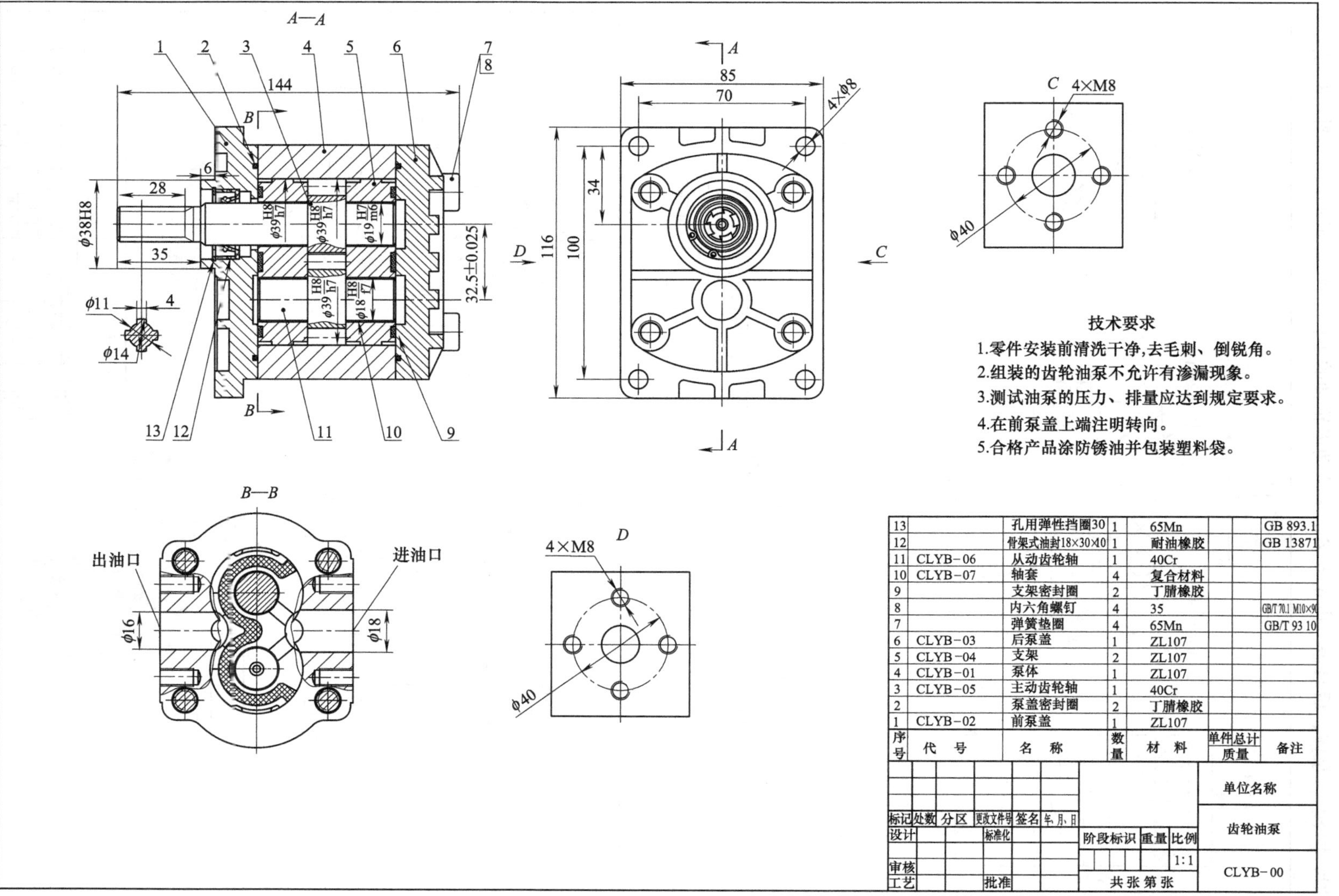

序号	代号	名称	数量	材料	单件质量	总计质量	备注
13		孔用弹性挡圈30	1	65Mn			GB 893.1
12		骨架式油封18×30×10	1	耐油橡胶			GB 13871
11	CLYB-06	从动齿轮轴	1	40Cr			
10	CLYB-07	轴套	4	复合材料			
9		支架密封圈	2	丁腈橡胶			
8		内六角螺钉	4	35			GB/T 70.1 M10×90
7		弹簧垫圈	4	65Mn			GB/T 93 10
6	CLYB-03	后泵盖	1	ZL107			
5	CLYB-04	支架	2	ZL107			
4	CLYB-01	泵体	1	ZL107			
3	CLYB-05	主动齿轮轴	1	40Cr			
2		泵盖密封圈	2	丁腈橡胶			
1	CLYB-02	前泵盖	1	ZL107			

标记	处数	分区	更改文件号	签名	年、月、日	阶段标识	重量	比例	单位名称
设计		标准化						1:1	齿轮油泵
审核						共 张 第 张			CLYB-00
工艺		批准							

图 6-25 齿轮油泵装配图

作用及与相关零件之间的关系，参考部件使用说明书及同类产品的有关要求，确定各零件配合尺寸的尺寸公差。泵体、后泵盖、齿轮支架、主从动齿轮轴的零件工作图如图 6-26～图 6-30 所示。

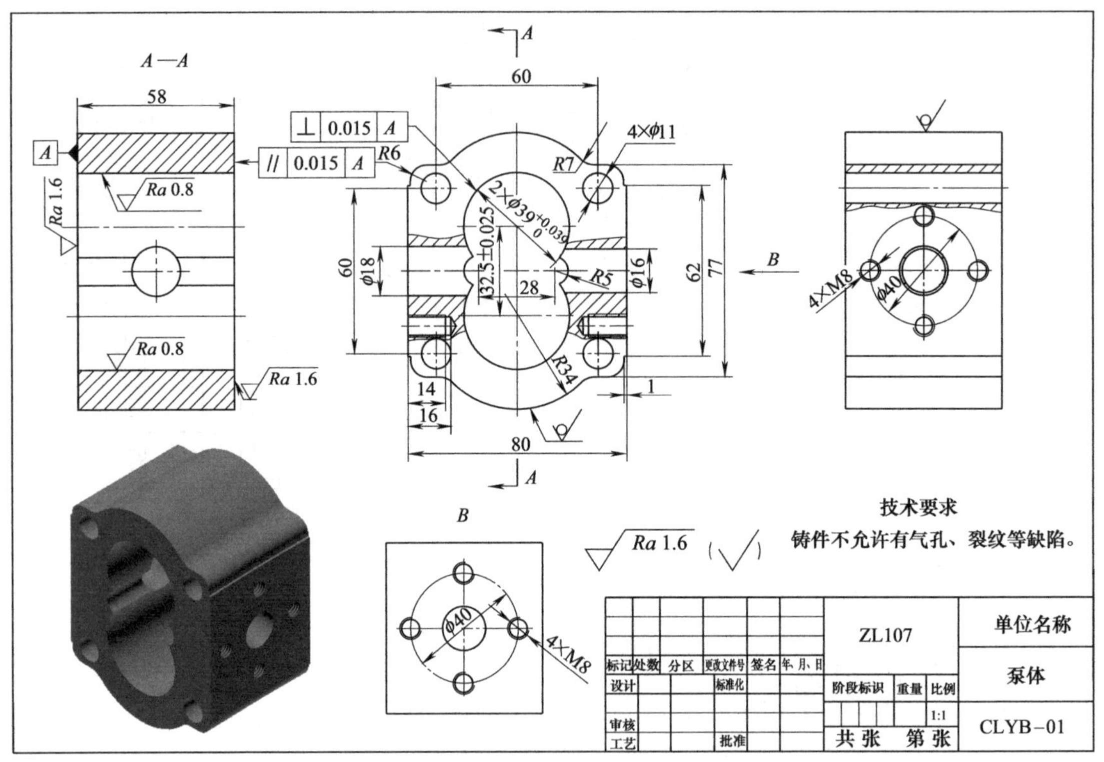

图 6-26　泵体

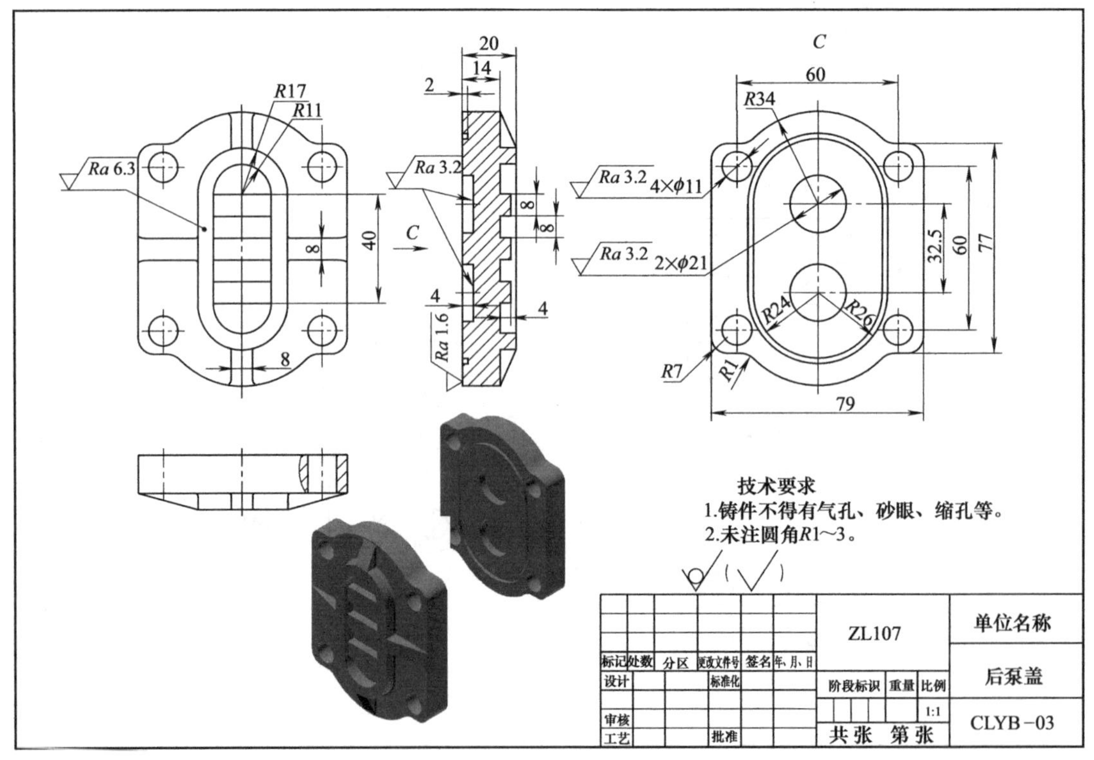

图 6-27　后泵盖

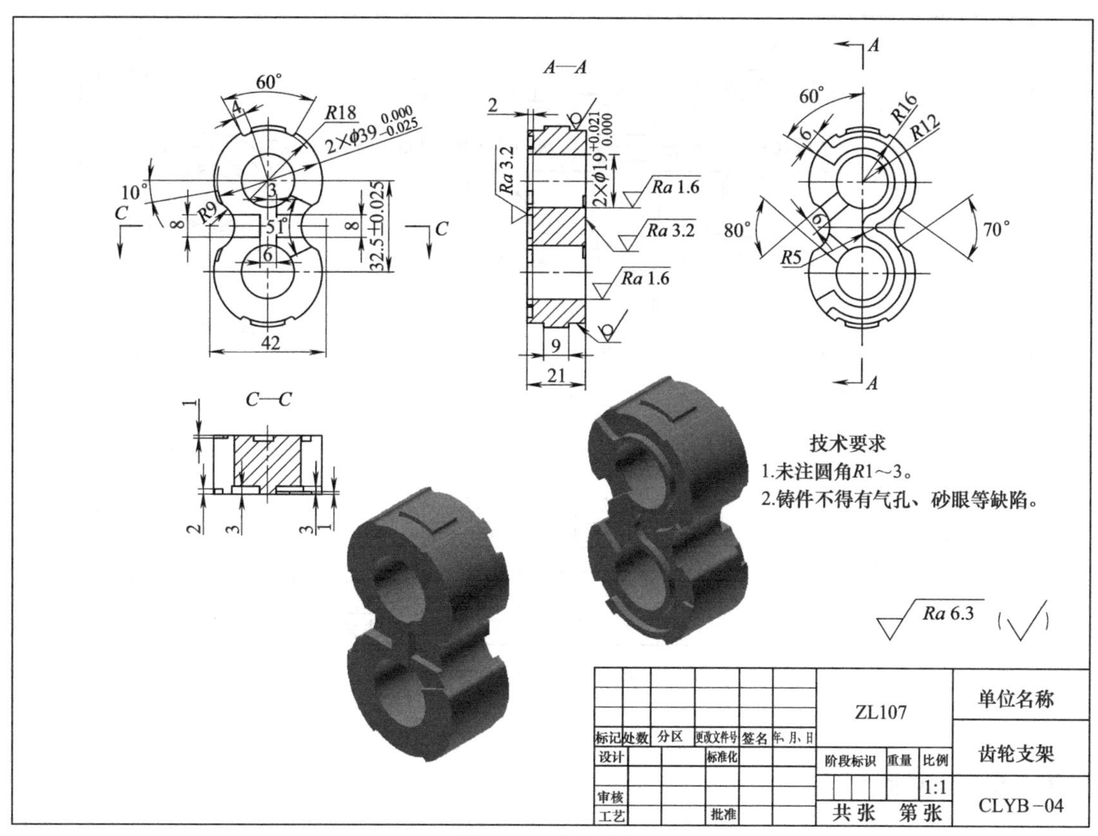

图 6-28 齿轮支架

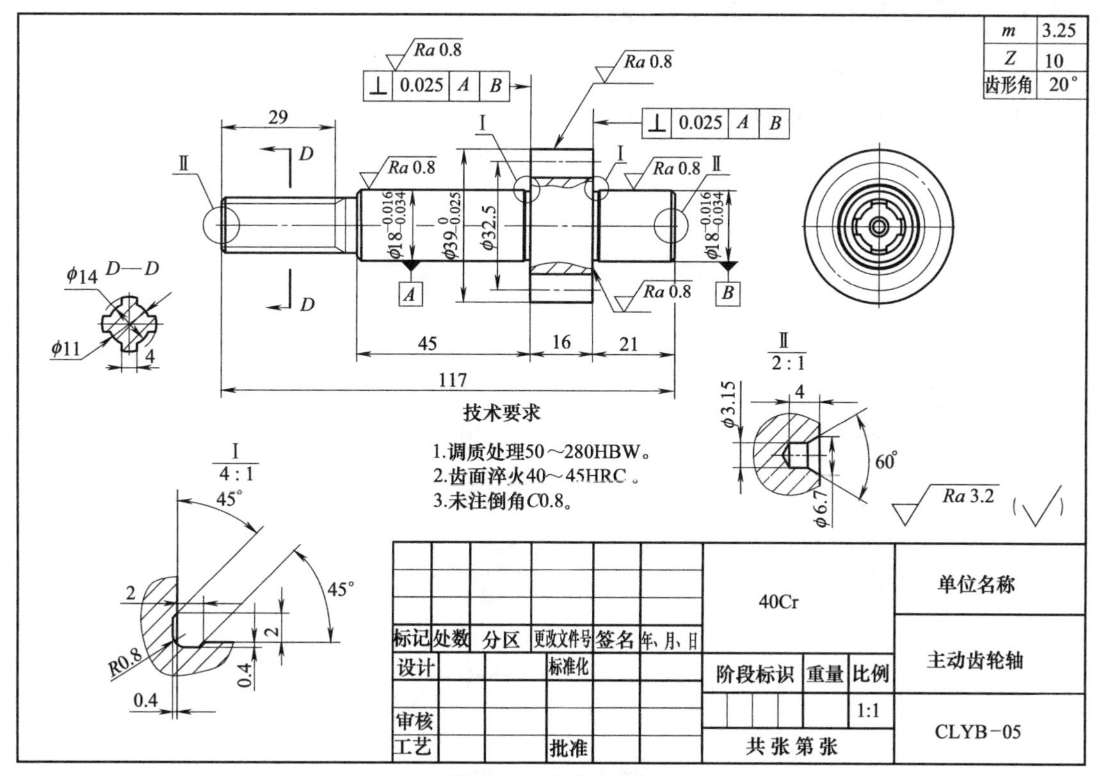

图 6-29 主动齿轮轴

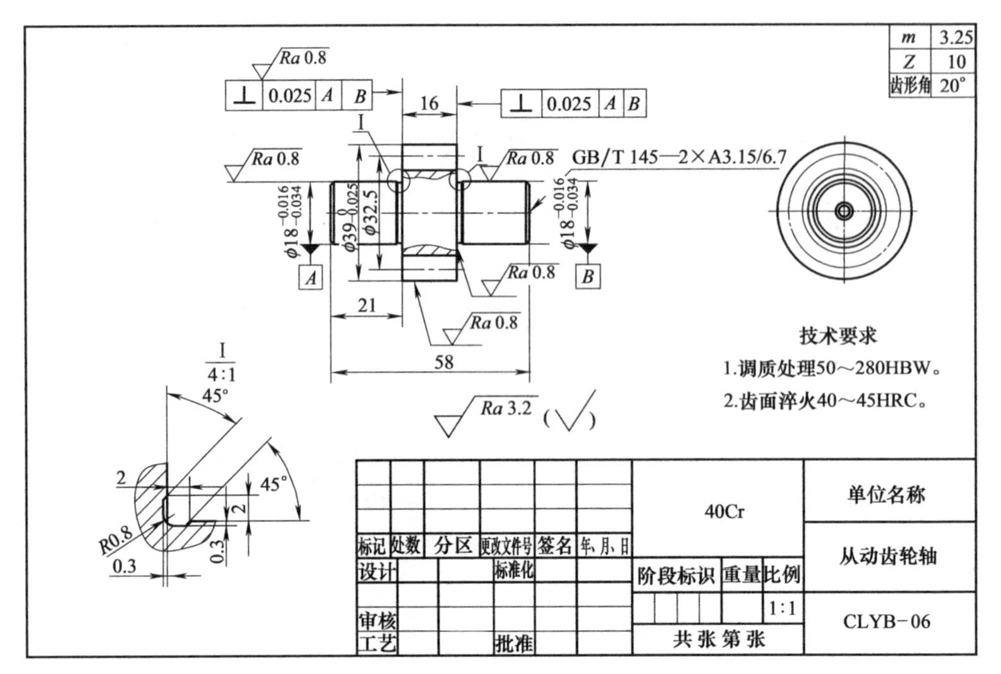

图 6-30 从动齿轮轴

6.3 台虎钳测绘

6.3.1 了解台虎钳的结构及工作原理

（1）台虎钳的主要结构

台虎钳是用来加持工件的通用夹具，可安装在工作台上，用以夹紧工件。图 6-31 所示

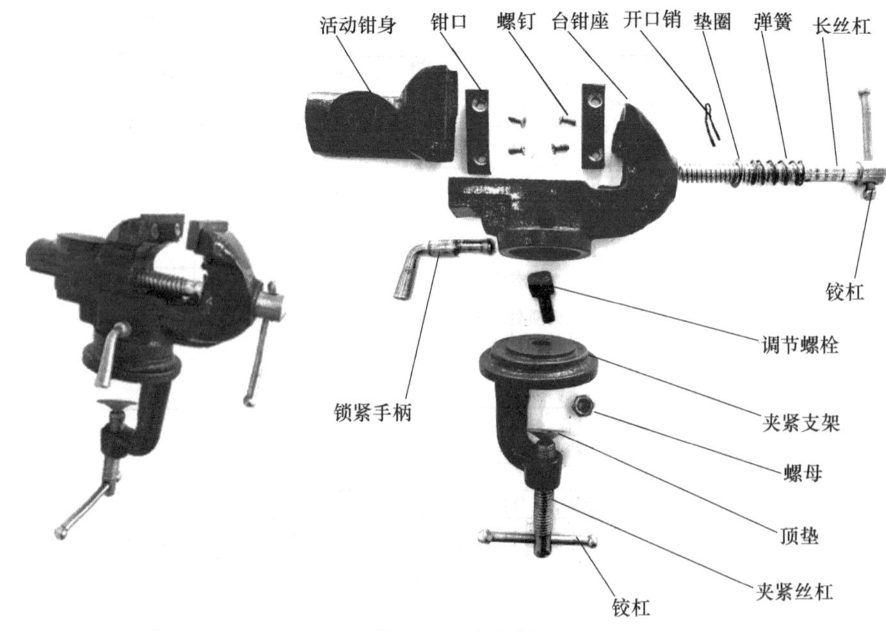

图 6-31 台虎钳

为常用的一种台虎钳，主要由台钳座、活动钳身、长丝杠、夹紧支架、夹紧丝杠、锁紧手柄等 15 种零件组成，标准件有开口销、垫圈、螺母、螺钉。

（2）工作原理

夹紧或装卸工件。旋转台钳座上的铰杠，带动长丝杠转动，进而带动活动钳身沿长丝杠轴线移动，从而使台虎钳的钳口闭合或分开，实现对工件的夹紧或装卸。

安装和拆卸台虎钳。旋转夹紧支架上的铰杠，带动夹紧丝杠和顶垫沿铅垂方向上下移动，实现在工作台边上的安装和拆卸。

台钳座定位。松开锁紧手柄，钳体可以绕铅垂线水平旋转（360°回转），使工件旋转到合适的工作位置，然后锁紧手柄快速锁死。

6.3.2 拆卸台虎钳及画装配示意图

（1）台虎钳的拆卸顺序

拆卸工具主要有扳手、钳子、十字槽螺钉旋具。

台虎钳的拆卸干线主要有两条。一条是水平方向沿着长丝杠轴线，拆卸顺序：转动铰杠带动长丝杠，使长丝杠旋出活动钳身，拆下活动钳身；用钳子拔出开口销，即可抽出长丝杠，同时卸下垫圈和弹簧；另外用十字槽螺钉旋具拧下螺钉即可将两个钳口拆下。另一条拆卸干线是铅垂方向沿着调节螺栓轴线，用扳手拧下螺母，即可抽出底座。此外还有一个锁紧手柄与调节螺栓之间的装配，抽出底座之后，可用手抽出锁紧手柄，去除调节螺栓。另外此台虎钳中还存在不可拆卸结构，一处是安装在台钳座上的长丝杠和铰杠。铰杠实际上由铰杠和堵头构成，装配时铰杠穿过丝杠孔之后，套上堵头，通过墩头工艺固定堵头。另一处是夹紧支架、夹紧丝杠、铰杠及顶垫，由于夹紧丝杠与顶垫之间铆接，所以夹紧丝杠、顶垫不能从夹紧支架拆下。

（2）画出装配示意图

如图 6-32 所示。

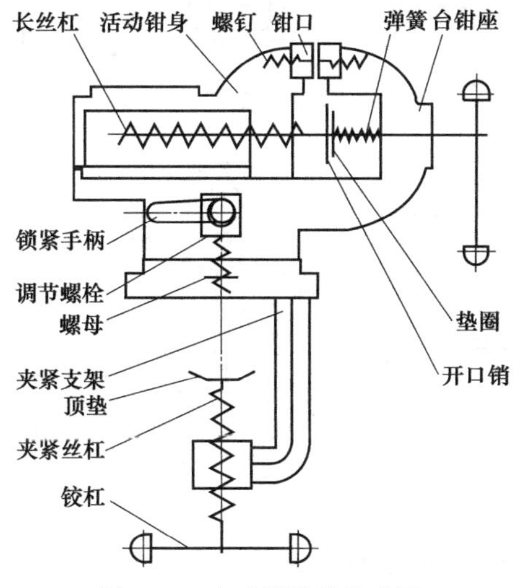

图 6-32　台虎钳装配示意图

6.3.3 测绘台虎钳各组成零件并绘制零件草图

本小节主要介绍台钳座、活动钳身、夹紧支架、锁紧手柄的测绘。

（1）台钳座的测绘

① 台钳座的结构特点及表达方法　台钳座是台虎钳的重要零件，既要固定在夹紧支架上又要支撑活动钳身（为活动钳身的导轨）、安装长丝杠等零件，底部还要安装锁紧装置；既具有支架作用又具有箱体功能，内外结构形状都比较复杂，实际零件见图 6-31。表达方法上可按工作位置放置，采用主俯左仰四个视图表达外形，用必要的剖视图表达内部结构，如图 6-33 所示。

② 测量并标注尺寸　首先确定尺寸基准。台钳座与长丝杠配合的水平孔为主要的装配干线，因此选择此孔轴线为高度方向的主要尺寸基准，而与夹紧支架接触的下端面作为高度方向的辅助尺寸基准，宽度方向尺寸基准选择前后对称面，长度方向尺寸基准为安装调节螺栓孔的轴线。

测量并标注尺寸。为保证尺寸的完全，测量时注意应用形体分析法、内外形尺寸分开测量标注等方法。台钳座的大部分尺寸可以用游标卡尺或各种千分尺测得，小的圆弧半径可用 *R* 规测出，对于大的圆弧其半径可以采用第 2 章 2.3.3 节所述方法得出。

③ 台钳座的技术要求　台钳座与长丝杠、活动钳身、钳口、夹紧支架、锁紧手柄零件之间有结合面，这些面应有粗糙度要求，对于有相对转动的孔和轴的尺寸还要根据实际测量或参考相似部件给出配合尺寸，一般采用基孔制间隙配合。为了保证丝杠转动顺畅、平稳，钳口夹紧零件时受力均衡，安装长丝杠孔的中轴线需要限制几何公差，如图 6-33 所示，给出轴线与钳口安装面的垂直度公差与水平导轨面的平行度公差。

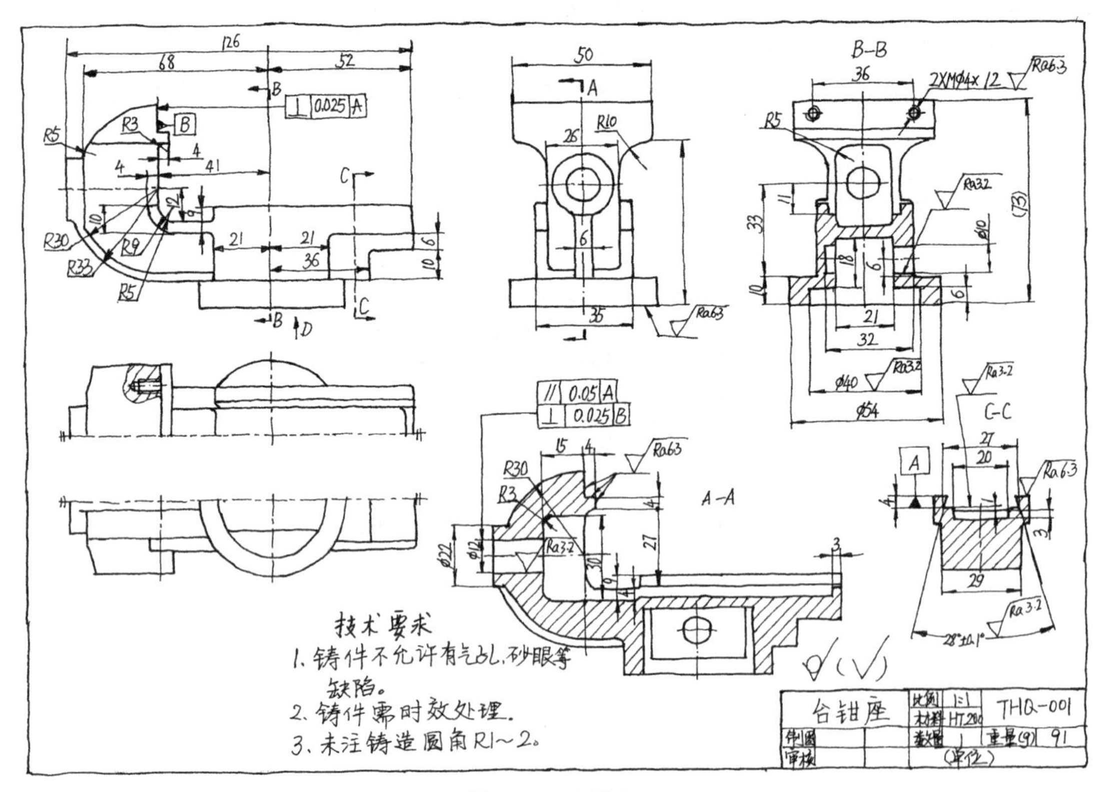

图 6-33　台钳座

④ 台钳座的材料确定　台钳属于工具类用品，其强度和刚度及耐磨性都必须保证。台钳座为铸造件，工作时需要承受较大的应力，根据观察其材料应为铸铁，故选用 HT200。

（2）活动钳身的测绘

活动钳身与台钳座配合起夹持工件的作用，自身可沿钳座上的导轨往返移动，结构特点可归属于支架类零件，在其上方设置有工作砧台。其表达方法、尺寸测量及标注、技术要求与台钳座类似，材料与台钳座相同，不再赘述。

（3）夹紧支架的测绘

① 夹紧支架的结构特点及表达方法　夹紧支架用于将台虎钳固定在工作台上，台钳座与其配合可实现转动，在结构上属于支架类零件。按工作位置放置，主视图方向表达各组成部分相对位置，选用主俯左三个视图表达主要结构形状特征，其中俯视图采用 B—B 半剖视图，既表达上部外形又表达下部内外形状特点，以及肋板与圆台面的连接情况；主视图用局部剖表达孔的内部结构；左视图表达肋板的形状变化特点，选用 A—A 全剖表达内部形状特征及肋板横断面形状，表达方案如图 6-34 所示。

② 测量并标注尺寸　首先确定尺寸基准。夹紧支架上端面圆柱面与台钳座配合，故选择上端面为高度方向尺寸基准，上端面圆柱面的轴线为宽度方向和长度方向的尺寸基准。

测量并标注尺寸。尺寸的测量与标注与台钳座相似，但是对于螺纹孔要用螺纹规测量其规格，倒角结构要根据所测相关尺寸查阅国标进行尺寸标注。

③ 夹紧支架的技术要求　夹紧支架与其他零件的结合面都应设置粗糙度值，可根据重要性选择 $Ra3.2\mu m$ 或 $Ra6.3\mu m$。由于夹紧支架上端面圆柱面与台钳座配合且有相对转动，两者之间应为间隙配合，圆柱面直径尺寸公差可根据计算求出或参照相应的部件给出。

④ 夹紧支架的材料确定　夹紧支架也为铸件，与台钳座一样选择 HT200。

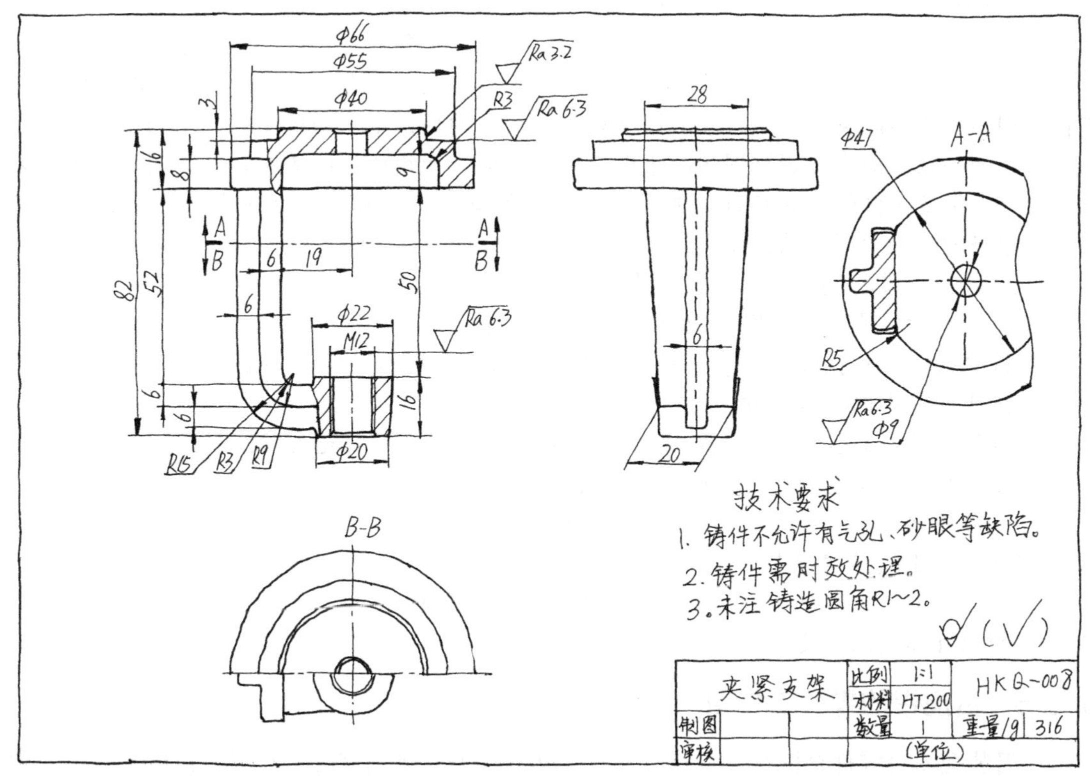

图 6-34　夹紧支架

（4）锁紧手柄的测绘

① 锁紧手柄的结构特点及表达方法　锁紧手柄是用来固定台钳座位置的，为了实现台

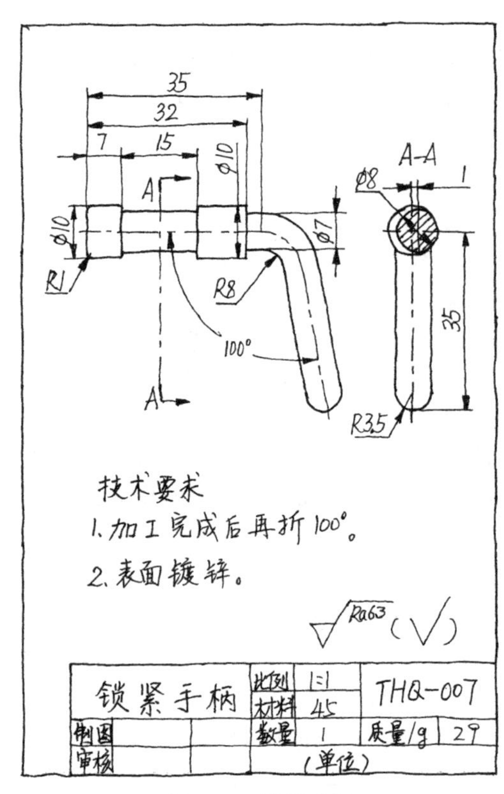

图 6-35 锁紧手柄

钳座的定位，锁紧手柄装在台钳座内部的一段结构为偏心轴，当转动手柄将中间圆柱转向上时，顶住螺栓从而锁紧台钳底座。整体结构为弯曲了一定角度的轴类零件。在表达方法上将偏心轴部分轴线水平放置，采用剖视图表达偏心距的大小，如图 6-35 所示。

② 测量并标注尺寸　锁紧手柄结构较简单，用游标卡尺或千分尺可以完成长度和直径尺寸测量，径向尺寸基准选择非偏心的圆柱轴线，轴向尺寸基准选择左端面。偏心距可以通过测量相关直径尺寸计算得出，角度尺寸可以用角度游标卡尺或量角器测得。

③ 锁紧手柄的技术要求　锁紧手柄装在台钳座中并能够转动，应为间隙配合，与台钳座接触的圆柱面其尺寸应该有公差要求。

④ 锁紧手柄的材料确定　锁紧手柄为机加工件，根据观察其材料应为钢，故可选用常用的 45 钢。

6.3.4 绘制台虎钳装配图

（1）台虎钳装配图的表达方案

按照工作位置放置台虎钳，主视图以表达工作原理和主要装配关系为主，故采用剖切范围较大的局部剖；俯视图也采用局部剖，表达次要的装配关系，即表达螺钉固定的钳口、锁紧手柄与台钳座装配关系；左视图与主视图未剖部分表达主要零件的形状特征，如台钳座、夹紧支架等。利用 A—A 断面图表达台钳座与活动钳身的装配关系及结构特点，图 6-36 所示为台虎钳的装配图。

（2）台虎钳装配图上应标注的尺寸

① 性能尺寸　钳口的宽度 50 及夹持零件的尺寸 0～50。

② 配合尺寸　根据部件拆卸及零件测绘时的分析，所有的配合表面均选择基孔制间隙配合，如图 6-36 中的配合尺寸。

③ 外形尺寸　总长 143，总高 170.2，可通过计算标注，总宽为铰杠的长度 72。

④ 安装尺寸　指能安装台虎钳的工作台厚度 0～48。

⑤ 其他重要尺寸　长丝杠的螺纹规格 Tr12×3。

（3）台虎钳的技术要求

① 台虎钳的活动钳身应滑动灵活，不能出现卡阻现象。

② 钳口和固定部件要牢固。

6.3.5 台虎钳的零件工作图

根据装配图对零件草图进一步进行校核，然后绘制正规的零件工作图，根据各个零件的作用及与相关零件之间的关系，参考部件使用说明书及同类产品的有关要求，确定各零件配合尺寸的尺寸公差。台钳座、活动钳身、夹紧支架、长丝杠、锁紧手柄、调节螺栓的零件工作图如图 6-37～图 6-42 所示。

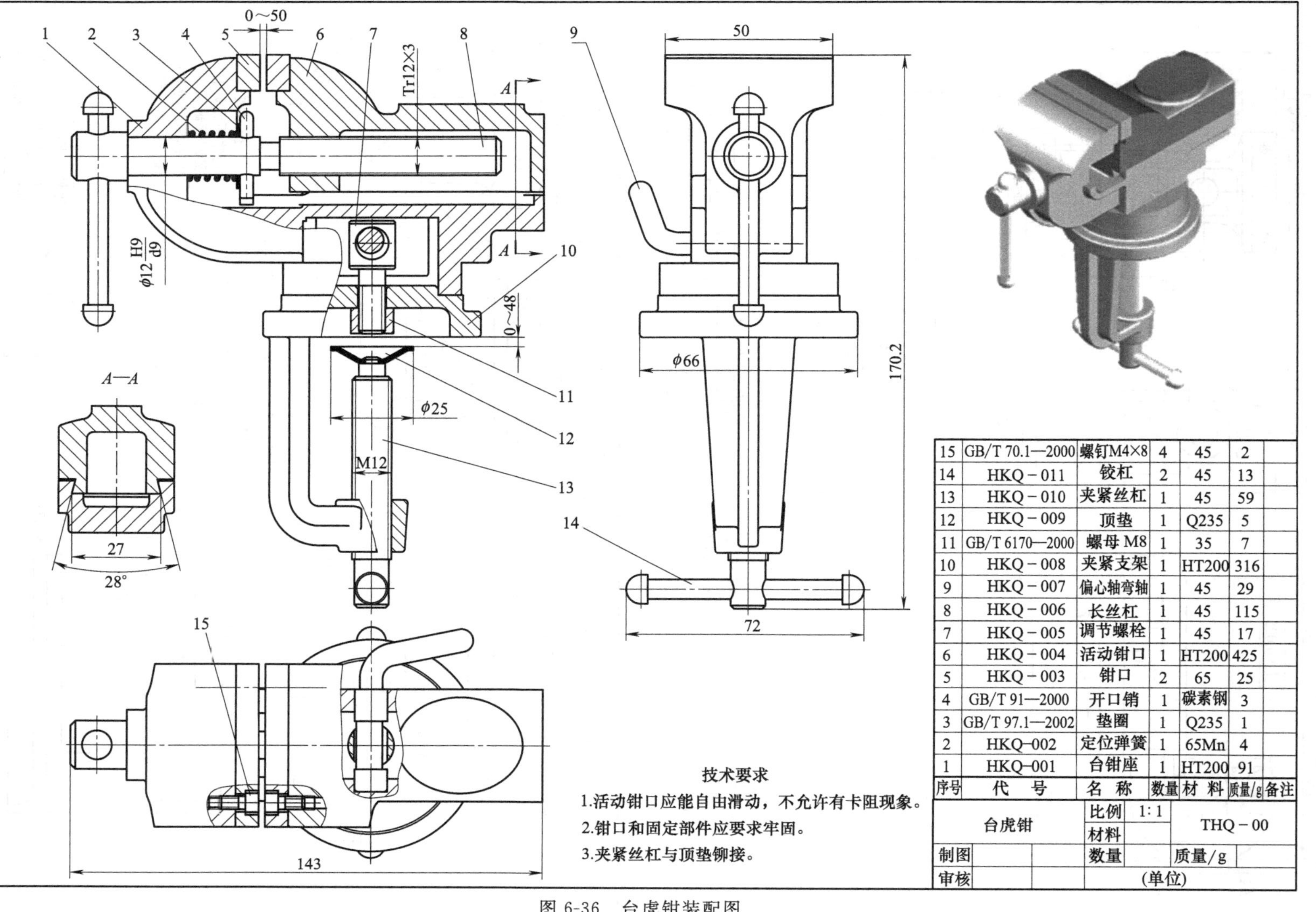

15	GB/T 70.1—2000	螺钉M4×8	4	45	2	
14	HKQ－011	铰杠	2	45	13	
13	HKQ－010	夹紧丝杠	1	45	59	
12	HKQ－009	顶垫	1	Q235	5	
11	GB/T 6170—2000	螺母 M8	1	35	7	
10	HKQ－008	夹紧支架	1	HT200	316	
9	HKQ－007	偏心轴弯轴	1	45	29	
8	HKQ－006	长丝杠	1	45	115	
7	HKQ－005	调节螺栓	1	45	17	
6	HKQ－004	活动钳口	1	HT200	425	
5	HKQ－003	钳口	2	65	25	
4	GB/T 91—2000	开口销	1	碳素钢	3	
3	GB/T 97.1—2002	垫圈	1	Q235	1	
2	HKQ–002	定位弹簧	1	65Mn	4	
1	HKQ–001	台钳座	1	HT200	91	
序号	代 号	名 称	数量	材 料	质量/g	备注

台虎钳		比例	1:1	THQ－00	
		材料			
制图		数量		质量/g	
审核		(单位)			

图 6-36 台虎钳装配图

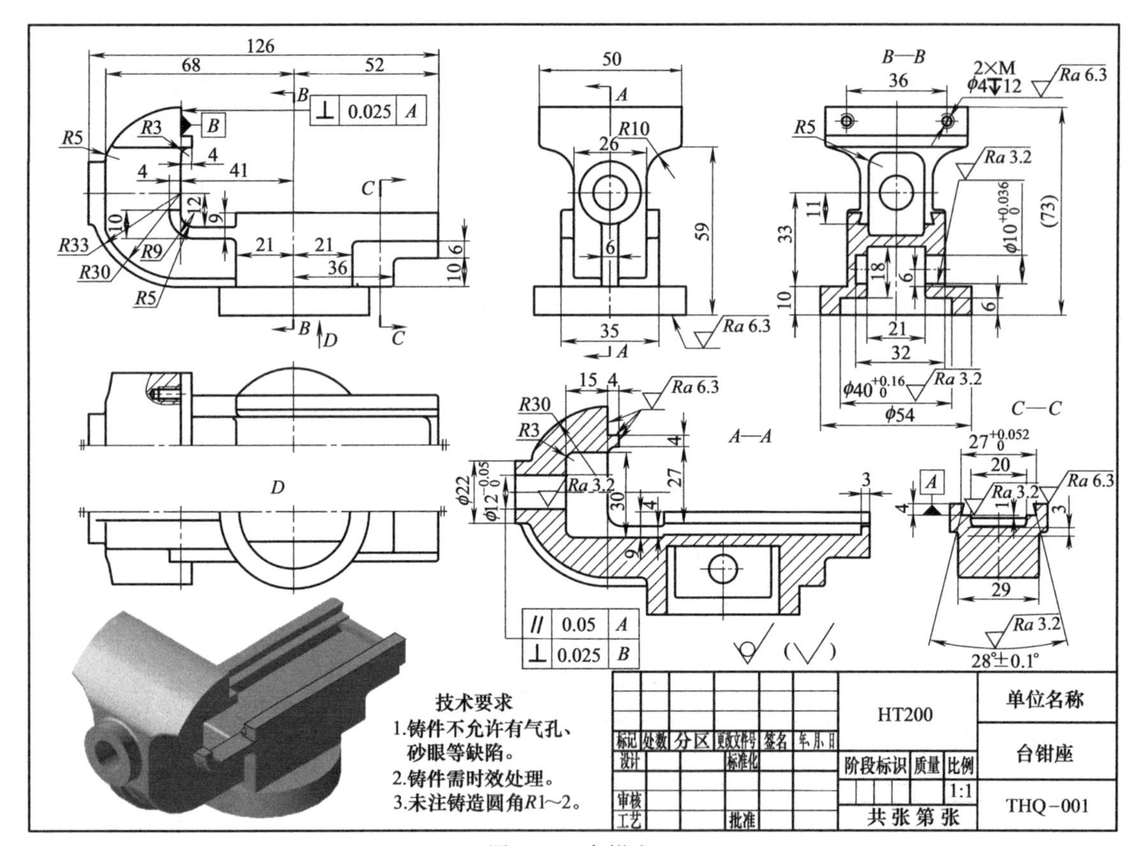

图 6-37　台钳座

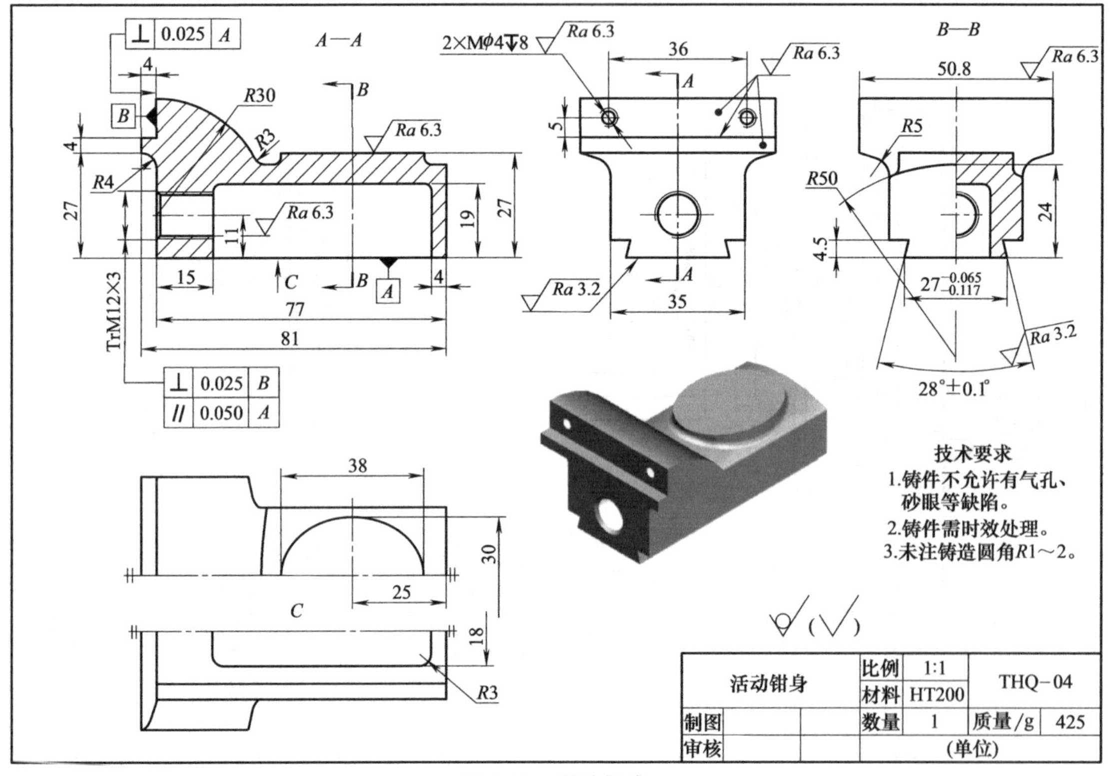

图 6-38　活动钳身

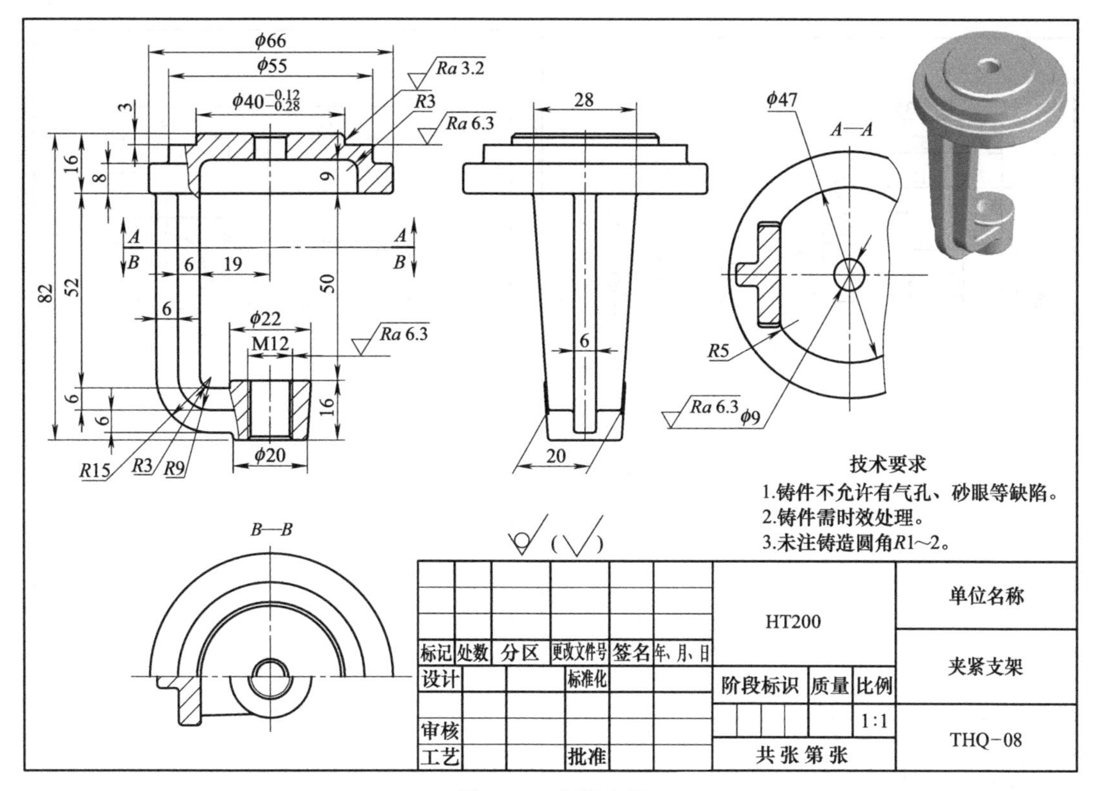

图 6-39 夹紧支架

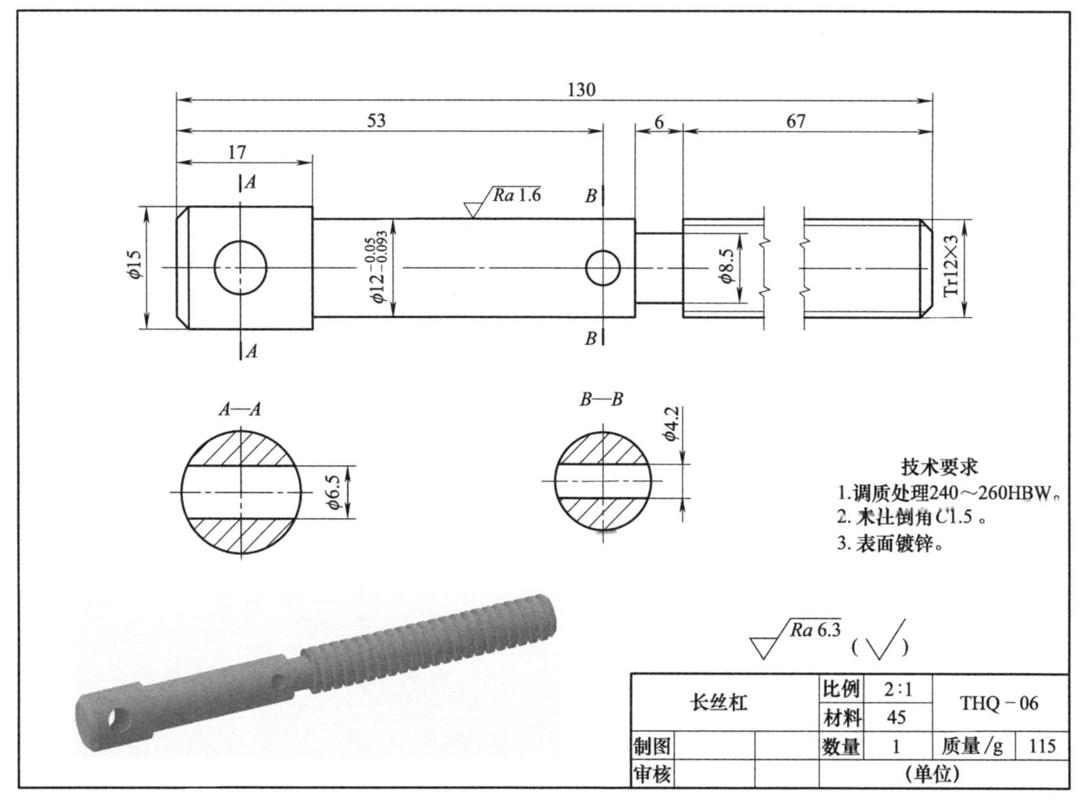

图 6-40 长丝杠

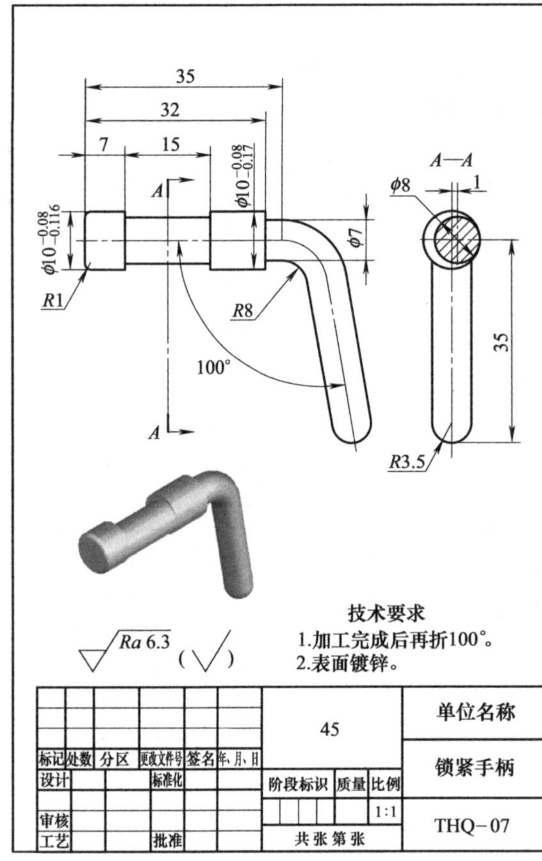

图 6-41 锁紧手柄

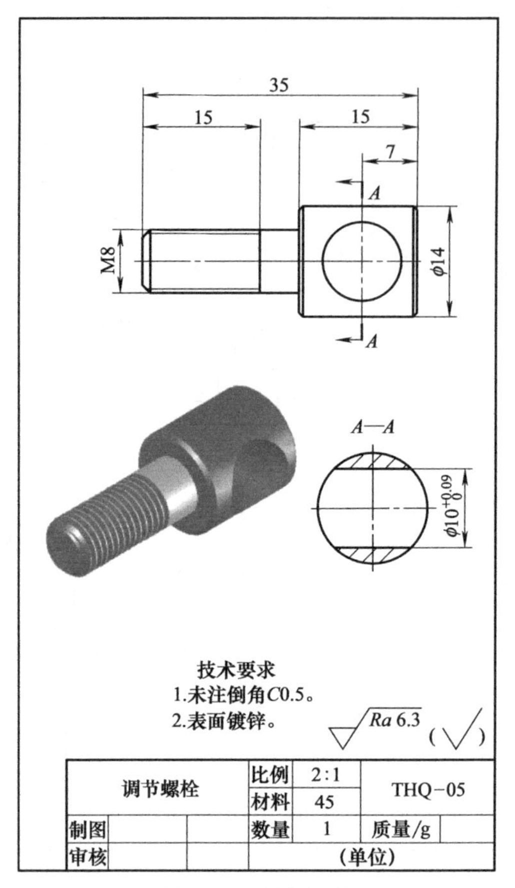

图 6-42 调节螺栓

第7章

现代测量方法及逆向工程

7.1 现代测量方法概述

对于零部件形状尺寸的测量，传统的测量方法通常采用通用量具和常规测量工具作为主要的测量手段对零件进行测量，在测量过程中，一边测量一边记录测量数据，这种测量方法操作简单，成本低，对于形状结构简单、尺寸精度要求不高的零件占有明显的优势。传统测量工具的测量范围一般是有限的，当被测零件内部结构复杂且尺寸较大、尺寸精度要求较高时，传统的测量工具和测量方法无法达到测量要求，有时候测量工具无法达到测量零件的内部，导致测量无法进行，在这种情况下，测量数据只能依赖测量者个人的实践经验，通过估算的方式来进行测量，这些估计的数据很多情况下会大大超过零件测量所要求的精度，特别是在零件的检测中，这种传统的测量方法显然毫无意义。近年来，逆向工程技术已经广泛应用，由于传统测量方法的局限性，人工读数所带来的误差比较大，效率非常低，而且当数据量大时，无法对数据进行及时处理及误差分析，当被测物体结构复杂时，对某些关键部位不能精确测量，从而导致不能获得理想的几何模型。传统的测量方法已经不能满足逆向工程发展的需要，随着逆向工程的快速发展，现代测量方法应运而生。

现代测量方法就是指采用现代测量仪器运用现代的测量手段对零部件进行测量，广义的现代测量包括对零件的形状、尺寸、表面质量、材料等的测量，由于零件的表面质量、材料在前面章节中已经介绍，这里讲的现代测量只指对零件的形状和尺寸的测量。

近年来，随着计算机技术、传感技术、控制技术和视觉图像技术等相关技术的发展，出现了各种各样的现代测量仪器和现代测量方法，现代测量仪器应用比较成功，大部分进口于美国、德国、加拿大、卢森堡等。国内虽然也出现了很多测量仪器，但是由于起步比较晚，整体上技术不太成熟，使用效果不太理想。现代测量方法按照测量仪器测量探头是否和零件表面接触，可分为接触式测量和非接触式测量两大类，详细分类如图7-1所示。接触式测量中应用最

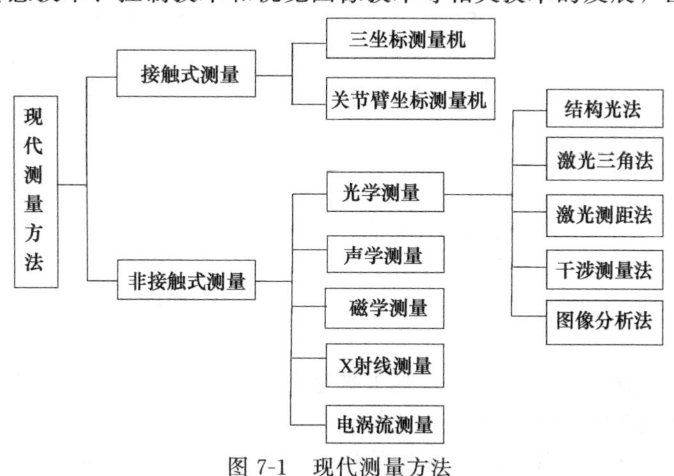

图7-1 现代测量方法

广的是三坐标测量机。非接触式测量仪器一般利用光学、声学、磁学、X射线、电涡流等原理对零件进行测量，应用最多的是光学测量。

7.2 接触式测量

接触式测量技术是接触式测头需与待测表面发生实体接触，采集点的三维坐标来评定物体几何形状，集光、电、气、机械与计算机技术为一体的高精度、高效率的一种自动化先进坐标测量技术。接触式有触发式和连续扫描式数据采集，还有基于磁场、超声波的数据采集等，常见的接触式测量设备有三坐标测量划线机、三坐标测量机、机械手和机械臂等。由于现代工业生产的批量性、产品规格系列的多样性以及产品越来越复杂，因此，三坐标测量机（coordinate measuring machine，CMM）以其高效率、自动化、精度高及可重复性在测量质量管控中所占比例越来越大。

7.2.1 三坐标测量机的组成及工作原理

根据ISO 10360国际标准《坐标测量机的验收检测和复检检测》第一部分的规定和机械结构，三坐标测量机可分为移动桥式坐标测量机、固定桥式坐标测量机、龙门式坐标测量机、水平悬臂坐标测量机等，其中移动桥式坐标测量机是使用最为广泛的一种机构形式，特点是开敞性比较好，视野开阔，上下零件方便，运动速度快，精度比较高，用于复杂零部件的质量检测、产品开发。常见精密型三坐标测量机的单轴最大测量不确定度小于$1\times10^{-6}L$（L为最大量程，单位为mm），空间最大测量不确定度小于$(2\sim3)\times10^{-6}L$；中等精度三坐标测量机单轴最大测量不确定度小于$1\times10^{-5}L$（L为最大量程，单位为mm），空间最大测量不确定度小于$(2\sim3)\times10^{-5}L$。现将其结构组成及工作原理简介如下。

（1）三坐标测量机的组成

三坐标测量机是典型的机电一体化设备，它由机械系统和电子系统两大部分组成。

机械系统一般由三个正交的直线运动轴构成。图7-2所示的结构中，X向导轨系统装在工作台上，移动桥架横梁是Y向导轨系统，Z向导轨系统装在中央滑架内。三个方向轴上均装有光栅尺用以度量各轴位移值，人工驱动的手轮及机动、数控驱动的电机一般都在各轴附近，用来触测被检测零件表面的测头装在Z轴端部。

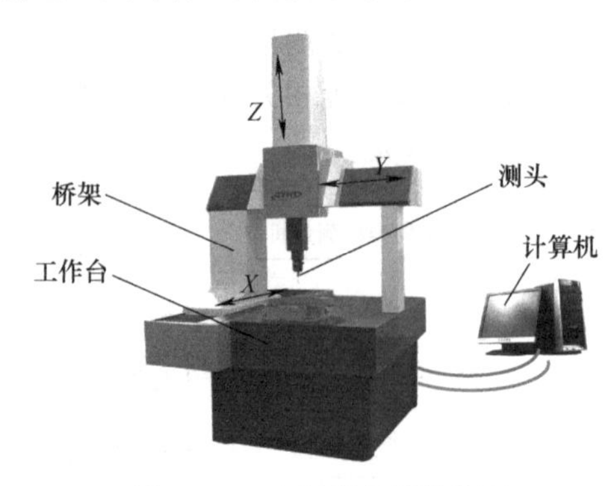

图7-2 三坐标测量机结构图

电子系统一般由光栅计数系统、测头信号接口和计算机等组成，用于获得被测坐标点数据，并对数据进行处理。

（2）三坐标测量机的工作原理

三坐标测量机是基于坐标测量的通用化数字测量设备。它首先将各被测几何元素的测量转化为对这些几何元素上一些点集坐标位置的测量，在测得这些点的坐标位置后，再根据这些点的空间坐标值，经过数学运算求出其尺寸和形位误差。如图7-3所示，要测量零件上一圆柱孔的直径，可以在垂直于孔轴线的截面Ⅰ内，触测内孔壁上三个点（点1、2、3），则根据这三点的坐标值就可计算出孔的直径及圆心坐标O_{I}；如果在该截面内触测更多的点（点1，2，…，n，n为测点数），则可根据最小二乘法或最小条件法计算出该截面圆的圆度误差；如果对多个垂直于孔轴线的截面圆（Ⅰ，Ⅱ，…，m，m为测量的截面圆数）进行测量，则根据测得点的坐标值可计算出孔的圆柱度误差以及各截面圆的圆心坐标，再根据各圆心坐标值又可计算出孔轴线位置；如果再在孔端面上触测三点，则可计算出孔轴线对端面的位置度误差。由此可见，CMM 的这一工作原理使得其具有很大的通用性与柔性。从原理上说，它可以测量任何零件的任何几何元素的任何参数。

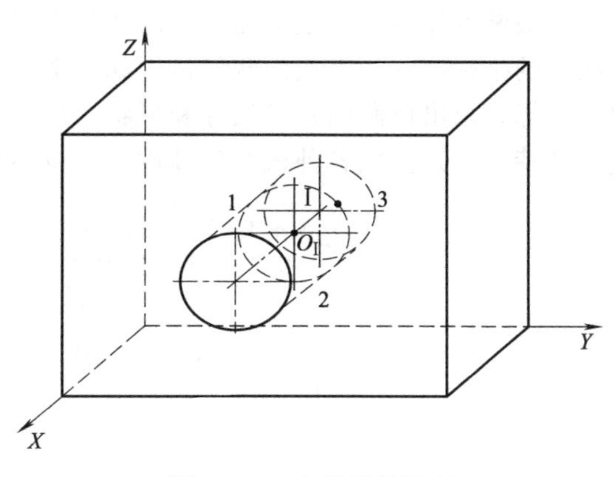

图 7-3 三坐标测量原理

7.2.2 三坐标测量机在现代设计制造流程中的应用

（1）三坐标测量机的功能

① 基本尺寸验证。一般的基本几何形状如圆、圆槽、球、平面等，对一般的几何形状进行形状位置、距离结果评价。其中形位公差的计算，包括直线度、平面度、圆度、圆柱度、垂直度、倾斜度、平行度、位置度、对称度、同心度等等。

② 特殊测量需求。例如模数大于 1 的齿轮的齿形、齿向、齿距，对不规则曲面的扫描，凸轮机构及各种螺纹参数的测量等。

③ 逆向工程。将已有的物理实物模型使用三坐标测量机采集 3D 数据点云，并处理数据输出。

基于上述功能，三坐标测量机主要用于机械、汽车、航空、军工、家具、工具原型、机器等中小型配件、模具等行业中的箱体、机架、齿轮、凸轮、蜗轮、蜗杆、叶片、曲线、曲面等的测量，还可用于电子、五金、塑胶等行业中，可以对工件的尺寸、形状和形位公差进行精密检测，从而完成零件检测、外形测量、过程控制等任务。

（2）三坐标测量机在现代工程测量中的应用

① 三坐标测量机在模具行业中的应用

a. 第一，测量机能够为模具工业提供质量保证，是模具制造企业测量和检测的最好选择。高度柔性的三坐标测量机可以配置在车间环境，并直接参与到模具加工、装配、试模、修模的各个阶段，提供必要的检测反馈，减少返工的次数并缩短模具开发周期，从而最终降低模具的制造成本并将生产纳入控制。在为过程控制提供尺寸数据的同时，测量机可提供入厂产品检验、机床的校验、客户质量认证、量规检验、加工试验以及优化机床设置等附加性能。

b. 第二，测量机具备强大的逆向工程能力，是一个理想的数字化工具。通过不同类型测头和不同结构形式测量机的组合，能够快速、精确地获取工件表面的三维数据和几何特征，可灵活地用于模具的设计、样品的复制、损坏模具的修复。此外，测量机还可以配备接触式和非接触式扫描测头，并利用 PC-DMIS 测量软件提供的强大的扫描功能，完成具备自由曲面形状特征的复杂工件 CAD 模型的复制。无须经过任何转换，可以被各种 CAD 软件直接识别和编程，从而大大提高了模具设计的效率。

② 三坐标测量机在汽车行业的应用　汽车零部件具有品质要求高、批量大、形状各异的特点，根据不同的零部件测量类型，主要分为箱体、复杂形状和曲线曲面三类，每一类相对测量系统的配置是不尽相同的，需要从测量系统的主机、探测系统和软件方面进行相互的配套与选择。

坐标测量机是通过测头系统与工件的相对移动，探测工件表面点三维坐标的测量系统。

通过将被测物体置于三坐标测量机的测量空间，利用接触或非接触探测系统获得被测物体上各测点的坐标位置，其点的测量过程如图 7-4 所示，根据这些点的空间坐标值，由软件进行数学运算，求出待测的几何尺寸和形状、位置。因此，坐标测量机具备高精度、高效率和万能性的特点，是完成各种汽车零部件几何量测量与品质控制的理想解决方案。

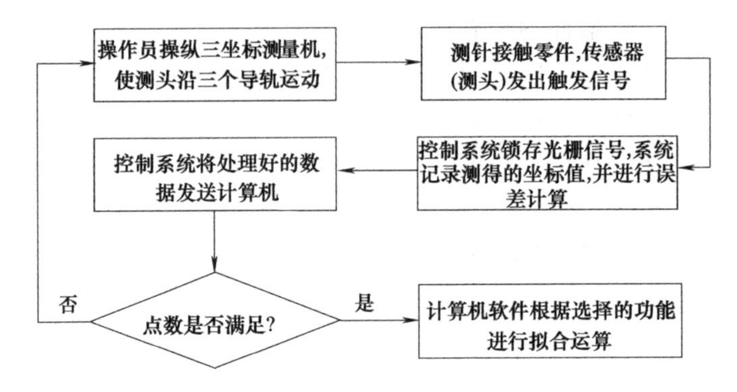

图 7-4　点的测量流程图

7.3 非接触式测量

7.3.1 非接触式测量概述

非接触式测量是以光、电、声、电磁、超声波等技术为基础，在测量仪器的感受元件不与被测物体表面接触的情况下，得到物体表面参数信息的测量方法。

非接触式测量有以下特点。

① 数据采集速度快、精度高。非接触式测量排除了测量摩擦力和接触压力造成的测量误差，避免了接触式测头与被测表面曲率干涉产生的伪劣点数目，获得的密集点云信息量大、精度高。

② 非接触式数据采集方法采用非接触式探头，由于没有力的作用，适用于测量柔软物体。

③ 非接触式探头取样率较高，适用于表面外形复杂、精度要求不特别高的未知曲面的测量，例如汽车、家电的木模、泥模等。

④ 测量范围广。非接触式测量的测头的光斑可以很小，可以探测到一般机械测头难以测量的部位，最大限度地反映被测表面的真实外形。

⑤ 非接触式探头由于受到物体表面特征的影响（颜色、光度、粗糙度、外形等），故不可避免地产生测量误差。

通过以上特点可以看出，非接触式测量主要用于易变形、精度要求不太高、要求海量数据的零件等。

7.3.2 非接触式测量分类

典型的非接触式测量方法可分为光学法和非光学法。

光学法包括结构光法、激光三角法、激光测距法、图像分析法和干涉测量法等，干涉测量法一般用于测量零件的表面结构，所以这里不再介绍。非光学法包括声学测量法、磁学测量法、X 射线扫描法、电涡流测量法等。在机械产品的测量中，一般采用光学法。

（1）结构光法

① 基本原理　用投射仪将光栅投影于被测物体表面，光栅条纹经过物体表面形状调制后会发生变形，其变形程度取决于物体表面高度及投射器与相机的相对位置，再由接收相机拍摄其变形后的图像传于计算机，计算机依据图像参数做进一步处理，从而获得被测物体的三维图像。

② 特点　结构光法检测具有大量程、速度快、系统柔性好、精度适中等优点，但是由于其原理的制约，不利于测量表面结构复杂的物体，如图 7-5 所示。

③ 应用　结构光法作为一种主动式非接触的三维视觉测量新技术，在逆向工程、质量检测、数字化建模等领域具有无可比拟的优势。

（2）激光三角法

① 基本原理　由激光器发出的一束激光照射在待测物体表面上，通过反射在检测器上成像。当物体表面的位置发生改变时，其成像在检测器上也发生相应的位移。通过成像位移和实际位移之间的关系式，真实的物体位移可以由对成像位移的检测和计算得到，这种检测方法称为激光三角法，如图 7-6 所示。

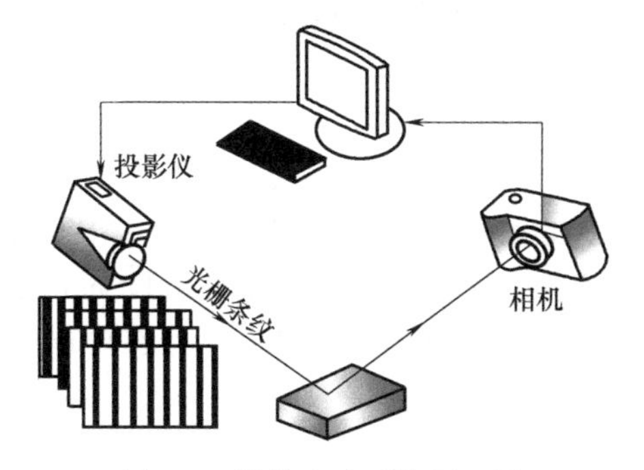

图 7-5　结构光法系统原理图

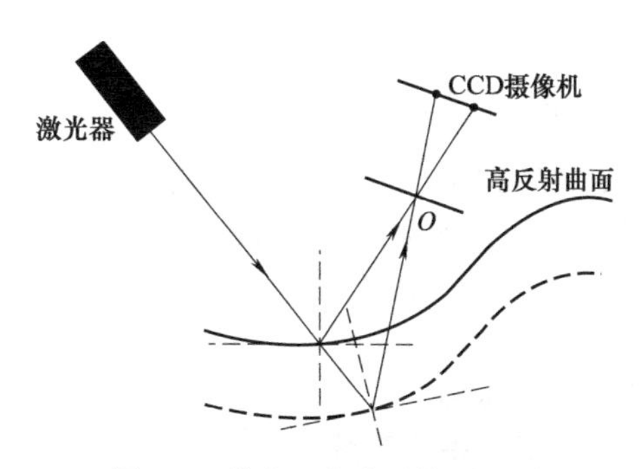

图 7-6　激光三角法系统原理图

② 特点　该方法结构简单，测量速度快，精度高，使用灵活，适合测量大尺寸和外形复杂的物体。但是，对于激光不能照射到的物体表面无法测量，同时激光三角法的测量精度受环境和被测物体表面特性的影响比较大，还需要研究高精度的激光三角法测量产品。

③ 应用　激光三角法是非接触光学测量的重要形式，在逆向工程、质量检测中应用广泛，技术也比较成熟。

（3）激光测距法

① 基本原理　激光测距法就是将激光信号从发射器发出，照射到物体表面后发生反射，反射后的激光沿基本相同的路径传回给接收装置，接收装置通过检测激光信号从发出到接收所经过的时间或相位的变化计算出激光测距仪到被测物体间的距离，从而得到物体形状的方法。如图 7-7 所示。

② 特点　激光测距法具有良好的准直性及非常小的发散角，使仪器可以进行点对点的测量，适应非常狭小和复杂的测量环境。激光测距主要分为脉冲测距和相位测距两大类。脉冲测距法系统结构简单，探测距离远，但是精度低。相位测距系统结构相对复杂，但是其精度较高。

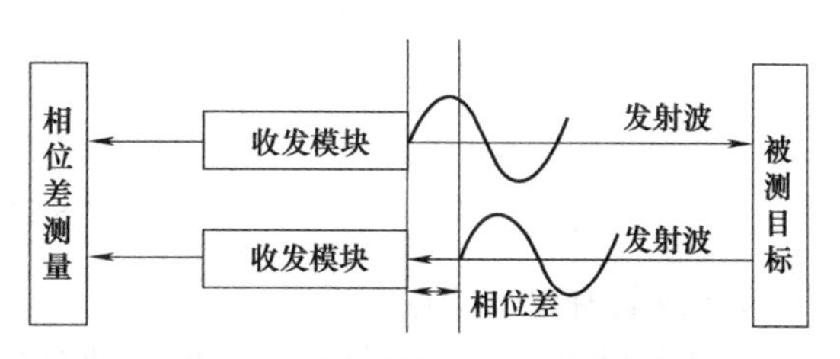

图 7-7　激光测距法系统原理图

③ 应用 随着光电技术的快速发展，激光测距仪朝着小型化、智能化的方向发展，相位激光测距技术得到不断优化和提升，已能满足超短距离和超高精度的测量需求。

(4) 图像分析法

① 基本原理 图像分析法也叫立体视觉，它是基于视差原理（视差即某一点在两幅图像中相应点的位置差，通过该点的视差来计算距离，即可求得该点的空间三维坐标）的一种方法。一般指从一个或多个摄像系统从不同方位和角度拍摄的多幅二维图像，通过该图像确定物体距离信息，最终形成物体表面形貌的三维图像，如图 7-8 所示。

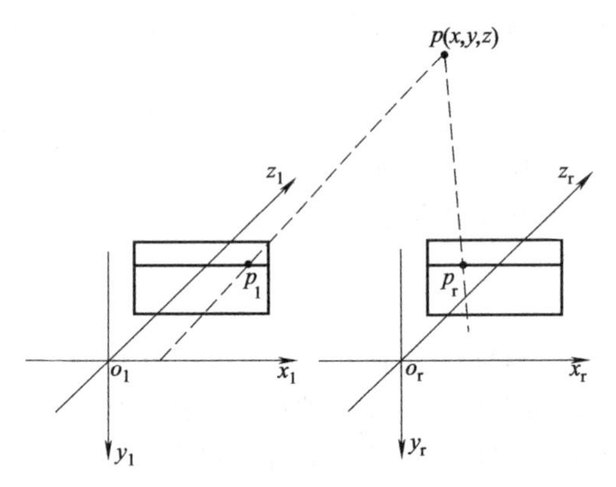

图 7-8 图像分析法系统原理图

② 特点 图像分析法属于被动三维测量方法，这种方法的系统结构简单，但是测量精度不高。

③ 应用 图像分析法常用于对三维目标的识别和物体的位置、形态分析，在逆向工程、零件建模、检测中应用较广。

7.3.3 非接触三维测量设备

随着传感技术、控制技术、制造技术等相关技术的发展，出现了大量商品化三维测量设备，国外的光学测量仪器应用较为成功。其中具有代表性的有美国 GSI 公司的 V-STARS 系统、德国 Steinbichler 公司的 Comet 测量系统、加拿大 Creaform 公司的 HandyScan 便携式激光扫描仪、卢森堡 Artec 公司的 Artec Spider 手持式激光扫描仪。以上仪器在中国占有绝大部分的市场份额。

(1) V-STARS 系统

V-STARS（video-simultaneous triangulation and resection system）系统是美国 GSI 公司研制的工业数字近景摄影三坐标测量系统，如图 7-9 所示。该系统具有三维测量精度高、测量速度快和自动化程度高以及能在恶劣环境中工作（如热真空）等优点，是目前国际上最成熟的商业化工业数字摄影测量产品。

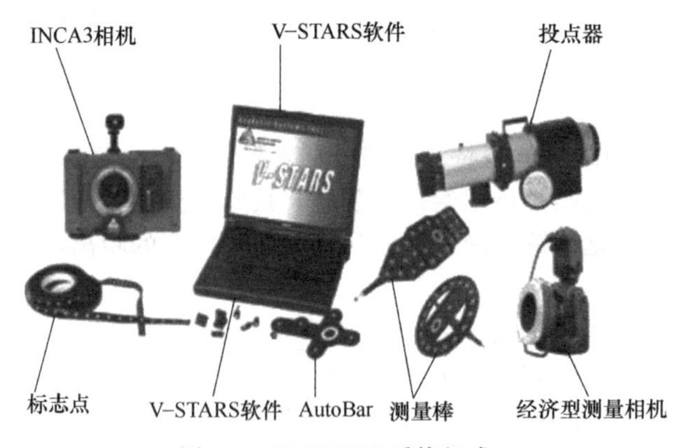

图 7-9 V-STARS 系统组成

该系统具有以下特点：

① 测量对象大小不受限制。采用自动拼接技术，最低限度减弱拼接带来的误差累积，

测量对象的单方向尺寸为 0.2～100m，几乎不受限制。

② 对测量环境要求低。

a. 对现场摄影的空间要求极低（最小只需 0.2m），只要能拍照的地方就可以进行测量；

b. 现场摄影时间很短，几乎不受温度等变化的影响；

c. 在场地不稳定（如振动）或被测物不稳定（抖动、变形）的情况下均可以进行测量。

V-STARS 系统已在航天、航空、通信等领域迅速应用并发挥了巨大优势。

（2）Comet 测量系统

Comet 测量系统是由德国 Steinbichler 公司生产的光学测量系统，如图 7-10 所示。它适用于各种复杂的工业场合，尤其适合于工业产品设计开发和生产过程质量控制，Comet 在众多苛刻的环境下能够实现对零部件的测量。

Comet 测量系统使用灵活，精确度高，可完成高难度的测量任务。它的模块化选择功能确保系统操作快捷简便，该系统应用于各种测量范围的测量任务，可随时为测量任务自动选择最优化配置进行测量。

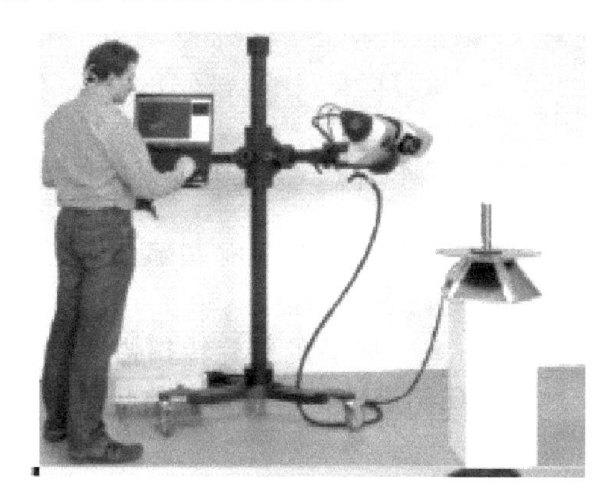

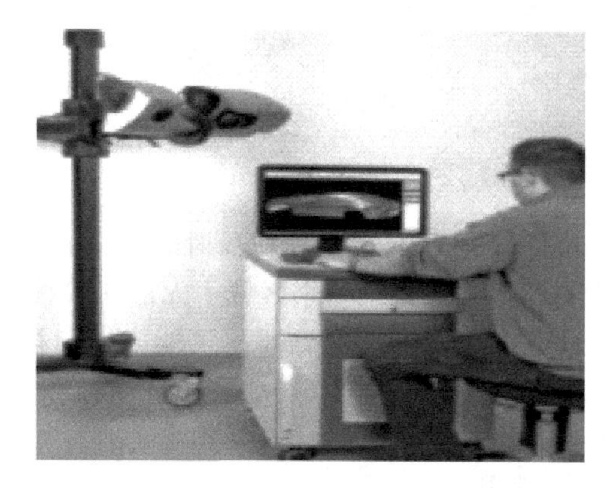

图 7-10 Comet 测量系统

（3）HandyScan 便携式激光扫描仪

HandyScan 是 Creaform 公司生产的一款自定位且唯一真正便携的激光扫描仪，如图 7-11所示。它能够完成各种大小、内外以及逆向工程和型面三维检测。在 3D 扫描、逆向工程、检测、风格设计和分析、数字化制造和医学方面广泛应用。

HandyScan 具有扫描速度快、自由移动性更高、操作简单、轻便以及高性能的优点。

图 7-11 HandyScan 便携式激光扫描仪

（4）Artec Spider 手持式扫描仪

Artec Spider 手持式扫描仪是卢森堡 Artec 公司生产的一款手持式三维扫描仪，适用于模具、逆向工程、产品检测和工业设计中，如图 7-12 所示。

该扫描仪具有重量轻、使用操作简便、扫描速度高、精度高的优点，能够扫描出对象的更多细节，如锋利的边缘、瘦脊、花纹颜色和纹理等。

Artec Spider 的详细工作过程如下：

① 扫描

a. 按下按钮　对准扫描对象并按下按钮，扫描过程就会立即开始，如图 7-13 所示。

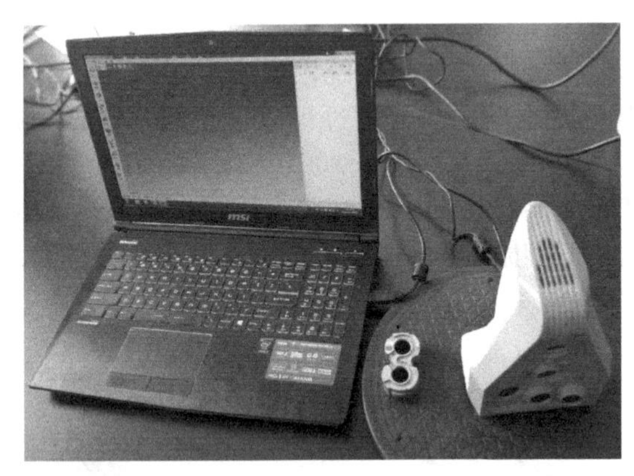

图 7-12　Artec Spider 手持式扫描仪

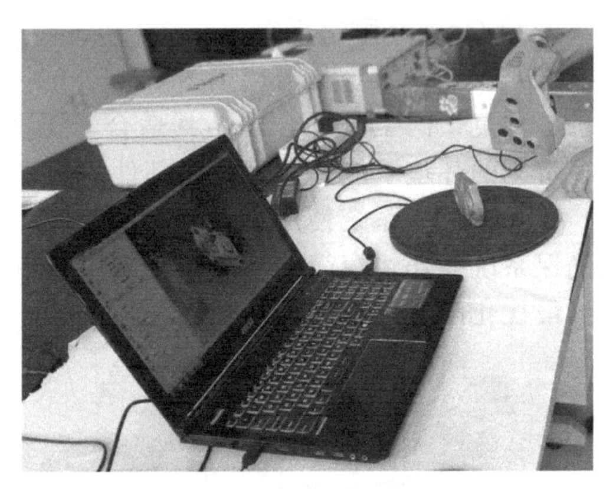

图 7-13　后泵盖扫描

b. 移动扫描仪　绕着扫描对象移动扫描仪。软件实时显示已扫描了哪些部分，还有哪些没有扫描。如果某一个区域中无法获取扫描图像，可以返回去再扫描。

c. 扫描对象　根据需要尽可能多地扫描捕获完整的对象。如果需要旋转扫描对象以获取各个角度的扫描图像，一般先完整地扫描一侧，然后关闭扫描仪，将扫描对象转至另一侧再对其进行扫描。

② 编辑

a. 将扫描图像对齐　将所有扫描图像对齐在一起后可以得到完整的模型。如果某些位置缺失，可以对此部分重新扫描一次。通过我们的优化计算法，可以将多个扫描图像完美地对齐在一起。还可以将模型建立在一个坐标系中。

b. 将扫描图像融合成一个 3D 模型　将所有的扫描图像融合在一起，将会得到一个单一三角网格。我们的融合计算法将会很快地完成这个过程。

c. 对扫描物体表面进行光顺和优化处理　可以优化网格，填补孔洞并进行表面光滑处理。有多种工具供选用。

d. 纹理组织处理　轻敲一下鼠标键就可以自动地将纹理应用到扫描对象上。新的运算方法可以大限度地发挥 CPU 的性能，由此可以获取好的纹理效果。图 7-14 所示为扫描后后泵盖从不同方向扫描的两个文件，图 7-15 所示为拼接处理后的文件。

③ 输出　文件处理后可以输出，文件输出支持多种 3D 文件格式，如 VRML、OBJ、STL、PLY、ASCII、AOII、E57、PTX，这些格式可以配合市面上所有的 3D 绘图软件使用，比如 Autodesk Maya、3DMax、Autocad、NX、Creo、Catia、Geomagic 等。除此之外，还可以将测量数据用 CSV 文件格式导出并进行打印。

7.3.4　三维光学测量技术的应用

三维光学扫描主要应用于三大方面。其一是快速成型，就是把一产品扫描进行数据处理后直接输入快速成型机成型。其二就是逆向工程，在后面逆向工程的内容中有详细说明。其

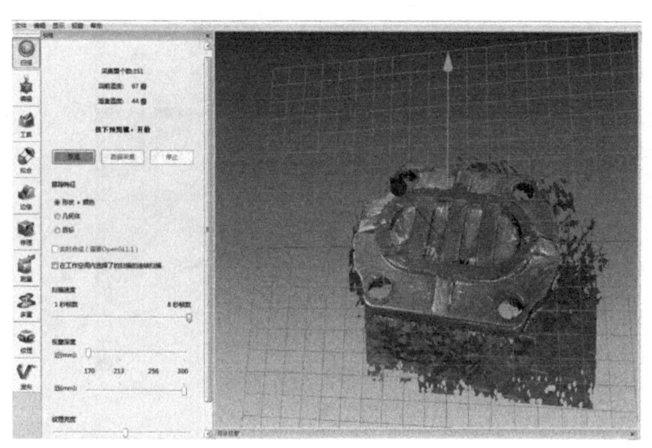
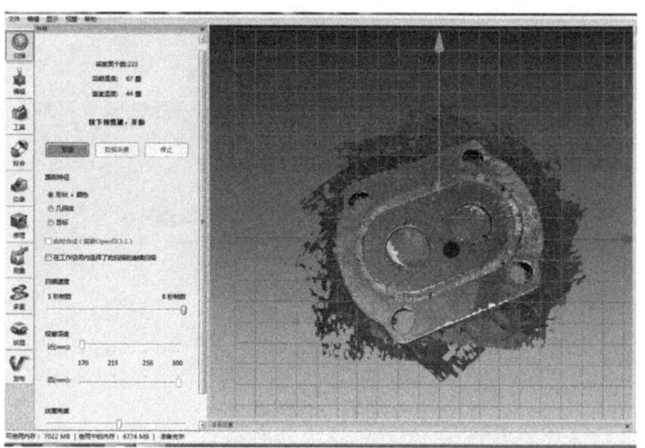

图 7-14　后泵盖从不同方向扫描的两个文件

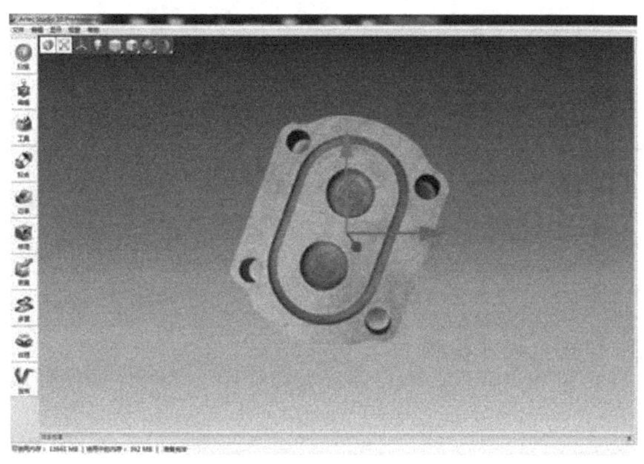
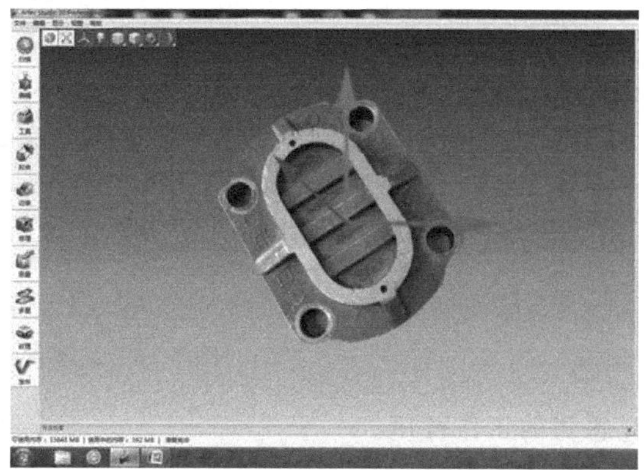

图 7-15　后泵盖处理数据

三就是产品检测，在复杂型面的零件制造质量检测中，由于某些型面特征自身缺乏清晰的参考基准，型值点与整体设计基准间没有明确的尺寸对应关系，传统检测一般基于设计尺寸与加工尺寸直接度量进行比较，所以传统检测模式在复杂型面零件的制造检测中难以实行。通过三维光学数字化检测加工产品零件的三维型面数据，与产品原始设计的三维 CAD 模型进行配准比较和偏差分析，给出产品的制造精度，如图 7-16 所示。

三维光学扫描也被应用于各行业，除了机械行业外，还涉及航空、建筑、文物考古、工业设计、医学等领域。

7.3.5　非接触式测量技术存在的不足

近几年来，非接触式测量技术得到了长足的提高，但还有许多不足之处。

(1) 较接触测量仪关节臂、三坐标机等，精度不算高

非接触式测量技术由于量仪的感应元件不与被测物体相接触，中间的间隔介质和距离大大影响了测量精度，大多数情况下测量精度均低于接触式测量技术。

(2) 价格较高

非接触式测量技术大量使用高精密的光学电子元器件，价格相对接触式测量产品来说高出很多，不利于非接触式测量技术的普及。

(3) 部分非接触式测量方法对工件和环境有特殊要求

非接触式测量方法因其特殊性，对工件和环境也有一些特殊要求。如核磁共振仪不能测量磁金属物体，超声波测量技术对于环境温度比较敏感，而基于光学测量技术的量仪不能适

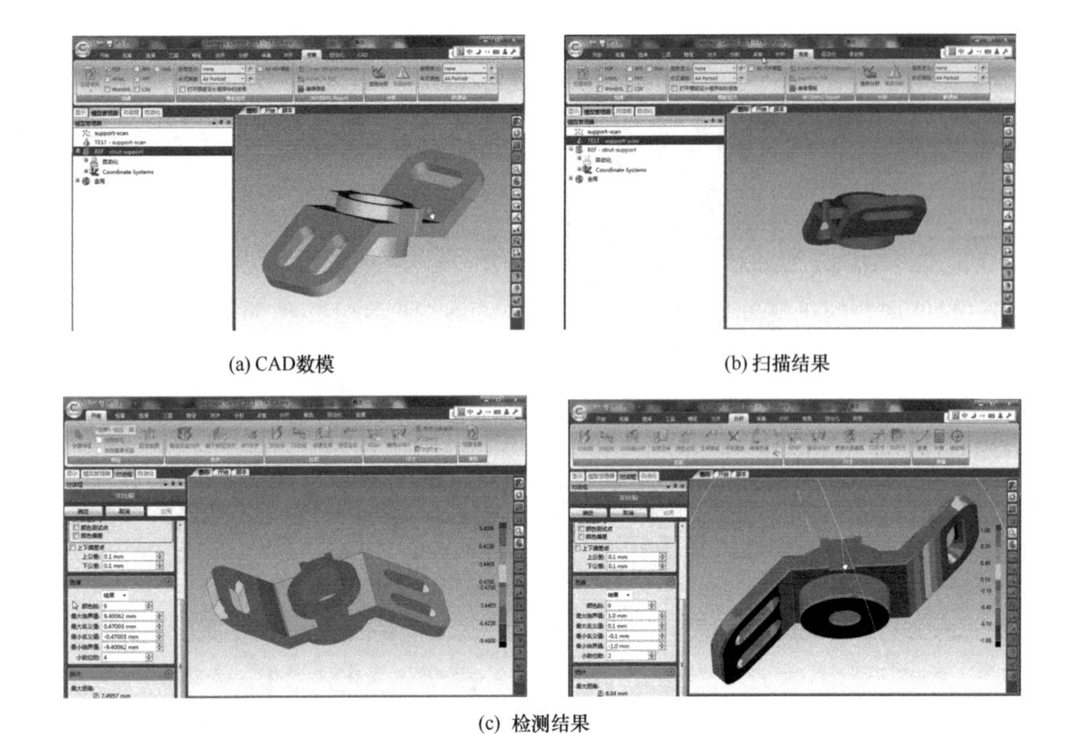

(a) CAD数模　　(b) 扫描结果

(c) 检测结果

图 7-16　某零件三维扫描全尺寸检测

应恶劣的工作环境。

7.4 逆向工程概述

7.4.1 逆向工程的概念

逆向工程（reverse engineering，RE）又称反求工程、反向工程。逆向工程是将数据采集设备获取的实物样件表面或内腔数据，输入专门反求软件中进行处理和三维重构，在计算机上再现原工件的几何形状，并在此基础上进行原样复制、修改或重设计的过程。

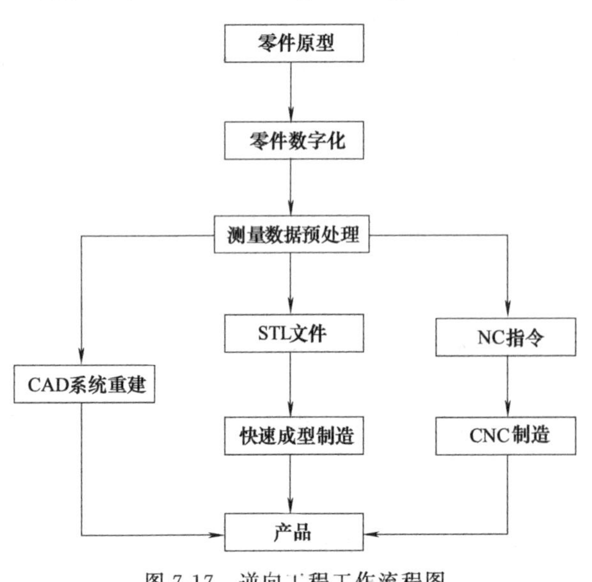

图 7-17　逆向工程工作流程图

7.4.2 逆向工程的工作流程

逆向工程的工作流程一般可以分为4个步骤，如图 7-17 所示。

目前，大多数产品原型是通过图7-17所示的方式来达到反求的，首先通过三坐标测量机或扫描仪器得到零件的数字化数据，其一就是将该数据导入专业的 CAD 软件系统进行建模再设计然后生产产品。其二就是把该数据自动生成零件的 NC 代码文件，然后将该文件输入数控加工机床加工出所需产品。其三是自动生成样品的 STL 文件，然后将该文件导入快速制造系统中制造出产品。

7.4.3 逆向工程的关键步骤

逆向工程主要包括以下关键步骤：数字化测量、测量数据预处理、三维重构，下面以后泵盖为例来说明。

（1）数字化测量

数字化测量是逆向工程的基础，在此基础上进行复杂曲面的建模、评价、改进和制造。数据的测量质量直接影响最终模型的质量，如图 7-14 所示。

（2）测量数据预处理

由于测量方法的不同，所获得测量数据呈现方式也有所不同，三坐标测量机获得的是一系列点坐标值的点云数据，光学扫描仪器获得的是密集的点云数据，而工业 CT 扫描机获得的是二维断层灰度图像，无论什么数据，在整个预处理阶段的主要任务就是去除噪声点，简化数据，经过一系列处理提高所获得的测量数据的质量，如图 7-15 所示。

（3）三维重构

三维重构就是由测量数据生成三维实体模型的过程。根据测量数据来源的不同，所使用的反求软件也不同。针对获得的点云数据，可以直接导入逆向软件中进行一系列的处理，最终生成三维实体模型；针对获得的 CT 切片图像，可以导入专业的矢量化软件经过一系列处理获得三维模型。

目前常用的逆向软件有：美国 Raindrop 公司的 Geomagic DesignX；美国 EDS 公司的 Imageware Surfacer；英国 DELCAM 公司的 CopyCAD；韩国 INUS 公司的 RapidForm。Geomagic DesignX 是目前国内使用最广的软件，所以这里以 Geomagic DesignX 来说明。Geomagic DesignX 是业界最全面的逆向工程软件，基于 CAD 数模和三维扫描数据进行处理，使用户能天衣无缝地创建出可编辑、基于特征的曲面或实体模型，并与现有的 CAD 软件兼容，具体步骤如下：

① 点云数据导入　首先“导入”后泵盖的 stl 格式的点云数据，然后选择“工具”→“面片工具”→“智能刷”进行局部光顺，最后使整体面片优化，如图 7-18 所示。

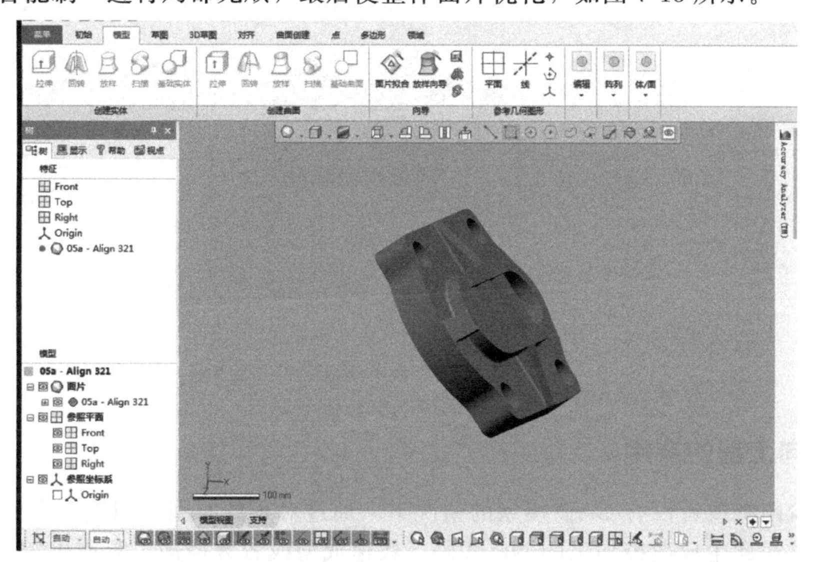

图 7-18　点云数据导入

② 创建模型特征　根据截面线绘制出规律草图进入“草图”界面，然后通过“曲面拉伸”“回转”等进行零件的模型创建，图 7-19 所示为创建的后泵盖模型。

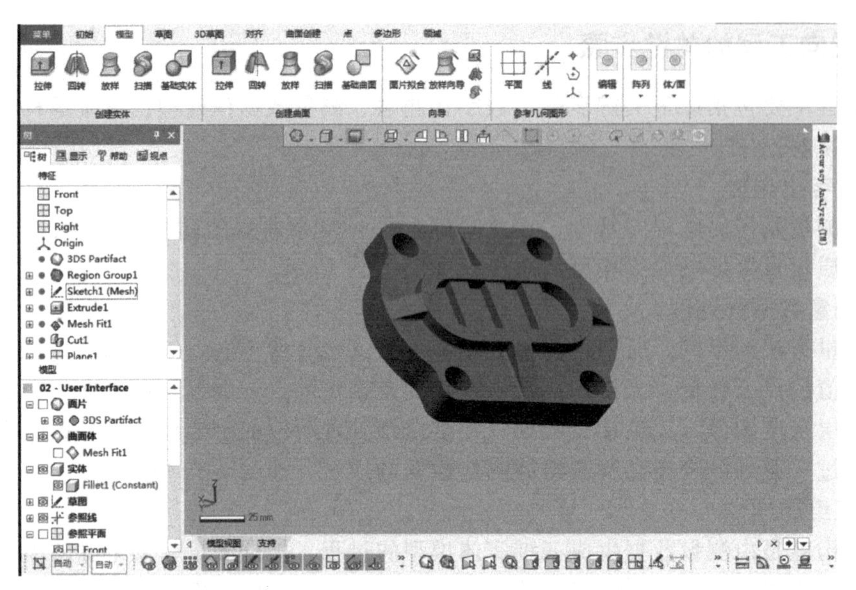

图 7-19　创建的后泵盖模型

③ 误差分析　选择右侧“Accuracy Analyzer（TM)”面板中的“偏差”单选按钮，“许可公差的”的“上限”和“下限”分别设置为“－0.1mm”和“0.1mm”，通过观察“颜色面板”的值便可知道偏差大小，如图 7-20 所示。

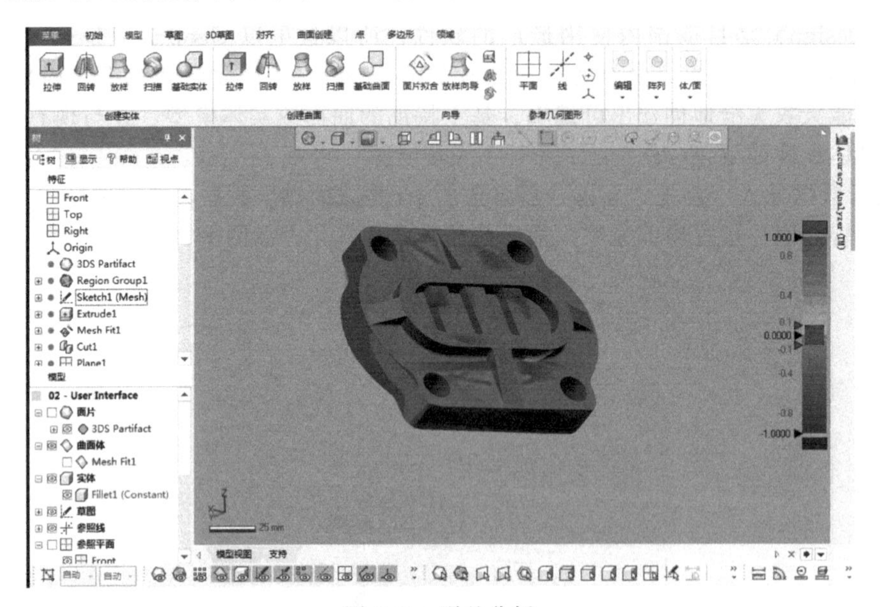

图 7-20　误差分析

7.4.4　逆向工程的应用

① 在缺少图纸或者没有 CAD 模型的情况下，通过对零件原型的测绘，形成零件图纸或 CAD 模型，并由此生成数控加工的 NC 代码，快速成型或者数控加工复制出相同的零件。

② 当设计需要反复试制、修改，或者通过实验测试才能定型零部件模型，如航天航空领域，通常采用反求工程的方法可以缩短零件的加工时间，从而节约成本。

③ 在对美学设计要求特别重要的领域，例如汽车、家电等民用产品以及工艺品的外形设计，广泛采用油腻、黏土或木头等材料先制作模型，而后模型利用反求工程技术，快速准确地建立三维立体模型。

④ 修复破损的艺术品或损坏零件，此时不需要对整个零件原型进行复制，而是借助反求工程技术获取零件原形以指导新的设计。这是由实物反求推理出设计思想的一种渐近过程。

⑤ 对于国外的产品，要对不适合国内使用处进行修改时，可以通过逆向工程建立三维模型进一步改进。

⑥ 逆向工程与医学的结合日益紧密，在骨头缺损的修复、人工关节、人工骨、整形复体、人工器官等假体设计中具有极其重要的作用，通过逆向工程设计，可以为患者提供更为准确的个性化的设计替代物模型，使得缺损部位与替代物更好地匹配，提高缺损修复的成功率。

⑦ 特种服装与头盔的制造要以使用者的身体为原始设计依据，并要求产品与人体部位有相当好的形状适应性，此时，可利用逆向工程实现这一要求。

逆向工程的应用也涉及各个领域，主要是飞机、汽车、玩具、电子业、鞋业、艺术品翻制、铸模、人造皮革和家用电器、与模具相关的行业，近年来随着生物材料技术的发展，逆向工程在骨骼、美容、器官等医学方面也开始应用，目前机械制造、模具行业应用最广。

参考文献

[1] 李月琴，何培英，段红杰. 机械零部件测绘 [M]. 北京：中国电力出版社，2007.

[2] 何培英，樊宁. 机械制图速成教程 [M]. 北京：化学工业出版社，2011.

[3] 樊宁，何培英. 典型机械零部件表达方法 350 例 [M]. 北京：化学工业出版社，2017.

[4] 赵建国，何文平，段红杰，等. 工程制图 [M]. 第 3 版. 北京：高等教育出版社，2018.

[5] 唐克中，郑镁. 画法几何及工程制图 [M]. 北京：高等教育出版社，2017.

[6] 郑雪梅. 机械制图与典型零部件测绘 [M]. 北京：电子工业出版社，2016.

[7] 李茗. 机械零部件测绘 [M]. 北京：中国电力出版社，2011.

[8] 华红芳，孙燕华. 机械制图与零部件测绘 [M]. 第 2 版. 北京：电子工业出版社，2015.

[9] 高红，张贺，李彪. 机械零部件测绘 [M]. 第 2 版. 北京：中国电力出版社，2013.

[10] 王叶青. 生产实习指导书 [M]. 武汉：华中科技大学出版社，2012.

[11] 梁国明. 长度计量人员实用手册 [M]. 北京：国防工业出版社，2000.

[12] 王建华，劳奇成，刘波，等. CNC 齿轮测量中心的原理、特点及关键技术 [J]. 工具技术，1996 (03)：41-43.